U0285676

高等学校土木工程专业系列选修课教材

# 环 境 工 程 概 论

本系列教材编委会组织编写

沈耀良　汪家权　主编

中国建筑工业出版社

**图书在版编目（CIP）数据**

环境工程概论／《高等学校土木工程专业系列选修课
教材》编委会编．—北京：中国建筑工业出版社，2000
（2024.7 重印）
高等学校土木工程专业系列选修课教材
ISBN 978-7-112-04020-9

Ⅰ．环⋯　Ⅱ．高⋯　Ⅲ．环境工程 – 高等学校 – 教材
Ⅳ．X5

中国版本图书馆 CIP 数据核字（2000）第 13777 号

本书共分八章，第一章为绪论，主要介绍环境、环境问题及环境保护的基本概念，环境与可持续发展的基本关系及其重要意义，环境工程学所涉及的主要内容及所要解决的主要问题。第二至第八章以环境污染控制工程的基本原理和理论为主线，分别介绍了水环境保护、大气污染及其防治、固体废弃物污染及其防治、噪声与振动污染及其防治、土地资源的利用与保护、城市生态工程、环境质量评价等方面的基本知识，并结合土木工程所涉及的环境污染和资源利用问题，进行了重点介绍和典型实例分析。

本书可作为工科院校土木或环境类专业本科生必修或选修课教材，也可供有关的工程技术人员及从事环境污染治理工程工作的各级人员参考。

高等学校土木工程专业系列选修课教材
# 环 境 工 程 概 论
本系列教材编委会组织编写
沈耀良　汪家权　主编

\*

中国建筑工业出版社出版、发行（北京西郊百万庄）
各地新华书店、建筑书店经销
建工社（河北）印刷有限公司印刷

\*

开本：787 毫米 ×1092 毫米　1/16　印张：12　字数：287 千字
2000 年 6 月第一版　2024 年 7 月第二十二次印刷
定价：**18.00** 元
ISBN 978-7-112-04020-9
（14971）

土木工程专业系列选修课教材

编 委 会 名 单

主 任 委 员:宰金珉

副主任委员:刘伟庆

委　　　员(按姓氏笔划为序):

王国体　艾　军　刘　平　孙伟民　刘伟庆　刘　瑞

朱聘儒　陈忠汉　陈国兴　吴胜兴　完海鹰　李　琪

柳炳康　宰金珉　章定国

# 前　言

在人类即将步入 21 世纪之际,环境问题不仅受到了当今国际社会普遍关注,而且将成为 21 世纪关系到人类生存和可持续发展、国际竞争的重大问题。随着社会发展和知识经济时代的到来,环境问题不仅已渗透到国际社会的政治、经济、贸易、文化等各个领域,而且正越来越明显地威胁着人类的生存和发展。因而,认识环境问题的严重性、正确处理和合理协调经济增长、环境保护和社会发展的关系,保护生态环境,走可持续发展的道路,已成为摆在人类"地球村民"面前的紧迫而艰巨的任务。

保护环境就是保护人类生存和发展所依赖的环境要素,它包括维持生态平衡、防止环境污染、合理利用自然资源等多个方面。因而,认识什么是环境、什么是生态破坏和环境污染、环境问题的产生、危害及其防治途径等,则是解决环境问题的基础,而政策、管理则是实现上述目的的重要和必不可少的保证,技术则是解决环境问题的实施手段。环境工程学作为环境科学的一个重要技术分支,在保护生态环境和防治环境污染等方面正发挥着越来越重要的作用。

为适应教学"面向世界,面向未来,面向现代化"及我国教学改革的要求,普及并将环境工程知识渗透到各个专业领域,已成为适应社会发展的当务之急。本书即是在此背景下,在有关高校和中国建筑工业出版社的倡导和支持下编写的。

本书共分八章,其中第一和第四章由苏州城建环保学院沈耀良副教授(博士)编写,第二和第七章由河海大学王超教授(博士)编写,第三和第五章由扬州大学何成达副教授编写,第六章由南京建筑工程学院陈新民副教授(博士)编写,第八章由合肥工业大学汪家权教授(博士)编写。全书由沈耀良和汪家权主编,沈耀良统稿,南京建筑工程学院孙家齐教授主审。

在本书的编写过程中,各编者根据多年的教学和实践经验,引用了许多国内外最新的文献资料,力求在结合土木工程专业特点的前提下,从环境—社会可持续发展的角度,就水环境保护、大气污染防治、固体废弃物污染防治及综合利用、噪声及振动防治、土地资源的利用与保护、城市生态工程及环境质量评价等各方面进行了较系统的介绍。在本书的编写过程中,得到了各参编院校的领导和专家的关心和支持,在此表示感谢。此外,本书中部分图、表引自有关参考文献,对此我们指出了出处或列入了参考文献,并对这些文献的编著者表示感谢。

由于编者的水平和知识面有限,书中错误和不足之处在所难免,敬请读者批评指正。

编　者
1999 年 10 月

# 目 录

# 第1章 绪 论

## 1.1 环境与环境问题

### 1.1.1 环境

1. 环境的基本概念

任何事物的存在都要占据一定的空间和时间,并必然要和其周围的各种事物发生联系。我们把与其周围诸事物间发生各种联系的事物称为中心事物,而把该事物所存在的空间以及位于该空间中诸事物的总和称为该中心事物的环境。环境不仅总是相对于中心事物而言并存在的,而且是一个可变的概念,它要随所研究的对象,即中心事物的变化而变化。宇宙中的一切事物都有其自身的环境,而它同时又可以成为其他诸事物环境的组成部分。因而,环境是一个极其复杂、相互影响、彼此制约的辩证的自然综合体。

我们所研究的环境,总是以人类作为中心事物的自然环境。自古以来,人类就与其周围诸事物发生着各种联系,其生存繁衍的历史可以说是人类社会同大自然相互作用、共同发展和不断进化的历史。人类的环境是作用于人类这一主体(中心事物)的所有外界影响和力量的总和,它可分为社会环境和自然环境两种。

社会环境指人们生活的社会经济制度和上层建筑,包括构成社会的经济基础及其相应的政治、法律、宗教、艺术、哲学和机构等及人类的定居、人类社会发展各阶段和城市建设发展状况等,它是人类在从事物质资料的生产和消费过程中,由于共同进行生产劳动、求取生存和发展而建立起来的生产关系的总和。

自然环境指环绕于我们周围的各种自然因素的总和,是人类赖以生存和发展必不可少的物质条件。目前所研究的自然环境通常是适宜于生物生存和发展的地球表面的一薄层,即生物圈。它包括大气圈、水圈和岩石土壤圈等在内一切自然因素(如气候、地理、地质、水文、土壤、水资源、矿产资源和野生动物等)及其相互关系的总和,目前主要限于围绕地壳表面的大气的一部分,深度不到 11km 的海洋(太平洋最深处的马利亚纳凹地)和高度不到 9km 的地表面(最高山峰珠穆朗玛峰)以及高出海平面 12km 内的大气层,虽然它对庞大的地球而言,不过是靠近地壳表面薄薄的一层而已,但却是目前与人类关系最为密切的一层,人类和一切其它生物在此层内生存、繁衍和发展,因而必须加以保护。《中华人民共和国环境保护法》明确指出:"… 环境是指大气、水、土地、矿藏、森林、草原、野生动物、野生植物、水生生物、名胜古迹、风景游览区、温泉、疗养区、自然保护区、生活居住区等"。本书各部分内容中提及的环境均指自然环境。

2. 环境要素

我们把构成环境的各个独立的、性质不同而又服从于其总体演化规律的基本物质组成称之为环境要素。目前通常多以自然环境的研究为主,因而环境要素亦通常指自然环境要素。环境要素主要包括水、气、生物、土壤、岩石和阳光等,它们既相互独立组成环境的结构单元而又相互联系组成整体的环境系统。其中,由水体组成水环境,水环境(包括河流、湖泊、水库、海洋以及地下水等)的总体则称之为水圈;由大气组成大气层,全部大气层则组成大气圈;由土壤构成农田、草地和林地等,岩石构成岩体,而全部岩石和土壤组成土壤—岩石圈;由生物体组成生物群落,所有的生物群落则组成生物圈;阳光则是一切生物生存和发展不可缺少的能量来源,它提供充足的能量供环境中其它所有要素生长繁殖和进化之需。

### 3. 环境的基本类型

环境是复杂而庞大的概念。人类在利用环境资源和改造环境的过程中,需要对不同类型和性质的环境加以区分。目前,根据所研究对象的不同,可将环境分为如下几类:一、按人类环境中各物质是否有生命分,即生命物质和非生命物质;二、按中心事物的不同划分,即以人类为中心事物,由除人类以外的生物和其他物质作为环境要素所组成的环境和以人类和其他生物一起作为中心事物,由其他非生命物质作为环境要素所组成的环境。习惯上把除人类以外的某一生物的生存环境称为"生境";三、按组成人类环境的物质来源分,可分为天然环境(即由地球在发展、演化过程中形成的、且"赐于"人类的未受人类活动干预或只受轻微干预的物质组成的环境)和人为环境(即由人类改造过的或由人类创造的、体现人类文明程度的各种物质,如人工水库、道路、城市、农田等)。也有人将人为环境称为"技术圈",以区别于在地球本身发展过程中形成的"生物圈";四、按空间大小来分,可将环境分为车间环境、生活区环境、城市环境、流域环境、全球环境和宇宙环境等;五、按组成人类的各种自然要素分,可分为大气环境、土壤环境、水体环境(河流环境、湖泊环境和海洋环境等)等;六、按人类生产活动的性质来分,可分为农业环境、工业环境、旅游环境及投资环境等。

上述环境的这些分类方法都是为研究的方便和认识环境问题的深度和广度的不同而提出的,不存在本质上的区别。不同分类法所定义的环境类型间相互紧密关联、重叠并相互影响、作用和制约并形成一个密不可分的整体。一个地区环境或某一类的环境中的有关要素发生有利或不利于维持良好环境条件的变化时,另一地区或另一类环境中的要素也将由此而发生相应的改变。目前"生态环境"、"生态农业"等反映环境上述特性的术语已广为人们所熟知,原因便在其中。

#### 1.1.2 环境问题

### 1. 环境问题发展的简要回顾

环境问题是指由于人类活动作用于环境要素所引起的环境质量的变化以及这种变化对人类的生产、生活和健康所产生的不利影响。对环境问题的研究,不仅是为防治人类活动对环境造成的消极影响,防止公害,保护环境,同时也是更好地为通过人类活动的积极影响,改善和创造美好的环境,以实现社会经济和环境质量的同步发展,走可持续发展的道路。

人类是环境的产物,又是环境的改造者。人类从进化到原始社会起,便由采集野生植物、捕掠野生动物为生过渡到游牧生活,最后到耕种土地、定居生活,这其中人类无时不在同自然环境和条件作斗争并改造自身的生存环境。在采猎文明时期,由于生产力水平很低,人类对环境的破坏很小;进入农业文明时期后,人类已经能够利用自身的力量去影响和改造局部地区的自然环境,在创造物质财富的同时也产生了一定环境问题,如地力下降、土地盐碱化、水土流失甚至河流淤塞、改道和决口等,危及人类的生存。黄河流域是我国古代文明的发源地,曾是土地肥沃、森林茂密、自然资源丰富、商贾云集、繁荣发达之地。西汉末年和东汉时期,进行了大规模的开垦,虽促进了当时农业生产的发展,但由于滥伐森林而造成水土流失严重、水灾旱灾频繁发生,土地日益贫瘠的恶果。据记载,1949年之前回溯2500年,黄河下游决口 2500 多次,造成无数人丧生。再如古代的地中海沿岸,原来都是富饶之地,由于掠夺土地、任意垦伐,致使植被毁灭、水土流失,结果成为不毛之地或侵蚀之区。

环境问题引起人们的注意,始于七八百年以前作为燃料的煤炭的大规模使用,但它发生质的变化、形成公害,并成为重大的社会问题,则是由 18 世纪末至 20 世纪初的产业革命引起的。本世纪 20 年代至 40 年代是环境问题(公害)的发展期。在此期间,石油和天然气的生产急剧增长,石油在燃料构成中的比例大幅度提高,内燃机的应用在世界各国得到发展。与此同时,汽车、拖拉机、各种动力机和机车用油的消费量猛增,重油在锅炉燃烧中得到广泛使用,由此使石油污染日趋严重。发生在美国洛杉机的光化学烟雾事件是石油污染的典型事例。在此期间,由于石油工业的快速发展,一系列工业(大型火力电站、炼焦工业、城市煤气业、人造石油业和化学工业等)也相应地得到发展。据估计,在 40 年代初期,世界范围内由于工业发展和燃料燃烧释放的二氧化硫,每年达 7700 万 t 左右,其中 2/3 是由燃煤产生的。这一时期内发生了多起由于燃煤而导致的大气污染公害事件。如 1930 年发生在比利时的马斯河谷事件和 1948 年发生在美国的多诺拉事件等。

本世纪 50 至 60 年代是环境问题的泛滥期。在第二次世界大战后的 20 多年内,石油等燃料的生产和消费量急剧上升。仅在 60 年代的 10 年里,世界石油年产量由 10 亿 t 猛增至 21 亿 t,煤炭年产量从 20 亿 t 增加至 25 亿 t,由此导致每年向大气释放的二氧化硫量达 1 亿 t,环境污染公害问题的发生此起彼伏。50 年代初发生在英国伦敦的烟雾事件主要是由燃煤引起的;日本的水俣病、气喘病和骨痛病则分别是由氯碱厂排放的含汞废水、石油化工企业排放的废气和工矿排放的含镉废水所造成的。

原子能的利用和农药等有机合成化学物的大量使用则是这一时期出现的两种新的环境问题——放射性污染和有机氯化物的污染。自第二次世界大战,特别是在 1954 年世界上建成第一座原子能电站以来,原子能发电在燃料动力构成中占据日益重要的地位,核爆炸在巨型工程建设和开采地下资源方面的应用越来越多,导致了越来越严重的放射性物质的污染问题。由于核能的生产和利用会产生大量的核废物,而这种物质的半衰期有的可长达几千年乃至几万年,因而将对人类产生潜在的威胁。核电站排放的大量热水则可造成附近水域的热污染而破坏水体生态环境。六六六、滴滴涕(DDT)以及多氯联苯等有机氯化物的大量使用,可通过空气、水体、人体、动物体及其他有机体而得到传播,在江河湖海毒害鱼类等水生生物;潜入农作物则可使粮食、蔬菜含毒;通过饲料及饮水进入畜体则可使肉、乳受到污染。1962 年,美国海洋生物学家莱切尔·卡逊所著的《寂静的春天》一书,即是对农药的大量使用而造成的环境污染问题所提出的抗议,曾引起社会各界的广泛关注和强烈反响,使人们开始重视农药对环境的污染问题。

此外,随着世界燃煤和石油使用量的与日俱增,酸雨问题、"温室效应"以及南极上空臭氧空洞等问题相继出现,并威胁全球人类的生存,说明环境问题扩展到全球的范围,而使其具有普遍性与全球性。

随着生产和经济的发展及城市化进程的加快,环境问题已显示出其对经济发展和人们生活质量提高的严重阻碍,因而到 70 年代,随着公众要求保护环境的呼声的日益提高,各国不断增加环境保护投资,制订严格的环境保护条理法规,使环境质量得到了有效的控制,并由此进入了重视环境、保护环境和治理环境问题的新时期。

2. 环境问题的类型

如前所述,环境问题自古有之,但在不同的社会发展历史时期和不同的经济发展阶段,人类所面临的环境问题有不同的表现形式和不同的性质,对人类所造成的危害也不同。归纳起来,环境问题可分为两大类:一是由于不合理地过度开发利用自然资源所造成的环境破坏问题。如不合理地利用土地、乱砍滥伐森林资源、过度开采地下水资源和矿产资源等所造成的土地盐碱化、土地沙化、水土流失、地面沉降及资源枯竭等问题,即属于环境破坏问题。二是由于在城市生活、工农业生产发展过程中向环境排放大量各种有毒有害废物(废水、废气、废渣及放射性物质等)所引起的环境污染问题。以上两类环境问题并非存在截然的区别,它们之间彼此影响的例子也比比皆是。如由于大量排放不经处理的城市生活污水和工业废水,造成水体的严重污染和水生态环境的破坏,而水体的污染又导致可用地表水源的减少,不得不过量开采地下水源,不仅进一步加剧了水资源的短缺问题,而且造成了地面沉降等环境破坏问题。又如对地下矿产资源的不合理过量开采,不仅造成资源的浪费,而且不加修复而长期裸露的开采矿地(尤其是煤矿)又会产生严重的环境污染问题。

3. 当前的主要环境问题

(1)世界面临的环境问题

环境问题是由于人类的作用于自然环境的不合理和不科学的行动引起而又反作用于人类自己的综合性问题,它涉及到人口的过度增长对环境所造成的环境压力、不合理地利用和开发自然资源所带来的环境恶化、资源枯竭、物种灭绝及生态破坏和由于浪费资源、向环境排放大量污染物而引起的环境污染等问题。这些问题相互关联、彼此影响,已成为全球性问题中一个十分引人注目的问题,也将是21世纪的热点和焦点问题。

世界人口的急剧增加是造成当今环境问题首当其冲的原因,人类正面临着自身造成的重大挑战。目前,世界人口增长的速度达到了近百年来的最高峰。1900年以前直至本世纪50年代,世界人口的增长虽经历了两次"人口浪潮",但每年的人口平均增长率均不超过1%,至1950年全世界人口达25亿。在第二次世界大战以来直至1987年的短短37年间,世界人口就翻了一番,达到50亿。1991年世界人口为54亿,而2000年,世界人口已突破60亿大关(达62.5亿),即在90年代这10年里,地球就增加了一个相当于印度的人口。

人口的急剧增加,对地球资源和能源、自然环境乃至人类生存条件的压力也相应加剧。众所周知,人类无论作为生产者还是消费者,其任何生产和生活活动都需要大量的资源(如矿物、耕地、生物、水等)和能源并向环境排放污染物。人口的不断增加、生产规模的不断扩大和生活水平的提高,一方面对资源能源的需求将急剧增加,造成地球资源能源的锐减和短缺,从而对人类社会的持续发展构成日益令人担忧的威胁,另一方面废物排放对环境造成的污染将日益严重。

1)惊人的生态失衡:生态系统失衡问题突出表现在全球升温及臭氧层的破坏、土壤流失和沙化、森林毁坏、草原退化、物种减少等。

随着全球石油等能源利用消耗量的急剧增加,由工业生产和交通运输向大气中排放的温室气体量也相应增加。与工业革命前相比,大气中的二氧化碳量增加了25%,氮氧化物增加了19%,甲烷增加了100%,而氯氟烃的浓度正以每年5%的速度增加。目前,全世界燃烧矿物燃料所产生的碳量已超过60亿t,另有10~20亿t碳因森林的砍伐和焚烧而释放,这意味着目前全球人均碳排放量将达1t。大气中二氧化碳等温室气体含量的增加,将使地球表面的能量平衡发生改变。由温室气体所组成的帘幕将阻止红外辐射的外溢,从而导致大气层温度的升高,形成"温室效应"。

"温室效应"将使全球气候变暖,并由此导致一些严重的生态问题,如增加台风、飓风及洪水发生的频率和强度、海平面升高、农作物减产及物种灭绝等。据估计,按照目前使用化石燃料的增加速率,大气中的二氧化碳量将在今后 50 年内翻一番,由此将使中纬度地区的地面温度升高 $2\sim3℃$,极地温度升高 $6\sim10℃$。据推算,全球温度每增高 $1.5\sim4.5℃$,海平面会上升 $20\sim165cm$,从而将使冰帽融化、海岸线后退,许多处于低海拔高度的沿海城市和地区、岛国等将面临不复存在的灭顶之灾。

大气中氯氟烃气体的增加还会破坏平流层的臭氧层,使紫外线辐射量增大,威胁生物的生存并导致皮肤癌的增多。目前,南极上空的臭氧量已减少 $40\%$。联合国环境规划署曾指出,到 2000 年,地球上空的臭氧将减少 $5\%\sim10\%$,从而使皮肤癌患者增加 $26\%$。

土壤流失和沙化是由植被(森林、草地和湿地等)的人为破坏引起的当今最引人注目的严重生态环境问题之一。据估计,全世界的水土流失面积已超过 2500 万 $km^2$,占全球陆地面积的 $17\%$,每年流失的土壤高达 257 亿 t,农田已损失约 1/5 的表土。此外,由于人类的不合理活动,已将地球上 $10\%$ 的土地变成沙漠,$25\%$ 以上的土地正受到沙漠化的威胁。土壤的流失和沙化不仅会影响生态系统的平衡调节能力,而且将减少可利用的土地面积,减少土地的产出,降低养育人口的能力,从而引起粮食短缺甚至饥荒等问题。

全球温度升高、植被破坏的加剧,导致了生物物种的锐减。全球生物物种消失的速率自公元前 8000 年至本世纪初,一直处于较低的水平,但自本世纪以来则大幅度提高(图 1-1)。据估计,目前每天约有近百种物种消失。如果植被破坏和水土流失问题不加控制,则到 2000 年将有100 万种生物在地球上销声匿迹。

2)严重的环境污染:由人类生活生产活动所造成的环境污染问题,已由原来的局部地区扩展到全球范围,并成为破坏生态环境和阻碍社会经济发展的重要因素。环境污染主要表现在水体污染、大气污染、固体废弃物污染、噪声污染以及由于核能的利用而导致的核辐射污染等。

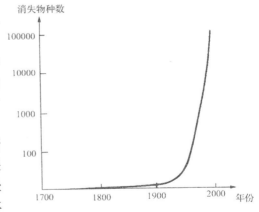

图 1-1　1700 年以来物种的消失速率
(摘自[美]阿尔·戈尔著,
濒临失衡的地球,中央编译出版社,1997)

城市生活污水、企业工业废水的排放以及农业地表径流是水体污染的三大主要来源。由于人口的增加、生活生产活动规模的不断扩大和化肥及杀虫剂在农业生产中的大规模使用,不仅导致向环境水体中排放的污水量的加剧,而且污染物的种类越来越多,造成对受纳水体的严重污染,破坏水体的使用功能。

飘尘、二氧化硫、氯化物、一氧化碳和氮氧化物等物质是引起空气污染的最主要物质。目前,全世界向大气排放的污染物量约高达 10 亿 t,其中被称之为"空中死神"的酸雨,即是由二氧化硫引起的。据世界卫生组织估计,二氧化硫的过量排放已使世界各地约 6.25 亿人的健康受损,全球人口的 $70\%$(主要在发展中国家)所呼吸的空气中的悬浮颗粒物不符合卫生标准,另有 $10\%$ 的人呼吸的空气处于"临界"水平。目前,全世界的各种汽车已突破 5 亿辆,其排放的大量含氮氧化物的尾气所造成的"光化学烟雾"正在对人类造成强烈的刺激和毒害作用。

目前,固体废弃物(工业有害废物、城镇生活垃圾和建筑垃圾等)的污染亦已成为城市和社会发展中越来越不可忽视的重要问题。任意堆放的各种固体废物不仅污染周围环境,严重影响人体的身心健康,而且正在占用越来越多的土地。有毒有害工业废弃物的越境转移问题特别令人担忧。如 1986～1988 年间,发达国家向发展中国家输出的危险废物就达 600 万 t。

本世纪中叶以来,随着社会经济,特别是交通运输业的快速发展,城市噪声和振动问题日益严重,已成为世界各国扰乱人民正常生活和工作的社会公害问题。80 年代以来,世界大部分国家的噪声已加大了一倍以上,有 20%～30% 的城市居民生活在噪声超过 65dB(A)的环境里,对人体身心健康造成的危害愈来愈明显。

由于全球资源和能源短缺问题的日益突出,世界性能源危机已初露端倪。由此,开发利用核能正方兴未艾,国际间核武器核军备的竞争不断升级。核能的合理利用对解决能源危机举足轻重,但放射性物质的泄露则将造成巨大的危害。二次大战期间,美国在日本广岛投下的原子弹爆炸那一声可怕的巨响所带来的深重灾难,至今在人们的记忆中挥之不去。前苏联切尔诺贝利核电站泄漏事故也造成了不止影响一代人身心健康的严重后果。

生态失衡和环境污染已对人类生存的安全和持续性构成严重的威胁。据世界卫生组织的报告,每年死亡的 4900 万人口中,由于环境恶化所致者占 3/4。正因为如此,1988～1989 年在对亚非拉、北美和欧洲 15 个国家进行的民意测验中,87% 的公众明确表示,环境保护应置于优先地位。

3)全球资源枯竭:自然资源是人类生存和社会发展必不可少的物质依托和前提条件,它包括能源、土地、森林、草原、耕地、水体(河流、湖泊、海洋、地下水)以及生物、矿物资源等。众所周知,地球上的一切资源(可再生资源和不可再生资源)都是有限的,并非"取之不尽,用之不竭"。因而,人口过多,超过地球环境的合理承载力,不仅造成生态环境的破坏和环境的污染,而且如若对自然资源的利用不加珍惜,对自然环境的破坏和污染不加修复,则人类的长期生存和发展也将难以为继。

大地被喻为人类的母亲,但养育人类的土地资源却日趋紧张。人口的急剧增加、严重的土壤侵蚀及城市规模的扩大和数量的增加,已使世界人均耕地占有量已由 1950 年的 0.23 公顷下降到 1990 年的 0.14 公顷。土地资源,尤其是可耕地资源,在许多地区已近枯竭。

水是人类生活和工农业生产的命脉。水资源短缺给人类社会带来的危害将是无法估计的。人类社会自 70 年代因石油危机而认识到地球资源的有限性以来,对水危机的问题尤为重视。联合国在 1977 年就向全人类发出了"水不久将成为一项严重的社会危机,石油危机之后下一个危机是水"的警告。水资源的短缺产生于各类污水排放量的增加引起水体严重污染而造成的可利用水量的锐减和全球人口的增加及工农业生产的发展对用水量需求的急剧增加两个方面。目前,全世界有 43 个国家和地区缺水,世界人口的 2/3 每天只能维持很低的用水量,到 2000 年全球将有超过 18 亿人口的日用水量不足 50L,至少 5 亿人口得不到足够的饮用水。

森林是绿色的宝库,它不仅庇护着无数的生物资源,而且是全球气候的调节器和水土资源的护卫者。目前,由于过度砍伐,全球的森林面积已由 50 亿亩减少至 40 亿亩左右,其中最重要的野生生物生境热带雨林每年要减少 2000 多万亩,总量已减至原有热带雨林总面积的 58% 左右。热带干旱森林和温带森林,在非洲北部和中东已减少 60%,在南亚地区已减少 43%。森林资源的减少,不仅破坏了无数动植物赖以生存的家园,成为全球物种减少乃至枯竭的原因之一,而且削弱了其对全球气候的调节作用,形势十分严峻。

(2) 我国主要环境问题的现状简介

1) 生态破坏和资源枯竭严重。主要体现在以下方面:

森林资源和草原。我国现有森林面积不到 1.4 亿公顷,森林覆盖率不足 14%,远低于 31% 的世界平均水平。海南省曾是我国森林覆盖率较高的地区,但由于采伐速度过快和不合理地开发利用土地,致使森林覆盖率由 50 年代初的 25.7% 降至目前的 7.2%,年平均递减率高达 2.7%。目前,我国材林的积蓄平均每年赤字 1.7 亿 $m^3$,全国林龄的低龄化问题十分严重。据估计,若按目前的消耗水平,再过 7～8 年,森林资源将消耗殆尽。此外,由于过度放牧、重用轻养,致使我国草原的 1/3 退化。

水土流失,沙漠扩大。我国水土流失面积达 367 万 $km^2$,占国土面积的 38%。令人触目惊心的是,黄土高原的水土流失面积竟高达 90%!黄河已不再"深不可测",成了"悬河"、"出血的大动脉"!黄土高原曾是"林草丰茂"、"风吹草低见牛羊"的肥沃之地,如今却已沦为我国最贫困的地区之一。我国每年由于水土流失而损失的土壤达 50 亿 t,并由此导致严重的土地贫瘠化、荒漠化和洪涝灾害问题。我国土地沙化正以每年 2460 $km^2$ 的速度在扩展,总面积已达 262 万 $km^2$,占国土面积的 27.3%。一些本与沙漠化"无缘"的南方地区也相继出现了沙漠景观。据预测,如不采取有效措施加以控制,2000 年我国将有 7.5 万 $km^2$ 的国土沦为不毛之地。

我国耕地资源的浪费也很严重。据不同的统计,我国耕地的总面积在 1～1.4 亿公顷之间。虽然总面积较大,但人均耕地面积仅为 0.08～0.1 公顷,为世界平均水平的 30%～40%,接近联合国规定的人均耕地危险水平 0.053 公顷。耕地面积的减少,除与上述的土地沙化退化问题有关,工业、交通和城市建设占用大量耕地、违法征地、盲目兴建"开发区"等也已成为十分严峻的现实问题。

水资源短缺。我国的水资源总量不少,为 2.7～2.8 万亿 $m^3$,位居世界第六,但人均拥有量仅有 2400～2500$m^3$,为世界人均的 25% 左右,位居世界第 110 位。此外,我国水资源时空分布不均匀,80% 的地表水和 70% 的地下水分布在长江流域及其以南地区,而占国土面积 50% 以上的三北地区的水资源拥有量只占全国的 18%。加上自然降水的 70% 集中在汛期的 3～4 个月内,不仅加剧了我国南涝北旱灾害发生的频率,也加重了我国广大北方地区的缺水状况。农业是用水大户,约占总用水量的 85%～90%,但我国农业缺水量达 30%,近 1 亿农村人口饮水困难,2000 多万公顷农田受旱;全国工业每年缺水量达 44%;全国有 2/3 的城市缺水,日缺水量达 1500～1600 万 t。据预测,由于我国人口的增加、生产的发展及水污染问题的加剧,2000 年我国水资源短缺量将达 1000 亿 $m^3$。我国已被联合国列为 13 个水资源贫乏的国家之一。

2) 环境污染形势严峻。主要体现在以下方面:

水体污染。近几年来,我国年废水排放总量达 350～400 亿 $m^3$,其中 70% 为工业废水。工业废水和城市污水的达标处理率仅分别为 20%～30% 和 5%～10%。大量未经处理的废水排入江、河、湖、海、水库等水体,造成了严重的水环境污染。我国七大水系中的辽河、海河和淮河以及巢湖、滇池、太湖等三大著名湖泊的有毒有害污染、有机物污染及富营养化污染极其严重。据对全国 53000km 河段的调查,因污染而造成 23.3% 的河水不能用于农业灌溉,符合饮用水水源和渔业用水标准的河段仅为 14.1%,50% 的地下水受到不同程度的污染,全国城市河段的 70% 受到污染,经济发展较快地区城镇水域的污染更加明显。近几年来,我国湖泊的富营养化问题有加重的趋势,受污面积不断扩大。我国每年因水污染而造成的经济损失达 400 亿元!

大气污染。我国煤的消耗占总能源消耗量的 80% 左右,预计在本世纪,这种能源结构不会有明显的变化。我国的大气污染主要是烟煤型污染。全国每年由烟煤燃烧向大气排放的烟尘量达 1300～1900 万 t,二氧化硫排放量达 1900～2000 万 t,废气排放量达 10 亿多 $m^3$。城市大气中的日平均总悬浮物浓度高达 $80～1433\mu g/m^3$,城市大气月平均降尘量为 $3.2～51.2t/km^2$。近年来虽得到一定的控制,但仍有发展的趋势。全国 600 多个城市中,符合国家一级大气质量标准者不到 1%,个别城市甚至在卫星图上消失。我国的酸雨污染问题不容忽视。80 年代初,我国只有以重庆和贵州为中心的两个酸雨区,然而长沙、南昌、厦门、福州、上海和青岛等地现已列入酸雨污染区的名单,使酸雨区面积达国土面积的 29%。一些城市酸雨的 pH 多低于 5.0,出现的频率大多超过 75%,有的甚至高达 90%。目前,我国每年仅由酸雨和二氧化硫污染造成的经济损失就达 1100 多亿人民币。

固体废弃物污染。目前,我国的固体废弃物污染也十分严重。全国年固体废弃物的产生量约达 6.5 亿 t,累计堆积量已达 66.4 亿 t,占地 5.5 万多公顷。自 1990 年以来,我国的城市垃圾以年 8%～10% 的速率增长,目前年垃圾总产量已超过 1 亿 t,而处理率仅为 2%～3%,远低于发达国家的 90%,"垃圾围城"现象在许多城市已屡见不鲜。固体废弃物的不适当的处置,不仅要占用大量的土地资源,而且将引起严重的环境污染问题。据粗略估计,我国每年因固体废弃物造成的经济损失及可利用而又未充分利用的废物资源价值达 300 亿人民币。

城市噪声污染。随着我国城市交通运输和城市建设事业的不断发展,城市噪声已成为扰乱人民生活和身心健康的重要污染问题。我国约有 2/3 的城市人口暴露在较高的噪声环境中。对 35 个城市的噪声监测结果表明,特殊住宅区噪声全部超标,居民文教区噪声超标率高达 97.6%。近年来,噪声扰民纠纷日趋增多。

乡镇企业污染。自改革开放以来,我国乡镇企业发展迅速,创造了很大的经济效益,已成为我国工业总产值的"半壁江山"。但由于不少乡镇企业工艺设备落后、技术管理薄弱、资源利用率低,加之乡镇企业量大面广、星罗棋布,环保执法力度较差,从而给广大乡镇地区的环境带来了严重的污染,震惊全国的淮河污染事故正是由于沿河众多的乡镇企业所排放的大量废水废物造成的。目前,乡镇企业污染物的排放量仍呈快速增长的态势,由此引起的生态破坏和环境污染尚未得到有效控制。

## 1.2 环境保护与可持续发展

1972 年 6 月,联合国人类环境会议发表了《人类环境宣言》,宣告:"保护和改善人类环境已成为人类的一个迫切任务"并指出"现在已达到历史上这样一个时刻:我们在决定世界各地行动的时候,必须更加审慎地考虑它们对环境产生的后果。由于无知或不关心,我们可能给我们的生活和幸福所依靠的地球环境造成巨大的无法挽回的损失。反之,有了比较充分的知识和采取比较明智的行动,我们就可能使我们自己和我们的后代过着较好的生活"。这充分表明,自70年代以来,当代社会对环境问题有了前所未有的关心,也说明目前人类所面临的环境问题是何等地严重。环境保护运动就是在这样的背景下,成为风起云涌的世界性话题,逐步由片面到全面、自发到自觉、朴素到科学而形成完整的环境保护科学体系,并将其从社会经济可持续发展的高度加以认识。

### 1.2.1 环境保护的历史发展

1. 世界环境保护的发展历程

环境保护是防治和解决环境问题的一门综合性科学,涉及到自然和社会的各个科学领域,并有自己独特的研究对象。它利用现代科学的理论、方法,协调人与自然及发展与环境的关系,采取有效的工程技术措施防治各种环境问题,以实现科技进步、经济发展和环境建设的和谐统一,促进人类社会的持续发展。

综观环境保护的发展历程,大致经历了限制污染物排放、被动末端治理、综合防治和经济与环境协调发展等四个阶段。

本世纪50年代,前后相继发生的震惊世界的八大公害事件,使人们认识到污染物的大量排放对人类健康的巨大危害,但限于当时人们的认识水平,仅把这些严重的污染事件看作局部地区发生的"公害",因而只是采取制定限制燃料使用量及污染物排放时间的一些限制性措施。

到60年代,一些发达国家的环境污染问题日益突出,尤其是工业污染物的大量排放,引起了水体、大气和土壤等的严重污染。为此,许多国家以污染的控制为目的,采取行政措施和法律手段对"三废"进行治理。通过大量投资,在一定程度上使局部地区的环境污染问题得到了控制,但这种"头疼治头、脚痛医脚"式的被动末端治理措施,收效并不显著。

70年代,随着对环境问题认识的加深,环境保护也由单纯治理转向预防为主、防治结合的综合防治阶段。在这一阶段中,许多国家逐渐认识到环境污染的严重危害性及保护环境的重要性,采取了一系列综合防治措施,使环境污染问题得到了一定的控制,环境质量得到了一定程度的改善。这一阶段以1972年6月16日在瑞典斯德哥尔摩召开的人类环境会议为标志,在世界范围内掀起了环境保护的高潮,并使人类认识到环境污染对人类和生态平衡产生的严重后果,人类生存环境的整体性危机以及地球资源的有限性。每年6月5日的世界环境日就是在这样的背景下由联合国大会决议通过的。在此期间,罗马俱乐部提出了《增长的极限》的报告。虽该报告所提出的较多观点有失偏颇,但引起了人类对环境、社会发展乃至人类自身未来的热切关注。罗马俱乐部的第二个报告《人类处于转折点》则对《增长的极限》中的某些夸大其词作了纠正,提出了"有机增长"的概念,提醒人类树立协调发展的观念。

进入80年代,人们对环境问题的认识有了更新的飞跃,进入了经济发展与环境保护相协调,加强环境管理,进行区域综合防治的阶段。在这一阶段中,解决环境问题的突出特点是将环境作为经济发展的前提和基础来看待,注重资源利用、环境保护与经济同步发展,协调人类与环境的关系;在工程建设和开发活动中,开展环境影响评价和环境规划工作,强调合理整体规划;加大环保投资力度,健全环保法律法规,加强环保意识的宣传和教育。同时,国际间的环境合作也空前发展。

1982年在内罗毕召开的国际人类环境会议,通过了具有全球意义的《内罗毕宣言》,表明了人类社会经济发展必须以保护全球环境为基础的鲜明观点。1983年第38届联合国大会通过161号决议,成立了世界环境与发展委员会。"地球只有一个,但世界却不是"。这是由该委员会于1987年发表的《我们共同的未来》的长篇报告中的第一句话。这句话暗示了人类目前所处的危险境地。该报告指出了人类所面临的地球环境急剧改变和生态危机对全球的挑战,系统地分析了经济、社会、环境问题,并首次提出了被普遍接受的环境与经济增长相协调的可持续发展思想。1992年,在巴西里约热内卢召开的由183个国家的代表团、102个国家元首或政府首脑出席的联合国环境与发展大会,通过了《里约宣言》、《21世纪议程》等纲领性文件,标志着环境保护进入了全新的时期。

自70年代以来,许多国家在治理环境破坏和污染方面花费了大量的资金,如美国、日本等花在环境保护方面的费用达国民生产总值的1%~2%,发展中国家也将国民生产总值的0.5%~1%用于环境污染的治理。环境污染治理工作的开展,在宏观上产生了良好的社会经济效益,但由于投资过高、运行费用大,在一定程度上又制约了经济的发展。由此,人们认识到,必须主动地正确协调环境与发展的关系,走环境与经济可持续发展的道路。

2. 我国的环境保护发展历程

环境保护在我国的历史源远流长。早在4000多年前大禹率众治水便是一项了不起的自然保护活动。春秋战国时期有"钓而不纲,弋不射宿"(《论语·述而》)、"山林非时不升斤斧,以成草木之长;川泽非时不入网罟,以成鱼鳖之长"(《逸周书·文解传》)和"竭泽而渔,岂不获得?而明年无鱼;焚薮而田,岂不获得?而明年无兽。"(《吕氏春秋》)等朴素的唯物主义环境保护思想。春秋时在齐国为相的管仲,从发展经济、富国强兵的目标出发,提出了保护自然的合理主张,他认为:"山林虽近,草木虽美,宫室必有度,禁伐必有时"(《管子·八观》)。公元359年,秦孝公任用商鞅变法时制定的《秦律·田律》中规定的"春二月毋敢伐材木山林及雍堤水。不夏月,毋敢夜草为灰,取生荔,…,毋毒鱼鳖,…",实际上是中国乃至世界最早的环境法律之一。"与天地相参"是我国古代生态意识的目标和理想。在以后的各朝代,都不乏有明确的环境保护法制。

新中国成立50年来,我国的环境保护工作虽经历了文化大革命错误思想认识的影响,但也采取了许多保护大自然的措施。50年代、60年代和70年代,相继颁布了有关文化古迹保护、矿产资源保护、水土保持、野生动物资源保护等一系列法规,并于70年代开始了"三废"治理工作,从国务院到地方各级政府建立了环境保护机构,制订了"全面规划,合理布局,综合利用,化害为利,依靠群众,大家动手,保护环境,造福人民"的32字方针。80年代,我国的环境保护工作进入了大发展时期,党和国家把环境保护摆在十分重要的位置,并将其作为我国的一项基本国策。在"六五"、"七五"和"八五"期间,分别投入60、470和870亿元进行了环保设施的建设和污染的治理,不断完善有关的法规法律制度,积极参与环境保护的国际活动,推动和促进了我国环境保护事业的发展并取得了明显的成效。

但毋庸违言,由于种种复杂的原因,我国的环境保护仍面临着严峻的形势,生态破坏和环境污染问题并没有得到有效的控制,某些地区、某些方面的环境问题甚至有加剧的趋势。正如《国家环境保护"九五"计划和2010年远景目标》中所指出的"我国环境保护工作虽然取得了多项进展,但形势仍然非常严峻。从总体上讲,以城市为中心的环境污染仍在发展,并急剧地向农村蔓延;生态破坏的范围在扩大,程度在加剧,环境污染和生态破坏越来越成为影响我国经济和社会发展全局的重要制约因素,成为人民群众日益关注的重要问题。"因此任务仍十分艰巨,任重而道远。为此,我国政府于 1994 年提出了《中国 21 世纪议程》和《中国环境保护 21 世纪议程》,就人口、环境和发展制订了可持续发展的长远规划和具体目标,标志着我国的环境保护进入了一个新的历史阶段。

### 1.2.2　走环境保护与经济增长相协调的可持续发展道路

由于环境破坏、环境污染及其所造成的资源短缺问题的不断加剧并向全球化发展,人类已不同程度地尝到了环境破坏的苦果,印证了一百多年前恩格斯所说的不要过分陶醉于我们对自然界的胜利,要警惕大自然对我们的"报复"的警示。人类认识到,把经济、社会与环境割裂开来,只顾谋求自身的、局部的、暂时的经济性,带来的将是他人的、全局的、后代的不经济性甚至灾难。伴随着人类对传统发展模式的反思以及人们对公平(代际和代内公平)作为社会发展目标认识的加深,人类认识到走以牺牲环境为代价的"无发展的增长"道路必将进入死胡同,只有正确处理和协调经济增长、社会发展和环境发展三者之间的关系,人类才有走向美好明天的希望。由此,可持续发展的观念得到广泛的共识,并成为 21 世纪人类社会发展战略的惟一正确选择。

1. 可持续发展的内涵

目前,不同学者从不同的角度对可持续发展作了定义,但具有普遍意义的定义是《我们共同的未来》报告中提出的"既满足当代人的需要,又不对后代人满足其需要的能力构成危害的发展"。可持续发展是一个涉及经济、社会、文化、技术及自然环境的综合概念,主要包括自然资源与生态环境的可持续发展、经济的可持续发展和社会的可持续发展这三个方面。可持续发展以自然资源的可持续利用和良好的生态环境为基础,以经济可持续发展为前提,以谋求社会的全面进步为目标(社会全面进步的基本含义是经济增长既要有数量的增长又要有质的不断改善,既要确保人类基本需求的满足又要保护和加强自然资源基础、不断改善技术发展的方向、协调经济与生态的关系、确保稳定的人口及人口素质的不断提高)。可持续发展强调了:①人与自然共同进化的思想;②当代与后代兼顾的伦理思想;③效率与公平目标兼顾的思想;④环境与发展相互联系和制约的辩证思想。换言之,这种发展不能只顾眼前利益而损害长期发展的基础,必须近期效益与长期效益兼顾,绝不能"吃祖宗饭,断子孙路"。

要正确理解可持续发展,有必要对"经济增长"和"社会经济发展"作一分析。发展是一个多层面的过程,虽主要指经济增长,但它是比经济增长更深刻更广泛的概念。经济增长是经济活动水平的变化过程,它指基于对自然资源的利用,通过资本积累、技术改进、人口增长等原因,经济指标单纯在数量上的增长,通常用国民生产总值(GNP)和国民收入(NI)加以衡量;而社会经济发展则是一个国家的经济由传统形态向现代形态转变的过程,既包含人均收入水平的变化,也包含人类经济生活和社会生活内部深刻的结构变革和制度变革,如人类自身素质的提高、人类与环境协调相处、文化艺术和科技的昌盛等,它不仅注重量的增加,同时也注重质的提高,是社会的总体发展。

2. 环境保护与可持续发展的关系

1989 年 5 月举行的联合国环境署第 15 届理事会通过的《关于可持续发展的声明》指出:"可持续发展意味着维护、合理使用并且提高自然资源基础,意味着在发展计划和政策中纳入对环境的关注和考虑"。这就明确表明了可持续发展和环境保护的关系:可持续发展的实现必须以维护和改善人类赖以生存和发展的自然环境为前提和基础,环境保护离不开社会经济的可持续发展。环境问题产生于经济活动之中,也要解决于经济活动之中。

环境与经济发展构成一个相互联系和相互制约的有机整体。

一方面,环境的持续发展是经济可持续发展的基础和前提。人类通过生活和生产活动,不断地从自然界获取物质资料,即自然资源以满足人类对物质财富的需求,同时又向环境排放超出环境接受能力的各种废物(废水、废渣、废气),从而改变和干预了生态环境的发展。如若一味片面地追求经济增长而不顾环境的承载力、忽视对资源的保护和污染的控制并导致失去环境的支撑时,经济就会受到制约甚至衰退。如由于过度开采地下水而导致地面沉降、大量排放污水引起可用水源减少,不仅严重影响工业、农业生产和居民生活,制约经济各部门的正常运转,同时也导致水生生物资源的减少。实现经济可持续发展的基本条件是:经济活动中所消耗的可更新资源量不应大于其再生产量,向环境排放的污染物量不应大于环境的净化能力。

另一方面,经济的发展对环境有重要的促进和制约作用。资源的保护和环境污染的控制是以一定经济投入为前提的,而足够的资金则来自于经济活动。只有经济发展了,才能对环境建设投入更多的物力财力,才能为解决环境问题提供必要的技术设备和其他条件。科学技术的发展和人们物质、文化生活水平和道德意识的提高,则有利于环境意识的加强,从而推动环境的建设。近20多年来,发达国家的环境有较大的改善,而发展中国家的环境问题依然存在并有恶化的趋势,其根本原因就在于经济发展水平的差异。如在许多至今经济仍落后的地区,基本的温饱问题尚未解决,文化水平低,人们把多生子女、乱砍滥伐、竭泽而渔看成是理所当然的事,从而造成了严重的生态破坏,陷入了"贫穷落后—破坏生态—贫穷落后"的恶性循环之中。

《里约宣言》的第四条原则指出:"为了实现可持续发展,环境保护工作应是发展进程中的一个整体组成部分,不能脱离这一进程来考虑。"经济发展和环境保护是促进生产力发展的两个轮子,不可偏废。首先,在经济建设的同时,应兼顾环境的保护和建设。这是环境决策、环境政策和环境管理的重要原则。如要把区域、城市发展规划与环境建设相结合,污染防治与技术改造相结合,资源开发与综合利用相结合等。环境保护应贯穿于经济建设的始终,每一个项目、每一个环节、每一个过程都应配套相应的环保措施。其次,在国家和地区的经济建设过程中,须有与其相适应的资金、技术和人力投入,用于污染的防治和环境质量的改善。

3. 可持续发展战略的实践

可持续发展已被世界大多数国家普遍接受并付诸实践。尤其是1992年的联合国环境与发展大会在巴西里约热内卢召开并通过《里约宣言》、《21世纪议程》及所签署的《气候变化框架公约》和《生物多样性保护公约》等以来,各个国家都在或已制定了本国的21世纪可持续发展战略,逐步形成了加强国际合作、促进经济发展和保护全球环境的新局面。

我国政府高度重视可持续发展战略的实施,并于1994年通过了《中国21世纪议程》和《中国环境保护21世纪议程》,1996年开始实施了《中国跨世纪绿色工程规划(第一期)》及《全国主要污染物排放总量控制计划》。其中《中国21世纪议程》作为我国实施可持续发展的纲领性文件,根据我国的实际国情,指出发展是前提的正确论点,并从立法、政策、经济发展、资金投入、环境保护和控制目标、人口控制、消除贫困、城市发展、农业生态、资源能源保护、生物多样性保护等各个方面提出了实施战略,为我国可持续发展战略的实施指明了方向。

　　我国属于发展中国家,总体的经济发展水平还较落后。自实行改革开放以来,我国的经济虽然以每年 8% ~9% 的速率增长,取得了举世瞩目的成就,国民经济实力明显增强。但一方面,由于我国 12 亿人口的分母,使得人均 NI 甚至远低于许多其他发展中国家,一些地区至今仍处于贫困之中;另一方面,由于我国的经济底子薄,工业生产水平(包括技术水平、工艺设备、管理水平)都与发达国家存在较大的差距,存在较严重高投入低产出的低效率和环境污染问题。此外,正如马寅初先生在 50 年代就意识到并坚持不懈指出过的人口问题一样,我国目前"人满为患"、人口增长(主要在广大的农村地区)失控的问题依然存在。因此,我国目前面临着发展经济,增强实力,提高经济效益,消除贫困和强化环境保护、合理利用资源的双重任务。必须正确处理上述两者的关系,在把发展放在优先地位的同时,重视对技术的投入、重视对人口的控制及人口素质提高的投入、重视产业结构的合理调整,从而协调经济建设与环境保护的关系,促进环境质量持续发展、国民经济持续增长,实现社会的持续稳定的发展。

## 1.3　环境工程学的发展简史及主要研究内容

### 1.3.1　环境工程学的发展简史

　　环境工程学作为环境保护科学的学科分支之一,是一门新兴的综合性工程技术学科。它运用工程技术的原理和方法,治理环境污染,保护和改善环境质量,并运用系统工程的方法,研究合理利用自然资源,从整体上解决环境问题的技术途径和技术措施。它是环境保护工作中的重要"硬件"之一。

　　环境工程学是人类在解决环境污染问题的过程中逐步发展并形成的,它主要以土木工程、公共卫生工程及有关的工业技术等学科为其形成和发展的基础。

　　土木工程是研究建筑、道路和桥梁等公用设施的规划、设计和营造的工程技术学科,而给水排水工程则是其重要的研究内容。事实上,给水排水工程是解决和防治水污染的重要技术措施和途径。我国早在公元前 2000 年就利用陶土管修筑下水道,在明朝以前就开始用明矾净水;约公元前六世纪,古罗马开始修建地下排水道;19 世纪中叶,英国开始建造污水处理厂;20 世纪初开始采用沿用至今的活性污泥法污水处理工艺。1894 年,自英国伦敦发生 Broad 街井水污染而导致霍乱病流行时开始,水污染的控制就成为公共卫生工程研究的主要对象之一。20 世纪中叶以来,随着一系列环境污染公害事件在世界各地的相继发生并夺去成千上万人的生命,更使环境污染控制成为人们高度关心的问题,由此推动了环境工程学科的形成。此外,由于自产业革命以来,世界各地的污染问题由水体污染逐步向大气污染、固体废弃物污染及城市噪声公害污染等多方向发展,使环境工程所涉及的领域不断扩大,使之成为涉及土木工程技术、生物生态技术、化工技术、机械工程、系统工程技术等一系列学科的综合性学科并日臻完善。

　　我国自 1978 年开始把环境工程学纳入科学技术体系,列为我国 25 门技术学科之一,并成为高校专业教育中的一个新兴专业。目前,我国已有 50 多所院校开设了环境工程专业,许多学校开设环境工程选修课程,标志着环境工程已在我国成为一门较为完善的学科。

### 1.3.2　环境工程的主要研究内容

目前,其主要研究内容包括以下几个方面:

1. 环境污染防治工程

主要研究环境污染防治的工程技术措施,并将其应用于污染的治理。它既包括利用单元操作和单元过程对局部污染的防治,也包括区域污染的综合防治。具体有:水污染防治工程、大气污染防治工程、固体废弃物污染防治工程、噪声与振动控制等内容。

水污染防治工程通过对城市和工业废水的处理预防和治理水体污染,通过合理的系统规划改善和保护水环境质量、合理利用水资源,其目标的实现与众多自然条件(如地理、气象、水文、土壤及资源等)、社会因素(如城市发展、经济建设和人口状况等)及国家的政策和法律法规等密切相关。其主要研究内容有:水体的自净规律及其利用、城市和工业废水治理的技术措施和水污染的综合防治等。

大气污染防治工程主要研究由人类消费活动中向大气排放的有害气态污染物的迁移转化规律,应用技术措施削减和去除各种污染物,其污染控制技术与一个国家或地区的能源使用结构和利用效率密切相关。大气污染控制工程的主要研究领域有:大气质量管理、烟尘治理技术、气体污染物治理技术及大气的综合防治(如酸雨)等。

固体废弃物污染防治主要研究工业废渣和城市垃圾等的减量化、资源化和处理处置的技术工艺措施,它与城市的发展水平及人们的消费观念密切相关。

噪声与振动控制工程主要研究声源控制及隔音消声等工程技术措施。

2. 环境系统工程

以环境科学理论和环境工程的技术方法,综合运用系统论、控制论和信息论的理论以及现代管理的数学方法和计算机技术,对环境问题进行系统地分析、规划和管理,以谋求从整体上解决环境问题,优化环境与经济发展的关系。它主要包括环境系统的模式化和优化两个内容。如土地资源的合理利用和规划问题、城市生态工程的规划问题等,都是环境系统工程研究的重要内容和对象。

3. 环境质量评价

对工程项目或某一地区的发展规划对环境所造成的现有和将来潜在的影响,从整体上进行评价,并提出寻求保护和改善环境及自然资源的新途径和技术方法,并为规划的优化及环境保护措施的实施和管理提供科学的依据。环境质量评价包括对环境质量现状评价和工程建设项目对环境的影响评价两个内容。

环境质量评价是一项比较新的工作,最早由美国提出并实施,其后瑞典、日本、澳大利亚和法国等也相继开展了这项工作。我国1979年颁布的《中华人民共和国环境保护法》也纳入了这项内容。

环境工程是一门新兴的技术学科,其形成的历史不长,加之它是涉及许多领域的综合性学科,环境问题的性质又在不断的变化,因而其研究内容也将得到不断的充实和发展。

### 复习思考题

1. 解释环境和自然环境的基本含义。

2. 环境要素有哪些? 它们各有何作用?

3. 环境问题有哪几类,它们对环境的影响主要表现在哪些方面?

4．目前,全球和我国的环境问题主要表现在哪些方面?

5．请解释可持续发展的基本内涵。

6．应如何正确认识和协调可持续发展与环境保护相互辩证关系。

7．环境工程的主要研究内容有哪些?

# 第2章 水环境保护

## 2.1 水体及其功能

### 2.1.1 水体的一些基本概念

#### 1．水及其总量

水是人类和一切生物赖以生存且不可替代的物质基础。水是自然资源的重要组成部分，它能通过自己的循环过程不断地复原和更新。地球上海洋、河流、湖泊、冰川融化水、地下水、土壤水、生物水和大气含水，在地球周围形成了一个紧密联系、相互作用，又相互不断交换的水圈。水圈就是地球表面不连续的水壳。

地球总储水量估计为 13.9 亿 $km^3$，其中海洋水体约占 97.41％，冰帽和冰河水体约占 1.984％，地下水约占 0.592％，湖泊约占 0.007％，土壤水约占 0.005％，大气中水蒸气约占 0.001％，河流约占 0.0001％，生物体中水约占 0.0001％。但这些水体中淡水总量仅为0.36 亿 $km^3$。除冰川和冰帽外，可利用的淡水总量不足全球总储水量的 1％。这部分淡水与人类的关系最密切，具有极其重要的经济和社会价值。虽然淡水在较长时间内可以保持平衡，但在一定时间、空间范围内，它的数量却是有限的，并不像人们所想象的那样可以取之不尽，用之不竭。

#### 2．水体循环

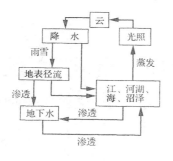

图 2-1 自然界中的水体循环

在太阳能的推动下，地球上的水体在不断循环变化。通过形态的变化，水在地球上起到热量输送和调节气候的作用。海洋和陆地间的水分交换是自然界水循环的主要联系，洋面上的水汽随气候进入陆地凝结而沉降到地面后，部分蒸发而返回大气，部分则形成地面径流和地下径流，通过江河网及海岸排回海洋。这种不断往复的循环，使海洋中的水量长时间内保持相对平衡。这部分逐年可以得到更替、在较长时间内有可以保持动态平衡的水量，常被称为"水资源"。图 2-1 为水体循环的示意图。

#### 3．水资源

水资源是水作为资源属性的一种称呼。不同的角度和不同的观点对水资源定义也不相同。就目前来说对水资源有三种提法。

（1）广义的提法，指地球上的一切水体及水的其它存在形式均为水资源；

（2）狭义的提法，指陆地上可以逐年得到恢复、更新的淡水为水资源；

（3）工程上的提法，指在一定的技术经济条件下可以为人们利用的那一部分水体为水资源。

#### 4．水的主要物理特性

水是氢和氧的化合物，它具有不同于一般物质的物理特性，正是由于这些异常的物理特性才使水在生态环境中表现出许多独特的作用。

(1)水的热学性质

水的热学性质特异,它是所有固体和液体中热容量最大的物质之一,能吸收相当多的热量而不损害其稳定性。水的沸点为100℃,相对较高,水的冰点为0℃,故在正常气温下水为液态。当气温变化时,水的分子结构可以不变,仅在物相上作三相的变化。水在液相时,蒸发热最大,这意味着蒸发一点水就需要大量的热能。水的这种特性可以使太阳照射到地球上的热能在全球得以分散,均衡地球上各地气温。大量的太阳能以热的形式储存在被蒸发的海水中,然后转移到较冷的陆地上空,凝结成降水而释放热量。水的蒸发热高,还有利于生物维持体温,仅需蒸发少量水分即可满足散热要求。

(2)水的溶解能力

水的溶解能力是任何其它物质难以比拟的,各种物质或多或少均可溶于水中,使天然水体成为含有各种物质的混合溶液,为水体生物生长提供了必要的营养物质和微量元素。但是,也正因为这种性质,水极易被污染,并且使污染在一定区域内扩大。

(3)水的流动性

水的流动性使溶解于水中的污染物和营养物得以充分混合,保证各部位水体中的生物获得必要的营养物质,同时,水的流动有助于污染物的扩散。

(4)水分子结构的稳定性

水的分子结构为"$H_2O$",它具有相对的稳定性,一般不易与其它物质发生化学反应,也不易分解。因此,受污染的水体,较容易去除污染物,而水体的性质不发生变化。

### 2.1.2 水的功能

水对人类和在环境中具有十分重要的作用,不论是生活、生产活动或生态环境都离不开水这一宝贵的自然资源。水既是人体组成的基础物质,又是新陈代谢的主要介质。人体中含水量占体重的2/3。水对人体至关重要,一旦失去体内水分10%,生理功能即严重紊乱;失去水分20%,人很快就会死亡。为了维持生命活动,每人每天至少需要2~2.5L水,一般需要5L水。若考虑到卫生方面的要求,每人每天需水量远不止这个数字。据统计,在发展中国家,城乡每人每天平均用水量在40~350L之间;在发达国家,一些现代化城市每人每天平均用水量高达600~830L之间。可见,水对人类生命和生活的重要性,可以说,没有水就没有生命,也就没有社会的进步和繁荣。

工业生产对水的需求量更大,除了用于冷却、加工、沸蒸和传送外,水还用于空调和清洗。美国用水量居世界首位,每年约472km³,即每人每天7200L,其中最大的用水户是工业和发电厂,占总量的49%。我国工业用水量定额相对低于美国所占比例较低。据统计,农业用水在全球用水中占的比例最大,约占73%,其中主要是灌溉用水。

为了保护环境,维持生态平衡,必须保持江河湖库一定的水量,以满足鱼类和水生生物的生长,并利于冲刷泥沙,冲洗农田盐分入海,保持水体自净能力和旅游等的需要。因此,水又是极其重要和不可缺少的环境要素。

## 2.2 水污染及水体自净

### 2.2.1 水体污染物及其危害和来源

1. 水体污染的定义

环境工程中的水体主要指河流、湖泊、沼泽、水库、地下水、海洋等的总称。水体分为陆地水体和海洋水体,陆地水体又可分为地表水体和地下水体。水体污染是指排入水体的污染物质使该物质在水体中的含量超过了水体的本底含量和水体的自净能力,从而破坏了水体原有的用途。

2. 水体中的主要污染物及危害

环境工程学中,研究的水体污染物质主要有十一大类:

(1)需氧有机物质

需氧有机物包括碳水化合物、蛋白质、油脂、氨基酸、脂肪酸、脂类等有机物质。这类物质在被水体中微生物分解过程中,要消耗水中的溶解氧,故而被称为需氧有机物质。

水中有机物的种类繁多,成分复杂,可被水中微生物降解的程度也不一样。水质监测中常以总有机碳(TOC)、总需氧量(TOD)两项参数表示水中溶解性有机物的总量。而参数生化需氧量($BOD_5$)是表示水中可被生物降解的有机物数量;化学需氧量(COD)是用不同氧化剂在规定的条件下测定水中可被氧化的物质需氧量的总和。所以,这两项参数都不能表示水中的全部有机物的数量。

水中需氧有机物来源广、数量大、污染也较严重。生活污水和造纸厂、石油化工、食品等工业废水含有大量的有机物,其中需氧有机物尤多。

需氧有机物质可造成水体溶解氧亏缺,影响鱼类和其它水生生物的生长,甚至威胁其生存。水中溶解氧耗尽后,有机物将转入厌氧分解,产生硫化氢、氨和硫醇等难闻气味,水色变黑、水质恶化,除了厌氧微生物之外,其它生物都不能生存。

(2)植物营养物

所谓植物营养物主要是指氮、磷、钾、硫及其化合物。由于水体接纳了含有大量能刺激植物生物生长的氮、磷的生活废水以及某些工业废水和农田排水。含有大量氮、磷的废水进入水体后,在微生物的作用下,分解为可供水中藻类吸收利用的形式,因而藻类大量繁殖,成为水体中的优势种群,水面因而呈现不同颜色,成为"水华"。溶解氧变化很大,上层处于过饱和状态;中层处于缺氧状态;底层则处于厌氧状态,这对鱼类生长都是不利的。水体中溶解性气体过饱和,其分压就会增加,严重时可引起鱼体循环系统中的溶解气体从血液中逸出而形成气栓,阻碍血液流通,使鱼类死亡,这是水生生物的"气泡病"。此外,藻类会堵塞鱼鳃,影响鱼类呼吸。因此,随着水体营养化程度的加剧,鱼产量逐渐减少,在藻类大量繁殖季节,会出现大批死鱼的现象。

藻类死亡后,沉入水底,在厌氧条件下腐烂、分解。又将氮、磷等植物重新释放进入水中,再供给藻类利用。这样周而复始,形成了氮、磷等植物营养物质在水体内部的物质循环,使植物营养物质长期保存在水体中。所以缓流水体一旦出现富营养化,即使切断外界营养物质的来源,水体还是很难恢复,这是水体富营养化的重要特征。

(3)重金属

环境工程中研究的重金属主要指汞、镉、铅、铬以及非金属砷等生物毒性显著的重元素，通常将这五种重元素称为"五毒物质"。重金属污染物最主要的特性是：在水中不能被微生物降解，而只能发生各种形态之间的相互转化，以及分散和富集的过程。

汞为"五毒"之首，受到汞污染后的水体，一部分汞由于挥发而进入大气，大部分则沉降进入底泥。底泥中的汞，不论呈何种形态，都会直接或间接地在微生物作用下转化为甲基汞或二甲基汞。二甲基汞可溶于水，因此又从底泥回到水中。水中生物摄入的二甲基汞，可在体内积累，并通过食物链不断富集。受汞污染的水体中的鱼体内，二甲基汞浓度可比水中高达万倍。通过挥发、溶解、甲基化、沉降、降水冲洗等作用，汞在大气、土壤水与水三者之间不断进行交换和转移。

汞蒸气有高度扩散性、较大脂溶性。可经呼吸道进入人体，主要在脑和肾中蓄积。慢性汞中毒的主要临床症状是神经性头痛、头晕、肢体麻木和疼痛、肌肉震颤、运动失调等。吸入大量汞蒸气会出现急性汞中毒，其症状为肝炎、肾炎、蛋白尿、血尿和尿毒症等。

水体中镉的主要来源是铅锌矿废水和有关工业排放的废水。水中镉干扰水生脊椎动物的新陈代谢，使肠道吸收铁能力减低，破坏红细胞，引起贫血症。此外，镉在植物生长过程中产生毒害作用。

水体中的铅主要来源于冶炼、制造和使用铅制品的工矿企业向水体排放的废水和废渣，尤其以有色金属的冶炼过程排放的为多。

铅是对人体有害的元素。由饮水、食物经消化道进入人体。进入体内的铅绝大部分形成不溶性的磷酸铅沉积于骨骼中。当人生病或不适时，血液中酸碱失去平衡，骨骼中铅可再变为可溶性磷酸氢铅，进入血液，引起内源性铅中毒，受害器官主要是骨髓造血系统和神经系统，出现贫血等一系列症状。

水体中铬的主要来源是冶炼、耐火材料、电镀、制革、颜料和化工等工矿企业排出的"三废"。

铬是人体必需的微量元素，参与体内的脂类代谢和胆固醇分解与排泄。但三价铬和六价铬都对人体有毒，通常认为六价铬的毒性比三价铬约高 100 倍。铬进入体内易在肺内蓄积，有致畸性和致癌性，此外，还可引起皮肤溃汤、鼻穿孔等。

砷进入人体，可在各组织、器官(特别易在毛发、指甲等)中蓄积，引起慢性砷中毒。其毒性作用主要是 $As^{3+}$ 与人体细胞中酶系统结合而使细胞代谢失调，营养发生障碍，对神经细胞的危害最大。$As^{3+}$ 还能通过血液循环过程，作用于毛细血管壁，使其通透性增大，麻痹毛细血管，造成组织营养障碍，产生急性或慢性中毒。慢性砷中毒有消化系统症状(食欲不振、胃痛、恶心、肝肿大)、神经系统症状(神经衰弱症状、多发性神经炎)和皮肤病变等。其中尤以皮肤病变突出，主要表现为皮肤色素高度沉着和皮肤高度角质化，发生龟裂性溃疡，有时可恶变成皮肤原位癌。急性砷中毒一般是由误食砷化物所致。砷化氢是剧毒气体，是一种溶血性毒物，人体吸收后，严重者全身呈青铜色，鼻出血，甚至全身出血，最终因尿毒症而死亡。砷还有致癌作用，能引起皮肤癌。是否能够引起肺癌和肝癌，尚未通过动物实验得到证实。砷对动物有致畸作用，对人是否也有同样的作用尚待证实。

(4)农药

农药是消灭对人类和植物的病虫害的有效药剂，在农牧业的增产、保收和保存以及人类传染病的预防和控制等方面都起很大的作用。一般所谓农药包括有许多种类：除了最常见的杀虫剂外,还有除莠剂、灭真菌剂、熏剂和灭鼠剂等。造成环境污染并对人体有害的农药主要是一些有机氯农药和含铅、砷、汞等重金属制剂,以及某些除莠剂。

农药对人体健康影响很大。它主要是通过食物进入人体,在脂肪和肝脏中积累,从而影响正常的生理活动。它对人体的危害主要为对神经系统的影响、致癌作用、对肝脏的影响、诱发突变及慢性中毒。另外,农药对害虫的天敌和其它益虫、益鸟也有杀伤作用。施用农药还会使害虫产生抗药性,因而增加用药的次数和数量,更加重了对环境的污染和危害。

(5)石油类

石油及其制品是水体重要污染物质之一,港口、河口和近海等水域中的石油污染更为突出。近年来,因人类活动,全世界每年排入海洋的石油及制品可高达数百万吨至上千万吨,约占世界石油总产量的5%。其中,通过河流排入海洋的废油约有500万 t;船舶排放和事故溢油约150万 t;海底油田泄漏和井喷事故排放约100万 t。另外,逸入大气中的石油烃每年约有400万 t,它最后下沉到地球表面。

水体油污染主要是炼油和石油化学工业排放的含油废水、运油车船和意外事件的溢油及清洗废水、海上采油等造成的。压舱水含油率为1%,洗船水含油率达3%,这是内河港湾水面上经常覆盖大量油膜的原因。

石油及其制品进入水体之后,可发生复杂的物理和化学变化,如扩散、蒸发、溶解、乳化、光化学氧化,不易氧化分解的形成沥青块而沉入水底。

石油污染给环境带来严重的后果,这不仅是因为石油的各种成分都有一定的毒性,还因为它具有破坏生物的正常生活环境、造成生物机能障碍的物理作用。

(6)酚类

酚是一类含苯环化合物,可分单元酚和多元酚;也可按其性质分为挥发性酚和非挥发性酚。水中酚类主要来源是炼焦、钢铁、有机合成、化工、煤气、染料、制药、造纸、印染以及防腐剂制造等工业排出的废水。目前酚类是水体第一位超标污染物,所以人们对酚类污染物很重视。

水体中的酚类的主要净化途径有:分解、挥发、化学氧化、生物化学氧化等,其中以生物化学氧化为主。

酚虽然易被分解,但水体中酚负荷超量时亦造成水污染。水体低浓度酚影响鱼类生殖回游,仅0.1~0.2mg/L时,鱼肉就有异味,降低食用价值;浓度高时可使鱼类大量死亡,甚至绝迹。

酚类属高毒类,为细胞原浆毒物。低浓度能使蛋白质变性,高浓度使蛋白质沉淀,对各种细胞有直接损害,对皮肤和粘膜有强烈腐蚀作用。苯酚(石炭酸)是常用的杀菌、消毒的药剂。长期饮用被酚污染的水源,可引起头昏、出疹、搔痒、贫血及各种神经系统症状,甚至中毒。

(7)氰化物

氰化物分两类:一类为无机氰,如氢氰酸及其盐类如氰化钠、氰化钾等;一类为有机氰或腈,如丙烯腈、乙腈等。氰化物在工业中应用广泛,但由于它剧毒,因而,其污染问题引起人们充分的重视。

氰离子的一个重要特点是容易与某些金属形成络合物,可按照络合物形成体的化合价和它的配位数组成不同类型的氰络合物。腈是烃基与氰基的碳原子相连接的化合物。在常温下,低碳数的是液体,高碳数的是固体。腈有特殊的臭味,毒性比氢氰酸(HCN)低得多。

氰化物多数是人工制造的,但也有少量存在于天然物质中,如苦杏仁、枇杷仁、桃仁、木薯和白果等。污染水体的氰化物,主要来源于化工、冶金、炼焦、电镀和选矿等工业废水。这些废水除含有大量氰化物外,往往还有酚类、重金属或其它污染物,其危害往往也不亚于氰化物。

天然水中不含氰化物,如有发现,即属污染。水体中的氰化物不仅可被稀释,也可被水解生成氢氰酸,然后挥发进入大气,水中的氰化物也就逐渐消失。

氰化物是剧毒物质。它对鱼类及其它水生生物的危害较大,水中氰化物含量折合成氰离子[$CN^-$],浓度达 0.04~0.1mg/L 时,能使鱼类致死。对浮游生物和甲壳类生物的氰离子最大容许浓度为 0.01mg/L。氰化物在水中对鱼类的毒性还与水的 pH 值、溶解氧及其他金属离子的存在有关。此外,含氰废水还会造成农业减产,牲畜死亡。

简单的氰化物经口、呼吸道或皮肤进入体内极易被吸收。氰化物进入胃内,在胃酸的作用下,立即水解为氢氰酸而被吸收,进入血液。细胞色素氧化酶的 $Fe^{3+}$ 与血液中的氰离子结合,生成氰化高铁细胞色素氧化酶,使 $Fe^{3+}$ 丧失传递电子的能力,造成呼吸链中断而使细胞窒息死亡。由于呼吸中枢对组织缺氧特别敏感,急性氰化物中毒的病人,其症状主要为呼吸困难,继而可出现痉挛,呼吸衰竭往往是致死的主要原因。

(8)热

热污染是指人类活动产生的一种过剩能量排入水体,使水体升温而影响水生态系统结构的变化,造成水质恶化的一种污染。

水体热污染主要来源于工业冷却水。其中以动力工业为主,其次为冶金、化工、石油、造纸和机械工业。据美国统计,动力工业冷却水量占全国工业冷却水量的80%以上。

水体热污染的直接效应是使水中溶解性气体发生显著变化。核电站冷却水常常导致受纳水体溶解性气体过饱和,从而使鱼类等水生生物患气泡病。美国皮尔哥里姆核电厂热冷却水使受纳水渠总溶解气体饱和度常常高于120%,使油鲱患气泡病死亡。更为常见的是随水温升高,水中溶解氧下降,对水生生物亦是一种威胁。

水温升高,水中化学反应和生化反应速率也随之提高,许多有毒物质的毒性增强,如氰化物,重金属离子。

水体热污染可使水生生物群落,种群结构发生剧烈变化,有的消失,有的发展,如20℃的河流中,硅藻为优势种;30℃时就转变成绿藻为优势种;35~40℃时蓝藻就大量繁殖起来。如果水温在短时间升高5℃左右,鱼类生活受到威胁,甚至死亡。

随着世界能源消耗不断增加,热污染问题也将日益严重。遗憾的是目前对此尚未引起足够的重视。

(9)酸碱及一般无机盐类

酸性废水主要来自矿山排水、冶金、金属加工酸洗废水和酸雨等。碱性废水主要来自碱法造纸、人造纤维、制碱、制革等工业废水。酸、碱废水彼此中和,可产生各种盐类,它们分别与地表物质反应也能生成一般无机盐类,所以酸和碱的污染,也伴随着无机盐类污染。

酸、碱废水破坏水体的自然缓冲作用,消灭或抑制细菌及微生物的生长,妨碍水体的自净功能,腐蚀管道和船舶。酸碱污染不仅能改变水体的 pH 值,而且可大大增加水中的一般无机盐类和水的硬度。

(10)放射性物质

放射性物质在化工、冶金、医学、农业等行业使用,并随污水排入水体,形成放射性污染。污染水体的最危险放射性物质有锶-90,铯-137 等,这些物质半衰期长,化学性能与组成人体的主要元素钙、钾相似,经水和食物进入人体后,能在一定部位积累,增加对人体的放射型辐照,可引起遗传变异或癌症。

(11)病原微生物和致癌物

水体中病原微生物主要来自生活污水和医院废水、制革、屠宰、洗毛等工业废水,以及牧畜污水。病原微生物有三类:病菌 可引起疾病的细菌,如大肠杆菌、痢疾杆菌等;病毒 一般没有细胞结构,但有遗传、变异、共生、干扰等生命现象的微生物,如麻疹、流行性感冒等;寄生虫 动物寄生物的总称,如疟原虫、血吸虫等。病原微生物是水体污染中主要的污染物。

根据流行病学调查,人类癌症的 80%～90% 是由化学物质、病毒和放射性物质等环境因素引起,其中以化学物质为主。目前已知有上千种化学致癌物质,这些化学致癌物质一般分为三大类:多环芳烃、杂环化合物和芳香胺类。至少有 20 多种多环芳烃有致癌作用,苯并 (a)芘是其中最有代表性的,它能引起皮肤癌和肺癌等。黄曲霉素是黄曲霉的一种代谢产物,有强致癌性,可引起肝癌等,它是一种杂环化合物。芳香胺中有 $\alpha$-萘胺、$\beta$-萘胺、联苯胺等可引起肝癌、膀胱癌等。

水中致癌物质来源很广。如多环芳烃来自焦化厂、煤气厂、石油精炼厂。大气中的致癌物质通过降水、降尘进入水体。一些工业废水,如石棉开采、金属冶炼等将致癌化合物排入水体,特别是人工合成高分子物质,进入水体后,危害水生生物。据报道,鱼类中的突变率很高,癌变率也高,这些都值得注意。

3. 水体污染物质的主要来源

造成天然水体污染的原因是多方面的,其主要来源有以下几方面:

(1)工业废水

工矿企业生产过程的每个环节都有可能产生废水,即所谓工业废水。其特点是:量大、种类繁多、成分复杂、毒性强,并且净化和处理均较困难。其中钢铁、焦化和炼油厂排出含酚类化合物与氰化物;化工、化纤、化肥、农药、制革和造纸等工厂排出砷、汞、铬、农药等有害有毒物质;印染、造纸、制碱、矿山开采等工矿企业排出各种有色、异味、油类、泡沫和漂浮物的废水;动力工业等排出的高温冷却水,能恶化水体的物理性质(水温升高、颜色异常、异味、水体感官特性变化等)。

工业废水是目前世界范围内水污染的主要污染源。

(2)农田排水

工厂生产了大量的杀虫剂、杀菌剂、除莠剂和化肥以及农家肥等,专供农田、森林使用。这些物质被使用后,除被生物吸收、挥发、分解之外,大部分残留在农田的土壤和水中,然后随农田排水和地表径流进入水体,造成污染;挥发进入大气中的有机物质、植物营养物(氮、磷)、农药等主要来源于农田排水。长江水质监测结果表明,在雨季和农田耕作繁忙季节中,长江水中的有机氯农药含量往往上升,约为枯水期和农闲时节的两倍之多。因此,对农田排水造成的水污染不可等闲视之。

(3)城市污水

城市污水包括:生活污水、工业废水和降水初期的城市地表径流。城市每日排出大量污水,其成分复杂,主要是病源微生物、需氧有机物、植物营养物(氮、磷)和悬浮物等。

随着城市的发展,城市污水的演变可分为三个阶段:即病源污染期、水体恶臭期、新污染期。

1)在病源污染期中,城市污水主要成分是生活污水,它含有大量病源微生物,排入水体后往往引起大规模传染性疾病的蔓延。

2)在水体恶臭期中,随着城市工业的发展和人口的集中,城市排水体制不能适应城市发展的需要,一些工业废水和地面径流排入城市污水管道中,使城市污水量和成分不断地增加和复杂,特别是可生物降解的有机物大量增加,造成水体缺氧,水生生物绝迹。这是水体恶臭期的状况。

3)在新污染期中,由于工业高度发展,城市污水体系中的工业废水量进一步增加,且成分更趋复杂。其中不断增加的人工合成有机物的生物降解性很差,一般的二级污水处理不能除去。这类污水给污水处理、水资源保护提出了新的研究课题。

(4)大气降落物

大气中的污染物主要来自矿物燃料和工业生产。前者燃烧时产生二氧化硫、氮氧化物、碳氧化物、碳氢化合物和烟尘等。后者随所用原料而异,在生产过程中,随不同环节而排放出不同的有害、有毒气体和固体物质(粉尘)。常见的有氟化物和各种金属及其化合物。农药在使用中,也会飞散进入大气中。其次是这些污染物在阳光和催化剂作用下,还会互相发生各种光化反应,生产新的污染物。

大气污染的种类很多,成分复杂,有水溶性成分和不溶性成分、无机物和有机物等。它们可以自然降落和(或)在降水过程中,溶解于水和被降水挟带至地面水体中,造成水体污染。如世界上许多湖泊酸化,致使水生系统遭受破坏,就是由于大气中酸性污染物溶于水中生产酸性降水造成的,已引起了各国的注意。

(5)工业废渣和城市垃圾

工业生产过程所产生的固体废弃物随着工业发展日益增多,其中以冶金、煤炭、火力发电等工业的排放量最大。一些工矿企业把这类工业废弃物随意堆积于河滩、湖边、海滨或者直接倾入水中,这些工业废弃物中均含有大量易溶于水的物质和在水中会发生转化进入水体的物质,从而造成水体污染。

城市垃圾包括居民的生活垃圾、商业垃圾和市政维修管理产生的垃圾。一些城市将城市垃圾堆积水边,任水流冲洗,造成水体污染。据统计,中国城镇居民平均每人每天排出垃圾量约为 1kg。城市垃圾随意倾倒水中或堆积水边,造成水体病原菌,需氧有机物等污染是不容忽视的。

4. 水体污染源类型

凡能排放或释放污染物的来源和场所均称为污染源;凡排出或释放的污染物能引起水污染的污染源为水体污染源。污染物从污染源的排放口排放或释放后,便进入污染物传输路径向自然界传输,并开始与共存的复杂组分相互作用。如污染物由工厂经工厂排污口排入城市下水道,随后注入江河等天然水体,则该工厂为污染源,城市下水道则是污染物的第一传输路径,下水道注入江河排污口,而该江河则是纳污的天然水体,也是第二传输路径。如工厂将污染物直接排入江河天然水体,则工厂排污口就是入江河排污口,而该江河便直接是污染物传输路径。因而,所谓污染源调查和污染源治理,就是调查和治理这些首次排放或释放污染物的来源和场所(如工厂)。

迄今为止,尚未见有最佳的或统一的污染源分类方法。因分类原则不同,污染源所属类型也各异。

(1)按污染物的成因分类

污染源可分为自然污染源和人为污染源两大类。有自然因素引起水污染的来源和场所,如特殊的地质条件(矿藏)、森林地带、爆发的火山等,为自然污染源;有人类的社会、经济活动所形成的污染源称为人为污染源。由于目前人类还很难对许多自然力实行强有力的控制,因此,自然污染源也处于难于控制的局面。但是,自然污染源对水体的污染影响比人为污染源小得多。人为污染源产生污染的频率高、数量大、种类多、危害深,是造成污染的主要原因。因此,是我们控制的重点。

(2)按污染源排放的污染物属性分类

可分成物理污染源、化学污染源和生物污染源等数种。物理污染源排放或释放的主要污染物有热能、放射性物质和悬浮物等;生物污染源包括医院等部门将细菌、病毒、寄生虫等排入水体;化学污染源所占比重最大,所排放的污染物种类也最多,涉及的面又最广。它们所排放的污染物有许多已构成对人类和生物界严重的威胁。大规模、现代化的经济组合,造成生产的集中和多样化,因此,一个污染源可能排放多种属性的污染物,如一个工厂可同时释放热能和排放化学污染物,应视为物理污染源兼化学污染源。

(3)按污染源的空间分布分类

可分为点污染源和非点污染源。点污染源具有确定的空间位置,非点污染源则否。

(4)按污染源排放污染物在时间上的分布特征分类

可分为连续排放污染源、间断排放污染源和瞬时排放污染源等数种。尽管有的污染源连续地排放污染物,但其排放的污染物的种类与数量在时间分布上仍不均匀,故可分为连续均匀性排放污染源与连续不均匀性排放污染源两类。瞬时排放污染源多为事故性排放污染物的场所或设施等。其发生的机率可能较低,但一旦发生事故,就会在极短的时间内将大量的污染物排入水体,其迅雷不及掩耳之势往往使人们开始觉察已经造成了不可估量的损失,所以绝不可因其发生机率低而掉以轻心。

(5)按产生污染物的行业性质分类

可分成工业污染源、农业污染源、交通运输污染源和生活污水污染源等数种。工业污染源是目前造成中国水污染的最主要污染源,这是因为工业部门种类繁多、污染物的数量多、种类多、毒性差异大、污水处理净化难度大,因而对环境的危害也大。

(6)按水污染源的有否移动性分类

可分为固定污染源和移动污染源。由固定点向江、河等水体排放污水的为固定污染源,而船舶等常为移动污染源。

(7)按接纳水体分类

可分降雨、地表水和地下水的污染源数种。例如降雨最常见的污染为酸雨,引起酸雨的污染源即为降雨的污染源;能引起河流、湖泊、水库或海水等水体污染者为地表水的污染源;能引起地下水污染者为地下水的污染源。

### 2.2.2 污染物在水体中的自净规律

1. 水体污染过程

废水或污染物进入水体后,立即产生两个相互关联的过程:一是水体污染过程;二是水体自净过程。水体污染的发生和发展,亦即水质是否恶化,要视这两个过程进行的强度而定。这两个过程进行的强度与污染物性质、污染源大小和受纳水体三方面及其相互作用有关。为了阐述方便,先概述水体污染与自净过程,然后分别论述各自的机制。

(1)水体污染与自净过程概述

一条河流从源头流出,流量虽小而水质清澈甘甜。在其流向远方的过程中,穿过山谷原野、丘陵平原,流经城市村庄、沿途汇集小溪小河,接纳各类工业废水、农田排水和城镇生活污水,流量越来越大,水质也相应变化。诸如:水面漂浮着闪亮的油膜、泡沫和漂浮物,水色有时呈黄褐色,有时呈黑色、黄色或红色;水的气味有时带泥土气味,有时又夹杂着霉烂臭味、鱼腥味,甚至是难闻而又说不出的刺鼻的气味;水温有时异常升高……。凡此种种,都是可凭感官察觉到的水质变化,这就是水体的感官物理性状恶化。水体还有另外一类的水质恶化——化学性质恶化,要用化学分析手段才能鉴别出来。像酚、氰、砷、汞、铬、镉、铅、农药等各种有机和无机的化学物质一旦进入水体,就使水中含量升高,有时超过地面水质允许标准的几倍、几十倍,甚至数百倍、数千倍。有些人工合成的有机物,如农药中的 DDT、六六六、洗涤剂,以及多氯联苯等,虽说在水中溶解量有限,含量很低,然而这类物质能经食物链传递而被生物富集,在生物体内达到惊人的数量。这类物质是人工合成的,其中多数很难被生物分解。

在废水注入河流的同时,其中各种污染成分也要经受水体的物理、化学和生物等作用,使污染成分不断地受到稀释、扩散、分解破坏或沉入水底,其结果是使水中溶解性污染物浓度下降,最后又恢复到污染前的状况。

对于接纳废水的某一局部水域来说,其污染与自净过程与一条河流大致相似。废水进入水体后,污染与自净过程就同时开始。距排放口较近的水域,污染过程是主要的,表现为水质恶化,形成严重污染区;而在相邻的下游水域,自净过程得到加强,污染过程强度有所减弱,表现为水质有所好转(相对严重污染水域而言),形成水中度至轻度污染区域;在轻度污染区域之下的水域,自净过程是主要的,表现为废水(或污染物)经水体物理、化学或生物作用,污染物质或被稀释或被分解或被吸附沉淀,水质恢复到正常状态。

(2)水体污染特征

在水体污染过程中,产生如下一系列的水质恶化特征:

1)水体中理化因素恶化,使大多数水生生物不能生存。例如:pH 值过低或过高(pH<6.5 或 pH>8.5);溶解氧下降至对大多数生物不能忍受的水平,甚至耗尽;有机物进行厌氧分解,水体变黑发臭;酚、氰、砷等有毒、有害物质在水中浓度上升,达到杀死一切水生生物的水平;水中氮、磷等植物营养增加,加速水体富营养化过程等。

2)水体被污染后,某些物质,如三价铬变六价铬;五价砷变成三价砷;无机汞经生物作用生产甲基汞等,都使毒性加强。另一些物质,如重金属、难分解的有机物质等,与水体理化条件改变而沉入水底,变成潜在性的次生污染源或被底栖生物捕食或富集,进入食物链。像六六六、DDT 之类的有机氯农药,在水中的浓度虽很低,并不威胁到生物的生存,但它能通过食物链传递被生物富集到惊人的数量,对人类健康构成危害。

3)水体被污染后,一些生物被消灭了,另一些生物逃避了,构成很单一的生物区系。这样的生物群落结构很脆弱,往往经不住外来压力的冲击,生态系统平衡易遭破坏。

(3)水污染机制

水污染机制十分复杂,有物理、物理化学、化学、生物及生物化学等基本作用及其综合作用。在某种具体条件下,往往以某种或几种作用为主。

1)物理作用:废水或污染物进入水体后,在水力与自身力量的作用下(或这两种力的综合作用),迅速扩大在水中所占的空间,这就是物理作用。在这个过程中,污染物只是改变其在水中的分布范围。随着分布范围扩大,污染物在水中浓度相应降低,但其化学组成和性质不发生变化。

(A)水流紊动作用:废水进入流动的水体后,在两种水流剪切力的作用下,沿着水体流动方向,迅速在纵、横和竖三个方向扩散。特别是在水流速度较大时,这种紊动作用很强,能使废水或污染物迅速扩大范围。水体流动将污染物向下游推移或搬运,曾用罗丹明B在玻璃模型水槽中进行室内废水扩散试验,试验中清楚地观察到,具有一定初始动量的废水进入流动水体后,由于水流的紊动,废水沿纵、横、竖三个方向迅速扩展,并且呈云团状在水体中滚动与扩散,经过一段流程后,使整个水体染上红色。

(B)污染物的分子扩散作用:向静止水体排放废水,在邻近排放口的一定范围内,废水借助自身的初始动量,在水体中紊动扩散。但在距排污口较远之处,废水失去了初始动量,此时,废水主要依靠分子扩散作用扩大污染范围。

(C)水流的冲刷作用:沉淀在水体底部的沉积物,因水流速度变大,冲刷力量增强,可被冲刷而再次进入水中。

总之,影响水污染过程的物理作用的主要因素有:污染物的物理特性;湍流的纵向、横向、竖向扩散尺度和强度;水体的边界条件等。

2)物理化学作用:水体含有各种各样的胶体,如硅、铅、铁等氢氧化物,复杂的次生粘土矿物和以腐殖质为主的有机胶体,此外,还有不少悬浮物。当污染物进入水体随水流迁移时,它与水中胶体之间通过吸附-解吸、胶溶-凝聚等作用进行物质交换,水体因此发生污染或自净过程。有关吸附与解吸等,参看本节后面论述的"水体自净过程。"

3)化学作用:指污染物进入水体后,除随水流一起迁移外,还因介质条件的变化,在各成分之间以及与水体各种化学成分之间发生化学作用。如酸化和碱化-中和、氧化-还原、分解-化合、沉淀-溶解等化学过程。导致污染物在水体中污染空间的扩大,加重了水体污染的程度。

(A)酸化和碱化:含有大量酸性或碱性物质的废水进入水体后,很快地破坏了水体的缓冲系统,水中pH值随即发生显著地变化,其值可能达到小于3或大于10。此外,酸性或碱性废水相应地与水体中碱性或酸性物质发生中和作用或复分解反应,产生新的盐类,使水体遭受新的污染。

大多数金属元素在强酸性环境中,形成易溶性化合物,有利于元素的迁移。在偏酸性和酸性环境(pH值小于7)条件下,便于钙、锶、钡、镭、铜、锌、三价铬、二价铁、二价锰和二价镍的迁移;在碱性水(pH值大于7)中,六价铬、硒、五价钒,砷易于迁移。因而,以上环境作用是更扩大了污染的范围。

(B)氧化-还原作用:含有强氧化剂或还原剂的废水进入水体后,一方面增加水体中氧化性或还原性物质;另一方面又急剧地改变水体中原各元素的原子或离子间的氧化还原的动态平衡,使水体中的变价元素之间发生氧化-还原过程。如在氧化条件下,$Cr^{3+}\rightarrow Cr^{6+}$,其毒性增强。许多金属离子以氧化态进入水体,易随水迁移和被生物吸收累积,在还原条件下,有机物分解产生有毒还原性硫化氢,$As^{5+} \rightarrow As^{3+}$,其毒性增强。因此,污染水体的氧化与还原作用对污染物质的迁移、转化和存在形式等有重要影响。

4)生物作用:生物作用是指进入水体中的污染物,通过生物的作用而扩大其在水体中的污染空间或范围,使污染物毒性增强,或使污染物在水环境中发生富集的现象。

(A)生物降解作用:废水中的有机物或某些矿物成分在生物作用下进行的降解作用称为生物降解作用。这种作用随水体中溶解氧的多寡而分为好氧降解和厌氧降解。

好氧降解:含碳有机物质在溶解氧富裕条件下,完全氧化生产二氧化碳和水;含氮和含磷有机物质的好氧降解结果,使水中累积了大量为植物所吸收利用的氮磷,为水体富营养化提供了条件;含硫有机物的好氧降解生成硫酸盐或硫代硫酸盐。

厌氧降解:有机物在无氧条件下经厌氧细菌作用,产生大量恶臭性还原物,如甲烷、氨、硫醇、硫化氢等(即常见的有机物腐败现象)称为厌氧降解。地球上有机物通过腐败作用释放硫化氢,每年约有 $11.2 \times 10^7$ t。硫化氢是与氰化物具有同等毒性水平的物质,水中含0.1ppm 硫化氢,可影响鱼苗生长和鱼卵的存活,0.5ppm 产生恶臭,超过 $0.5 \sim 1.0$ppm,对成鱼有严重危害。

(B)生物转化作用:某些元素在生物作用下,发生形态和价态的变化,转变为毒性较强的物质。汞的甲基化就是这类过程中最典型的例子。

震惊世界的日本水俣病就是水体受汞污染后,汞的甲基化而造成的。这是因为甲基汞易降解,易被生物吸收和在脑中积累,造成神经系统中毒。

(C)生物富集作用:指生物或处于同一营养级的生物种群,从周围环境中浓缩某种元素或难分解有机物的现象。经生物富集作用,生物体内的元素或难分解有机物的含量大大超过水体中的浓度,富集作用可通过生物积累和生物放大两过程实现。

2. 水体自净过程

水体自净的定义有广义和狭义两种:广义的定义指受污染的水体经过水中物理、化学与生物作用,使污染物的浓度降低,并恢复到污染前的水平;狭义的定义指水体中的微生物氧化分解有机物而使水体得以净化的过程。

影响水体自净过程的因素很多,其中主要的因素有:受纳水体的地形、水文条件,微生物种类与数量,水温、复氧能力(风力、风向,水体紊动状况),以及水体和污染物的组成与污染物浓度等。

(1)水体自净过程的特征

废水或污染物一旦进入水体后,就开始了自净过程。该过程由弱到强,直至趋于恒定,使水质逐渐恢复到正常水平。全过程的特征是:

1)进入水体中的污染物,在连续自净过程中,总的趋势是浓度逐渐下降。

2)大多数有毒污染物经各种物理、化学和生物作用,转变为低毒或无毒的化合物。如有毒的有机氯除草剂,在微生物的作用下,经历了复杂的分解过程,最终分解为无毒的二氧化碳、水和氯根。又如氰化物可被氧化为无毒的二氧化碳和硝酸根(或氨)。

3)重金属一类的污染物,从溶解状态被吸附或转变为不溶性化合物,沉淀后进入底泥。

4)复杂的有机物,如碳水化合物、脂肪和蛋白质等,不论在溶解氧富裕或缺氧条件下,都能被微生物利用和分解。先降解为较简单的有机物,再进一步分解为二氧化碳和水。

5)不稳定的污染物在自净过程中转变为稳定的化合物。如氨转变为亚硝酸盐,再氧化为硝酸盐。

6)在自净过程的初期,水中溶解氧数量急剧下降,到达最低点后又缓慢上升,逐渐恢复到正常水平。

7)进入水体的大量污染物,如果是有毒的,则生物不能栖息,如不逃避就要死亡,水中生物种类和个体数量就要随之大量减少。随着自净过程的进行,有毒物质浓度或数量下降,生物种类和个体数量也就逐渐随之回升,最终趋于正常的生物分布。进入水体的大量污染物中,如果含有机物过高,那微生物就可利用丰富的有机物为食料而迅速繁殖,溶解氧随之减少。随着自净过程的进行,使纤毛虫之类的原生动物有条件取食于细菌,则细菌数量又随之减少;而纤毛虫又被轮虫、甲壳类所吞食,使后者成为优势种群。有机物分解所生成的大量无机营养成分,如氮、磷等,使藻类生长旺盛,藻类旺盛又使鱼、贝类动物随之繁殖起来。

(2)水体自净机制

水体自净机制包括沉淀、稀释、混合等物理作用;氧化还原、分解化合、吸附凝聚等化学和物理化学作用;生物和生物化学作用等。各种作用相互影响、同时发生并相互交织进行。一般地说,物理与生物化学作用在水体自净中占有重要的位置。

1)物理净化作用:废水或污染物进入水体后,立即受到水体的稀释与混合作用,继而是吸附、凝聚或生成不溶性物质而沉入水底从而使水质得到改善。

(A)稀释与混合:所谓稀释,就是废(污)水中的高浓度污染物,由于清洁水的稀释作用,使其浓度降低。用稀释比表示废水的稀释效果或稀释程度。就河流来说,稀释比即参与混合稀释的河水流量与废水流量之比,又称径污比。很明显,河水流量越大,其稀释比也越大,废水能得到较为充分的稀释,稀释效果也就越好。

在大多数情况下,稀释与混合是不可分离的两个过程,稀释效果有相当一部分应归之于混合作用,由混合作用得以稀释,由稀释而促进混合。当然,混合也可由温度梯度、风力等因素引起。

达到完全均匀混合所需的时间受许多因素的影响,其中主要有:稀释比、河流水文条件及废水排放口的位置与型式。对于湖泊、水库来说,影响稀释的因素更多,如水流方向、风向和风力、水温等。

(B)沉淀:废水不仅含有各种大小不同的颗粒物质,而且还含有大量的溶解物质。当水流流速大或发生紊动时,此种颗粒物质呈悬浮状态。随着水流速度减低,水流挟带悬浮物质的能力也随之减弱,较大颗粒物质首先沉降,较细颗粒物也陆续下降进入底泥中。由于沉淀作用,水质得到某种程度的改善,因为在沉淀过程中,不仅悬浮颗粒状污染物进入底质中,而且这些颗粒物具有一定吸附能力,吸附了一定数量的可溶性污染物,使之随颗粒污染物一起沉入底泥中。

颗粒状污染物进入底泥后,水体因而澄清,水质也得到改善。沉入底质的污染物也许从此埋入底质中,但也有可能因水流流速加快和发生紊动而被冲起,再次悬浮水中;还有可能被底栖生物摄取,进入食物链;颗粒状的有机碎屑更有可能被底泥中的微生物分解成为黑色的泥状物质。

(C)吸附和凝聚:吸附作用是指水中的污染物被固体(如悬浮性的矿物成分、粘土、泥沙或有机碎屑等)吸附,并随同固相一起迁移或沉淀。

吸附作用是天然水体中普遍存在的现象，由于它的存在，水与悬浮物之间发生物质交换。吸附有多种形式，最重要而又普遍的有三种类型，即物理吸附、交换吸附和化学吸附。实际上，几种吸附作用在水体中常常是同时发生的，它们使污染物在界面上浓集。由于水体理化条件的变化胶体遭到破坏或不稳定，胶体颗粒必然会凝结并生成较大的颗粒，然后在重力的作用下，沉淀为絮凝物。

2) 化学净化作用：由于进入水中的污染物与水体组分之间发生化学作用，致使污染物浓度降低或毒性丧失的现象，称为化学净化作用。其中包括污染物的分解与化合、氧化与还原、酸碱反应等。

（A）分解与化合：酚、氰是废水中常见的污染物，除因挥发进入大气外，还易在水中发生分解与化合反应。酚在 pH 值较高时，与钠生产苯酚钠；氰化物在酸性条件下，易分解而释放氢氰酸，后者经挥发而进入大气中。重金属离子可与阴离子或阴离子团发生化合反应，生成难溶性重金属盐类而沉淀，如硫化汞、硫化镉以及重金属硫酸盐和磷酸盐等。

（B）酸碱反应：天然水体的 pH 值一般维持在 6.5～8.5 之间，但在受酸或碱污染时，pH 值有可能低于 6.5 或高于 8.5。污染物在水中的自净过程，无论其是物理、化学或生物的，均受 pH 值的影响。水体的 pH 值过高或过低，就会破坏胶体的稳定，从而使胶体吸附性能大受损害。我国南方河流水体多呈酸性，使某污染物易生成沉积物。例如砷和硒在 pH 值小于 7 时，水中溶解量低于 1ppb；而 pH 值升高时，铜的溶解量降低。镍在碱性水体中，易生成氢氧化镍而沉淀。在水体自净过程中起主导作用的生物和化学作用，更受到 pH 值的制约，因为一切微生物都只能在一定的 pH 值环境中生存，过酸过碱对生物、生化过程都是不利的。因此，水体中酸、碱条件的变化，在很大程度上决定着水体中污染物的迁移或净化。

（C）氧化与还原：关于氧化与还原反应在水体自净过程的作用，请参看有关资料和有关文件。

3) 生物净化过程：进入水中的污染物经各类生物的生理生化作用，或被分解，或转变为无毒或低毒物质的过程，称为生物净化过程。如芦苇能分解酚类，每 100g 鲜芦苇在 24h 内可分解酚 8mg。污水的二级处理作用，实际上就是生物净化。

（A）生物分解作用：水中微型生物参与水中各种各样的生物化学作用，其中最具代表性的是有机物的生物化学分解，即常说的生化需氧量（BOD）变化。

悬浮和溶解性的有机物质，在溶解氧充足时，被好气性微生物氧化分解为简单的、稳定的无机物，如二氧化碳、水、氨和磷酸盐等，并把氨转化为硝酸盐，使水体净化。在这一过程中，要消耗一定的溶解氧，BOD 用以表示在这一过程中消耗的氧量，氧消耗越多，说明水中有机物越多，因 BOD 可以表示水中可生物降解有机物的多寡。

（B）生物转化作用：水中某些有毒污染物在生物作用下，可转变为无毒或低毒的化合物。这方面的例子很多，如水中某些微生物（极毛杆菌，类极毛杆菌等）不仅有很高的耐汞能力，而且能将二价汞（$Hg^{2+}$）还原为元素汞（$Hg^0$），元素汞易挥发，促进水中汞的净化；又如氨对水生生物有毒害作用，但在水中硝化细菌的作用下，经两个步骤被氧化为无毒的亚硝酸盐和硝酸盐。

（C）生物富集作用：许多水生生物能从水中吸收污染物，贮藏于体内，使水中污染物浓度降低，从而使水体得以净化。如水生高等植物中的水葱可在酚浓度高达 600ppm 的水体中正常生长（每 100g 水葱 100h 可净化单元酚 202ppm），与水葱体内具有较大的气腔，干枯后漂浮水面,冲到岸边而被清除,使吸入体内的酚不会重新返回水体;凤眼莲能从水中选择吸收锌;黑藻、金鱼藻能从水中选择吸收砷。

利用水生高等植物净化废水是有发展前途的一项措施。需要妥善解决的问题是如何收获这些植物以及如何回收进入植物体的重金属,以免使重金属在这些植物残体的腐烂中重返水体,造成水体二次污染。

水体自净是环境科学的重要研究课题,应同水污染的研究紧密结合。建立水体自净过程规律的通用数理模式将有助于控制水体污染。通过对不同水体自净能力与规律的研究,掌握水体的同化自净能力,计算水体的环境容量,确定污染物排放总量的控制方案,达到既减轻人工处理污水的经济负担,又能保证水体的环境质量。因此,水体自净过程及其机制的研究是十分重要的。

## 2.3 我国水污染问题

### 2.3.1 我国水资源及水污染现状

#### 1. 我国的水资源总量

我国水资源并不丰富,水资源总量为 28124 亿 $m^3$,其中河川径流量为 27115 亿 $m^3$,排在世界第六位,继巴西 69500 亿 $m^3$、前苏联 65400 亿 $m^3$、美国 30560 亿 $m^3$、加拿大 29114 亿 $m^3$ 和印尼 28113 亿 $m^3$ 之后。我国水资源人均占有在世界 149 个国家中,排 110 位(统一采用联合国 1990 年统计数据)。被列为世界人均水资源缺乏的 13 个国家之一。只相当于世界人均占有量的 1/4,再加上水资源分布不均匀和受到严重污染,从长远看,水资源不足的状况还会加剧,因此,保护水资源是一项具有重大战略意义的工作。

我国水资源形势属严峻之列。自 70 年代后期,水资源缺乏或不合理利用日益突出,如今已在一些地区成为社会经济发展的一个制约因素。据估测,我国中等干旱年份缺水将达278 亿 $m^3$,如不采取措施,遇到较为严重的持续性干旱,其后果不堪设想。自 80 年代以来,我国干旱受灾和成灾面积一般每年分别为 2000 万公顷以上和 1000 万公顷左右,北方受灾和成灾面积约占全国 1/3~1/2。盐碱化面积每年约 760 万公顷。据对全国 400 多个城市调查,有 300 多个城市不同程度缺水,18 个主要沿海城市中 14 个城市缺水。我国缺水城市面之广,问题之严重在世界上乃不多见。来自水利部的报导,我国已有 100 多个城市的地下水过量开采,呈发展趋势,由此引发的地面严重下沉已经成为部分城市迫切需要解决的社会问题。

地下水成为城市主要供水水源的北京、天津等 27 座城市地下水的开采已严重过量,其中北京每年开采地下水 26.27 亿 $m^3$,造成超采地下水总量 40 亿 $m^3$,地下已呈漏斗状。其它城市也大都出现地下水位降落漏斗,漏斗面积逐年扩大。绝大多数城市地下水水质受到不同程度的污染,出现水体总硬度、硝态氮超标现象。

另一方面,我国水资源浪费严重,80 年代我国单位国民生产总值取水量分别为美国和日本的 15 倍和 31 倍,居世界首位。

我国正在致力于发展经济,21 世纪初,经济大体上达到发达国家 80 年代的水平,对水资源的保护和利用必须引起足够的重视,提出相应的水资源保护和管理条例,以适应社会经济发展与人口增长的需要,造福于人民。

2．我国水资源主要问题

（1）我国水资源人均和亩均水量少；

（2）水资源在地区分布上很不均匀,水土资源组合不平衡；

（3）水量年内和年际变化大,水旱灾害频繁；

（4）水土流失严重,许多河流含沙量大；

（5）我国水资源开发利用各地很不平衡；

（6）水资源优化配置措施不力,流域管理跟不上；

（7）水资源保护不力,水污染严重；

（8）水资源综合利用及节水技术有待进一步提高。

3．水污染状况

（1）全国污水排放状况

1）城市生活污水排放状况:根据建设部《城市建设统计年报》资料,1996年全国县及县级以上城市总供水量466.1亿 $m^3$,其中生产用水量261.8亿 $m^3$,占总供水量的56.2%,生活用水量167.1亿 $m^3$,占用水量的43.8%。人均生活用水208.08L/d,其中32个省市以广西、广东两省人均用水量最高,分别达307.84L/d和304.2L/d;208座地级以上城市中以广东中山市人均生活用水量最高,达595L/d。根据建设部《城市建设统计年报》资料,1996年全国县级以上城市污水量为352.8亿 $m^3$;其中,城市生活污水排放量为150.4亿 $m^3$,工业废水量为202.5亿 $m^3$。1991～1996年生活污水排放年增长率为6%～7%。

2）全国工业企业废水排放状况:根据国家环境保护总局《中国环境统计年鉴》资料,1996年全国县及县级以上工业废水排放量为205.9亿 $m^3$,其中,直接排入海洋的废水量为6.3亿 $m^3$,占总废水量的3.06%;直接排入江河湖库的废水量为141.88亿 $m^3$,占总废水量的96.94%。因此,全国工业废水排放直接影响江、河、湖、库、海水体的环境质量。

3）全国乡镇企业废水排放状况:90年代以来,乡镇工业持续迅速发展,其产值占全国工业总产值的比率由1989年的23.8%上升到1995年的42.5%。由此,乡镇工业污染物排放量也呈急剧增长趋势。据1996～1997年国家环保总局、农业部、财政部、国家统计局联合组织的"全国乡镇工业污染源调查"的结果,乡镇工业废水排放量为80亿 $m^3$ 左右,遍布于全国各个角落。

（2）全国污染物排放状况

从全国水污染总体情况分析,水污染类型是以有机污染为主。生活污水中化学需氧量浓度平均约400mg/L。1996年县及县级以上城市生活污水排放的化学需氧量负荷达601.4万t。

1991～1996年县及县级以上工业外排废水中污染物的排放量呈平稳态势,1996年工业废水中主要污染物化学需氧量703.5万t;重金属排放量1541t,比上年降低14.3%;砷排放量1132t,比上年增长4.2%;氰化物排放量2457t,比上年降低1.8%;挥发酚排放量5710t,比上年降低10.0%;石油类排放量60947t,比上年降低5.0%;悬浮物排放量780万t;硫化物排放量3.2万t。

调查结果表明乡镇工业污染物的排放已成为环境污染的重要因素,并呈现迅速增长趋势。1996年全国乡镇工业废水中化学需氧量的排放量为670万t,占当年全国工业企业废水排放化学需氧量总量的46.5%。预计到下世纪初乡镇工业和生活污水中化学需氧量排放量将超过县及县级以上企业的排放量,成为主要污染源。目前,乡镇企业废水还未纳入国家环保总局年度环境统计范围。

根据有关资料,全国排放污水总量约为 435 亿 $m^3$,占水资源总量的 1.6%。化学需氧量负荷为 1974.9 万 t,按目前污水处理水平,全国要使水环境达到Ⅲ类标准,满足正常的水资源利用要求,则需要用 13166 亿 $m^3$ 的清洁水资源(本底浓度为零)来稀释如此大量的污染物。若考虑清洁水资源本底浓度为 5mg/L,需要 19749 亿 $m^3$ 作为稀释水,这一数值也近似全国所有可利用的水资源。显然,由于污水排放的缘故,直接减少了可利用的水资源数量,导致我国水资源更加紧缺。

### 2.3.2 我国水环境质量现状

近年来,我国每年排放的废水总量约 435 亿 $m^3$,其中约有 70% 为工业废水。工业废水处理率虽达 70% 左右,但其中只有 30% 左右的处理设施的出水能达到标准。我国城市废水处理率不到 10%。如此大量的废水挟带着悬浮物、有机污染物、氮磷等营养性污染物、重金属、有毒有害污染物、难生物降解污染物等,排放入全国的各类江、河、湖、库、河口、海岸,造成了严重的水环境污染。有关资料表明,1996 年,我国江河湖库水域仍普遍受到不同程度的污染,除个别水系支流和部分内陆河流外,总体上仍呈加重趋势。78% 的城市河段不适宜作为饮用水源,50% 的城市地下水受到污染,工业较发达城镇附近的水域污染突出。本节针对上述水污染特点,结合当前我国水环境保护工作目标和饮用水源保护形势的迫切性,按主要全国水系、重点城市和饮用水源地三个层次,剖析、评价我国水环境质量状况。

1. 我国主要水系水环境质量现状

根据全国 2222 个监测站的监测结果,我国七大水系的污染程度次序为辽河、海河、淮河、黄河、松花江、珠江、长江,其中辽河、海河、淮河污染最严重。主要大淡水湖泊的污染程度次序为巢湖(西半湖)、滇池、南四湖、太湖、洪泽湖、洞庭湖、镜泊湖、兴凯湖、博斯滕湖、松花湖、洱海,其中巢湖、滇池、南四湖、太湖污染最严重。

据 1996 年环境公报数据,我国七大水系重点评价河段统计,符合《地面水环境质量标准》Ⅰ、Ⅱ类的占 32.2%,符合Ⅲ类标准的占 28.9%,属于Ⅳ、Ⅴ类标准的占 38.9%。与过去相比,七大水系的水质状况没有好转,水污染程度在加剧,范围在扩大。

(1)长江水系

长江水系水质污染比过去有所加重。水质符合Ⅰ、Ⅱ类水质标准的河段占 38.8%,符合Ⅲ类标准的河段占 33.7%,属于Ⅳ、Ⅴ类标准的河段占 27.5%。主要污染指标为氨氮、高锰酸盐指数($COD_{Mn}$)和挥发酚,个别河段铜超标。长江干流总体水质虽好,但干流岸边污染严重,干流城市江段的岸边污染带总长约 500km。

(2)黄河水系

黄河水质污染日趋严重。全流域符合Ⅰ、Ⅱ类水质标准的河段占 8.2%,符合Ⅲ类标准的河段占 26.4%,属于Ⅳ、Ⅴ类标准的河段占 65.4%。主要污染指标为氨氮、高锰酸盐指数、生化需氧量和挥发酚。黄河的水污染随着水量的减少和沿岸排污量的增加有加重的趋势,托克托到龙门区段有 1100 余家企业废水直接排入黄河,污水量占干流日径流量的 5%。在上游来水量不断减少,下游灌溉引水和城市供水不断增加的情况下,黄河下游的断流日趋严重。黄河 1996 年断流时间达 136 天,断流的河长近 700km,约占黄河郑州以下河段总河长的 90%。

（3）珠江水系

珠江水系水质总体较好，部分支流河段受到污染。水质符合Ⅰ、Ⅱ类水质标准的河段占49.5%，符合Ⅲ类标准的河段占31.2%，属于Ⅳ、Ⅴ类标准的河段占19.3%。主要污染指标为氨氮、高锰酸盐指数和砷化物。

（4）淮河水系

淮河水系污染问题仍十分突出，枯水期干流水质污染严重，重污染段向上游延伸，但一些重点治理的支流的超标程度在逐步降低，符合Ⅰ、Ⅱ类水质标准的河段占17.6%，符合Ⅲ类标准的河段占31.2%，属于Ⅳ、Ⅴ类标准的河段占51.2%。主要污染指标为氨氮、高锰酸盐指数。颍河、沂河有时达到Ⅳ、Ⅴ类标准。1997年国务院"零点行动"实施以后，关闭了"十五小"企业，并要求流域内所有工业企业污水达标排放，入淮污染物明显减少，淮河流域水环境质量明显改善。

（5）松花江、辽河水系

松花江、辽河水系污染严重。松花江水系污染主要指标是总汞、高锰酸盐指数、氨氮和挥发酚。其中，同江段总汞污染严重，水质较历年都差。辽河水系枯水期污染严重，流经城市河段的水质均超过地面水Ⅴ类标准。全水系符合Ⅰ、Ⅱ类水质标准的河段占2.9%，符合Ⅲ类标准的河段占24.3%，属于Ⅳ、Ⅴ类标准的河段占72.8%。主要污染指标为氨氮、高锰酸盐指数和挥发酚、铜、氰化物、汞也有超标现象。

（6）海河水系

海河水系污染问题一直比较严重。一些重要的地面水源地已受到污染或有污染威胁。包括水库在内，水质符合Ⅰ、Ⅱ类水质标准的河段占39.7%，符合Ⅲ类标准的河段占19.2%，属于Ⅳ、Ⅴ类标准的河段占41.1%。主要污染指标氨氮、高锰酸盐指数、生化需氧量和挥发酚。流域内的大小河流及水库除了拒马河、陡河及密云、怀柔、黄壁庄、潘家口、章泽和王快水库水质尚好外，其余河段基本为污染河段。

（7）浙闽沿海水系

浙闽片的水系水质较好，少数河段受污染，水质符合Ⅰ、Ⅱ类水质标准的河段占40.7%，符合Ⅲ类标准的河段占31.8%，属于Ⅳ、Ⅴ类标准的河段占27.5%。主要污染指标为氨氮。

（8）内陆河流

我国内陆河流水质良好，受自然地理条件的影响，个别河段的总硬度和氯化物含量偏高。水质符合Ⅰ、Ⅱ类水质标准的河段占63.5%，符合Ⅲ类标准的河段占25.4%，属于Ⅳ、Ⅴ类标准的河段占11.1%。

2. 城市河段水环境状况及饮用水源环境质量状况

（1）全国城市水环境总体状况

根据138个城市河段统计表明，有133个河段受到不同程度的污染，占统计河段数的96.4%。属于超Ⅴ类水质的有53个河段，属于Ⅴ类水质的有27个河段，属于Ⅳ类水质的有26个河段，属于Ⅱ、Ⅲ类水质的有32个河段，分别占统计总数的38.4%、19.6%、18.8%和23.2%。城市河段的主要污染指标为石油类和高锰酸盐指数，悬浮物超标现象仍普遍存在。

（2）地下水饮用水源环境质量状况

根据全国242个地下水源调查，完全符合"地下水质量标准"Ⅲ类的水源数为162个，供水量为41.58亿 m³/a，分别占调查地下水源数及水量的66.94%及72.2%。有80个水源不符合"地下水质量标准"Ⅲ类,占被调查总数的33.1%,其供水量为15.93亿 $m^3/a$,占地下水总供水量的27.71%,主要超标项目为:溶解性固体、挥发性酚类、高锰酸盐指数、硝酸盐氮、氨氮、氟化物、汞、铬、总大肠菌群等10余项。

（3）地表饮用水源环境质量状况

根据全国地表水水源调查表明,在全国329个水源中,枯、平、丰三期可达（GB3838—88）Ⅱ类标准的水源数分别为108个、107个、123个,分别占水源数的32.8%、32.53%和37.39%。对应水量为16.27、17.94、17.70亿 $m^3/a$,分别占总水量的16.67%、18.38%和18.14%。调查表明,全国水源中至少有80%以上的水体因受到污染而达不到地面水质量标准Ⅱ类,52%的水体受到较为严重的污染。主要污染指标为大肠菌总数、$NH_3$-N、砷、$NO_2$-N 及 $BOD_5$。由此看出,地表水源中污染类型主要属有机污染型。

3. 我国湖泊、水库及海域水环境状况

（1）湖泊、水库水环境状况

我国湖泊水库依然普遍受到污染,总磷、总氮污染严重,有机物污染面广,个别湖泊水库出现重金属污染。

淡水湖泊的主要污染物为总磷、总氮,首要环境问题是富营养化。耗氧有机物污染突出,重金属污染较轻。巢湖的总磷、总氮污染严重,湖泊重度富营养化。滇池的主要污染参数为总磷、总氮、高锰酸盐指数。东太湖水质尚好,入湖河道的水质已达地面水质Ⅲ～Ⅳ类标准,沿岸地区污染较重,其中五里湖、梅梁湖富营养化和有机污染最重,主要污染参数是总磷、总氮。

大型水库污染参数均为总氮、总磷。石门水库污染较重,门楼水库稍轻,新安江水库污染最轻,汾河水库重金属污染较重。

（2）海域水环境状况

我国四大海域污染主要发生在近岸海域并有加重趋势。主要污染参数为无机氮、无机磷和石油类。各海区近岸海域无机氮超过一类海水水质标准的超标率依次是:东海83%、渤海60%、黄海58%、南海52%;无机磷超过一类海水水质标准的超标率依次是:东海77%、渤海49%、黄海47%、南海20%;石油类超过一类海水水质标准的超标率依次是:渤海64%、黄海53%、南海33%、东海18%。珠江口海域依然是中国近海污染较重的海域之一,水体中无机氮、无机磷和石油类普遍超标,pH值和溶解氧也有超标现象。胶州湾海域的无机氮、无机磷和油类也普遍超标。长江口、杭州湾、舟山渔场、浙江沿岸、辽东湾海域的无机氮和石油类超标也较严重。

## 2.4 水污染的防治

污染物进入水体,其含量超过水的自净能力时,会使水质变坏造成水体污染。地球上可供人类直接利用的淡水资源是十分有限的,而水体污染又进一步缩小了可用水资源,加剧了水资源不足的矛盾。因此,控制水体污染,保护水资源,是当前环境保护的重要任务之一。制定符合国情的水环境质量标准,编制科学的水环境保护规范,加强水质管理,控制水体污染,节约用水等,是防治水体污染的重要措施。

### 2.4.1 水污染的预防

1. 制定水环境质量标准

(1)水质标准:水质标准是指为了保障人体健康,维护生态平衡,保护水资源,控制水污染,在综合水体自然环境特征、控制水环境污染的技术水平及经济条件的基础上,所规定的水环境中污染物的容许含量、污染源排放污染物的数量和浓度等的技术规范。

按照水体的类型,水质标准可分为地面水水质标准、海水水质标准和地下水水质标准;按照水的用途,又可区分为生活饮用水水质标准、渔业用水水质标准、农业灌溉水质标准、娱乐用水水质标准和工业用水水质标准等。由于各种标准制定的目的、适用范围和要求不同,同一污染物在不同标准中所规定的数值也不同。

世界各国都十分重视水环境质量标准的制定,普遍认识到它是控制水体污染的重要措施之一。但对于天然水体应保持什么样的水质标准,认识并不完全一致。多数认为,保护水体的目标,应该是使受污染水体恢复到符合当地人们需要的最有利的用途。

水的用途不同,对水质的要求也不一样,水质标准也就不同。例如,我国在指定各种水质标准时,提出的原则是:对饮用水源和风景游览区的水体,严禁污染;对渔业水域和农田灌溉用水,则要求保证动植物生长条件和动植物体内有害物质不得超过食用标准;对工业水源则要求符合生产用水要求。这些都是保护水环境质量的总目标。

根据《工业企业设计卫生标准》的要求,在城镇、工业企业集中式给水取水点的上游1000m的范围内,不得排入工业废水和生活污水,排入工业废水和生活污水后,下游最近用水点的地面水要符合地面水质卫生要求和地面水中有害物质的最高容许浓度的标准。最近用水点是指排出口下游最近点:(1)城镇、工业企业集中式给水取水点的上游1000m断面处或农村生活饮用水取水点;(2)经济鱼类产卵区和养育场。

(2)工业废水排放标准:要使天然水体水质达到规定的环境质量标准,必须控制工业废水的排放。1998年我国重新修订颁布了《污水综合排放标准》。本标准适用于排放污水和废水的一切企、事业单位。标准中将排放的污染物按其性质分为二类:第一类污染物指能在环境或动植物体内蓄积,对人体健康产生长远不良影响者,含有此类有害物质的污水,不分行业和污水排放方式,也不分受纳水体的功能类别,一律在车间处理设施排出口取样,其最高允许排放浓度必须符合有关标准的规定;第二类污染物,指其长远影响小于第一类的污染物质,在排污单位排出口取样,其最高允许排放浓度和部分行业最高允许排水定额必须符合相应的标准的规定,并以此作为环境管理监督的依据。

2. 编制水环境保护规划

水环境保护规划的目的在于保护水质和水生生态,合理地开发利用和保护水资源。通过规划提出各种措施与途径,使水质不受污染,生态环境不被破坏,以免影响水资源的正常用途。从而,保证满足水体的主要功能对水质的要求,并合理地、充分地发挥水体的多功能作用。

进行水环境保护规划时,首先必须了解被规划水体的种类、范围、深度要求和规划的任务等。根据所形成的原则和方案,进行分析比较。在比较方案中,根据一定的准则进行优选。因此,规划的内容及程序可列为:①通过调查及评价水体的现状和功能,明确水体的主要污染源及污染物;②对水体功能进行区划,拟订水质目标和设计条件;③按规划的不同水平进行污染预测;④根据水体稀释自净特性、环境容量以及经济比较指标拟订几个比较方案;⑤优选方案;⑥拟订分期实施程序并计算分期效益规划时,要把水环境及其流域作为一个生态系统,要合理地、持续地利用流域的水和土资源的生产能力而不致恶化或使环境退化。

3. 加强水环境法规建设,提高监督监察力度

适应改革开放和社会主义市场经济的要求,加强水环境法制建设,保证水环境质量管理有充分的法律依据。从立法内容上,强调排放污染物单位的法律责任,充分体现"超标排污即违法"这一思想,将超标排污罚款为主要手段,逐步过渡到超标排污罚款、新闻曝光、行政处罚和刑事处罚相结合的环境管理手段。

建立各级政府领导目标责任制,明确环境保护行政主管部门的目标责任制。强化水污染防治的执法力度,加大处罚力度,逐步做到罚款数远大于污染治理投资,并将部分罚款资金用于污水处理设施建设,严禁发生以罚代治现象,保证工业污染负荷按计划消减。加强乡镇企业废水排放的管理,将乡镇企业废水管理纳入各级环境保护正常的管理业务范围,严禁工艺落后、规模小、污染严重的乡镇企业上马,坚决关闭国家明令禁止的"十五"小企业,加大乡镇企业废水治理方案。

加强环境保护行政主管部门对城市污水集中处理设施运行管理的监督力度,使城市污水集中处理设施正常运行,保证其出水水质达到国家或地方规定的排放标准。要加大宣传力度,提高广大人民群众的环境意识,鼓励公民参与和监督水污染防治工作。重要江河流域由于其重要的经济、政治地位,规定政府将水污染防治规划的落实情况向当地人民代表大会报告并向社会公布,一方面体现政府对本地区环境质量负责的要求,另一方面也强化了人大和公众的监督作用,促进重点区域的水污染治理。

4. 水污染预防的技术措施

(1)减少耗水量:当前我国的水资源的利用,一方面感到水资源紧张,另一方面浪费又很严重。在城市用水总量中,工业用水占80%左右,同工业发达国家相比,我国许多单位产品耗水量要高得多。耗水量大,不仅造成了水资源的浪费,而且是造成水环境污染的重要原因。城市地区70%的污染源来自工业,由于工业废水量大、面广、含污染物多、成分复杂、许多有毒有害的污染物在水体中难以降解,从而加重了对水环境的污染。因此,必须把减少耗水量作为水污染防治的一项重要政策来执行。

通过企业的技术改造,采用先进的工艺;制定各行业的用水定额,压缩单位产品用水量;一水多用,提高水的重复利用率等,都是在实践中被证明了是行之有效的。尤其是水的重复利用应当引起重视。积极研究实现废水资源化,尽可能将污染物消灭在生产工艺过程中,达到最大限度消减排污量的目的,这是控制水污染的积极途径。

工业废水要实行清污分流、一水多用、串级使用、闭路循环、污水回用等多种措施,以提高水的重复利用率,特别是应重点抓好工业用水中的冷却水的循环使用。

开展污水综合利用,从污水中回收有用物质,是防治水污染的一项有效措施。如我国首钢经过技术改造实现了工业水与废水的循环利用和综合利用。从焦化厂废水中回收化工产品—硫铵、煤焦油、酚、萘、蒽等,投入1元环境保护资金,可获得2.4元的经济效益,做到了化害为利。

对废水经过不同程度的处理后可再利用。在城市中建立所谓"中水道"系统,开辟第三水源。处理后的废水根据水质情况回用于农业、工业和城市公共用水。

（2）建立城市污水处理系统：为了控制水污染的发展，工业企业还必须积极治理水污染，尤其是有毒有害物质的排放必须单独治理或预处理。随着工业布局、城市布局的调整和城市下水管道网的建设与完善，可逐步实现城市污水的集中治理，使城市污水处理与工业废水治理结合起来。

根据我国国情，目前普及二级污水处理厂由于投资和运行费较高，有些地区和城市建设有困难。近年来开始实验污水处理塘、土地处理系统、排江排海工程等，依靠天然净化能力处理污水，虽然有些技术问题还有待研究，但这些都是一些积极的出路。应采取多种处理方式，力争做到技术可行和经济合理的统一。

（3）调查产业结构：污水排放量的多少，直接受产业结构的影响，因此，在进行工业规划与布局时，要合理安排，统筹考虑，尽量减少重污染、高耗水、多排污的企业，积极发展低能耗、少排污的高新企业。从源头上减少污染物的排放。

（4）实施清洁生产工艺：某一企业，生产同样的产品，可以有许多种不同的生产工艺。过去确定工艺的考虑产品本身因素，如产品质量、产品数量、经济效益等等，很少考虑环境影响因素。现在在综合考虑上述因素的同时，必须考虑环境因素，必须考虑清洁生产工艺，减少污水的排放，必须综合分析企业的效益。将经济效益、社会效益和环境效益统一考虑，选择整体效益最佳的清洁生产工艺。

5. 综合利用资源和能源

以往的工农业生产大多是单一的过程，既没有考虑与自然界物质循环系统的相互关系，又往往在资源和能源的耗用方面，片面强调单纯的产品最优化问题。因此，在生产过程中几乎都有大量环境容纳不了、甚至带有毒性的污染物排出，以致造成环境的严重污染和破坏。这些污染物实际上是未加充分利用的有用之物，它们进入环境的结果，一是造成资源和能源的浪费；二是影响环境生态系统的平衡。如传统的造纸厂工艺过程，一般都力求造纸生产的最优化而忽视废水中纸浆等的充分利用和回收。至于农业废弃物，在我国和其他一些第三世界国家中，基本上都弃置在水沟或烧掉。从表面看来这似乎没有什么价值，而实际上这些废弃物中有机和无机的营养成分不能得到充分利用，因而破坏了原来生态系统的物质循环，长此下去就有可能使土壤贫瘠和水体污染。

解决这个问题较理想的办法是，运用生态系统的物质循环原理，建立闭路循环工艺，实现资源和能源的综合利用，以杜绝浪费与无谓的损耗。所谓闭路循环工艺，就是要求把两个以上的流程组合成一个闭路体系，使一个过程中产生的废料或副产品成为另一过程的原料，从而使废弃物减少到生态系统的自净能力限度以内。这种闭路循环工艺在工业和农业中的具体应用，就是生态工艺和生态农场。

生态工艺属于无污染工艺。此种工艺不仅要求在生产过程中输入的物质和能量获得最大限度的利用，即资源和能源的浪费最少，排出的废弃物最少，而且是这些废弃物完全能被自然界的动植物所分解、吸收和利用。生态农场是根据生态学原理建立起来的新型农业生产模式。它可以因地制宜地利用不同的技术，来提高太阳能的转化率、生物能的利用率和废弃物的再循环率，使农、林、牧、副、渔以及加工业、交通运输业、商业等获得全面发展。

**2.4.2 水污染的治理**

1. 水污染治理系统工程的基本内容

（1）水体污染和自净规律

首先对水体污染进行系统的监测和调查,为研究水体污染和自净规律提供充分的数据,借以定量地研究污染物在水体中通过混合稀释、生物氧化分解、物理、化学过程以及在水生态系统中因迁移转化等机理而被除去或净化的规律,并建立相应的水体自净规律数学模型,根据水体控制断面处的水域等级及对其规定的水质标准计算确定水体自净容量,亦即确定往该水体中排放的各种污染物的最大允许排放总量。

(2)城市污水处理

城市污水在排入受纳水体之前,一般应根据后者的自净容量计算确定适宜的处理等级和程度,以保证排入水体后不致造成严重的污染,降低控制水域的等级。以及丧失其原定的用途(如饮用水源、渔业等)。当受纳水体自净容量很大(如大的江河和海)时,有时采用一级处理即可满足要求。在发达国家和发展中国家的经济发达区域,由于人口密集、城镇多,往附近的受纳水体排放的污水量大,一般需要对城市污水进行二级处理才能使受纳水体保持正常状态。二级处理主要是除去污水中易于生物降解的有机污染物,以防止它们过量地进入受纳水体后,由于好氧生物降解而使水体中的溶解氧过度消耗乃至贻尽,造成鱼类和其它水生物死亡,以及由此引起的水质恶化。二级处理出水中剩有的原生污水含氮、磷等营养物质,当其排入静止型水体(如湖泊、水库等)会发生富营养化现象。因此,出水排入静止型水体的污水处理厂,除了常规的二级处理外,还附加了除氮和(或)除磷处理过程。一些严重缺水城市,有的采用了污水回用的三级处理系统,将水质良好的三级出水供给中水道,用于冲洗厕所、喷洒街道、浇灌绿化带、高尔夫球场、防火等。

(3)工业废水治理

一些工业废水的成分和性质相当复杂,处理难度大,而且费用昂贵,因此宜于采用综合性治理,特别应重视厂内的治理措施。首先是改革生产工艺,以无毒原料取代有毒原料(例如以无汞工艺取代用汞工艺),以杜绝有毒废水的产生;在使用有毒原料的生产过程中,采用先进、合理的工艺流程和设备,实行科学的管理,严格地运行和维护,消除跑、冒、滴、漏,尽量减少有毒原料的耗用量和流失量,以便将有毒有害的工业废水尽量消灭或减少在生产过程中。重金属废水,放射性废水和其它有毒有害废水,原则上不宜与其它废水混合,而应在产生地点就地处理,并且尽量采用闭路循环系统或资源回收系统,以杜绝或尽量减少污染物向环境的排放量。一些无毒无害但流量大的废水,如冷却水,也不宜排于城市下水道,因为这会增加城市下水道和污水处理厂的规模以及相应的基建和运行费用;最好是在厂内进行适当地处理后循环使用。成分与性质近似于生活污水的工业污水,可排入城市下水道并进入城市集中污水处理厂与生活污水一并处理。一些能生物降解的乃至难生物降解的贫营养型废水,如含酚、氰废水、纺织印染废水、制浆造纸废水、石油化工废水等可按控制的排放浓度排入城市下水道,并进入集中污水处理厂中与生活污水和其它工业废水混合一起处理,这比它们单独进行生物处理更加有效和经济。高浓度有机废水,如屠宰、肉类联合加工、酿造、酒精制造、生物制药、制糖等废水,其 BOD 浓度为数千至数万 mg/L,应首先在厂内进行厌氧生物处理,使出水 BOD 浓度适当降低再排放于城市下水道,同时可以回收沼气作为能源予以利用。一般地说,城市集中处理厂的规模越大,其基建和运行费用单价越便宜,而且水量和水质越稳定,在寒冷地区热容量也越大,能够保持较高的水温,因而越容易保持良好的处理效能。

(4)水系污染防治工程

由于许多江河、湖泊和海域(特别是近海)遭受严重污染,不仅恶化了人类的水环境,而且也破坏了人类赖以生存的水资源。因此,从60年代开始便开展了水系(或水体)污染防治的工程设施。其主要内容是,根据城市工矿区和农田等沿水系分布的情况,分段(如江河)或分区(如湖、海、水库)调查研究其各自的污染状况和自净规律,建立适宜的数学模式并计算确定其自净能力及其可接受的最大允许污染负荷,并据此确定其接受的污水和废水的处理程度,以修建适应的污水处理设施。有时在一些超污染负荷的水系区段采用一些工程技术措施,如施加人工曝气以增加水体中的溶解氧,修建调节水库增加枯水期流量,或者引进附近更大水系的水量进行混合稀释(如对一些穿城河)以提高其自净能力和改善其水质。

此外,许多污染物如重金属、多氯联苯、有机氯农药、焦油、石油类化合物等,大都沉积于水底,但它们并不稳定,由于多种原因会重新返回水中,如沉积的汞会通过甲基化往水中释放剧毒的甲基汞,并在水生食物链中逐级富集。因此,水系污染底质的治理工程已成为水系污染防治工程中的重要组成部分,它包括如下几方面:

1)对污染底质进行调查研究,以确定其污染范围和浓度分布。

2)调查研究水生物主要是底栖生物如贝类和底层鱼类对底质污染物的蓄积规律,确定其富集倍数,并结合水文、地理等多种因素确定底质中污染物的最大允许浓度。

3)对超过标准的污染底质进行处理,主要是挖掘法,例如,日本计划清除全国河、湖、海中 $5000 \times 10^4 m^3$ 的有害底泥,计划到1982年完成 $1200 \times 10^4 m^3$。到1978年底已完成了汞污染底质的挖掘工程33处,多氯联苯污染底质挖掘工程51处。挖出的有毒有害污泥添加化学固定剂使其变成难溶的化合物并且予以填埋。还有考虑用粘土等材料就地覆盖的方法处理污染底质的,但还没有应用的实例。

(5)饮用水源的污染控制与污染原水的深度净化

现在许多城镇的水源,不仅受到城市污水和工业废水等点源的污染,而且还受到农田径流、大气沉降、降水等多种非点源的污染。前者是较容易控制的,而后者则很难控制,因此即使城市污水和工业废水处理普及率很高的发达国家或地区如北美、西欧,其许多饮用水源的污染仍在逐渐加重。污染的特点是水中含有许多微量的有机化合物和一些无机物(主要是重金属),其中有些是致癌、致畸和致突变的。国内外一些流行病学的调查研究证明,饮用污染水的人群比饮用洁净水的人群的消化道癌症死亡率明显的高。

过去为了保护水源地曾采用设置卫生防护带的做法,但这种做法不能非常有效地控制水源免受污染,因为卫生防护带以外点源的排放,尤其是非点源的排放会使水源受到不同程度的污染。为了保持水源的水质清洁,在某些情况下对进入水源的水进行净化处理以除去其中的污染物。例如,一些作为水源的水库和湖泊,由于城市污水和工业废水的汇入以及农田径流水或灌溉回水的汇入造成含磷等营养物的增加并出现富营养化现象,导致蓝绿藻类的过度繁殖,分泌出有异嗅、异味的物质甚至一些毒素,使水质恶化。为了消除这种不良现象,在其入口处拦截流入的水流进行化学沉淀除磷处理,将脱除磷和其它污染物的处理水引入水库中,如德国的万巴赫水库就是这样保持其良好的入库水质。一些地下水源更易受到污染,美国有的地方将污染的地下水源抽水,经活性炭滤罐过滤后再回注入地下水源中。另外,地下水源的过量开采使地下水位不断下降,储水量不断减少,是个相当普遍的问题,美国将城市污水进行高级处理或经过土地处理系统处理后注入或渗入地下水中以补充地下水源。德国则将一些污染的河水(如鲁尔河、莱茵河)经臭氧化—生物活性炭法深度净化后通过慢滤池或渗井回注入地下水中,以供作地下水源之用。

因此,从饮水中去除微量有机污染物已成为给水处理的新课题。现有的普通给水处理流程—混凝沉淀→砂滤→投氯消毒,是以除去水中的悬浮物和病原菌为主要目的,而不能有效地去除多种多样的微量有机污染物。为此需要研究、开发和应用更加有效和复杂的处理方法和过程,它们被称为深度处理或除污染处理过程。目前实际应用最广泛的方法是活性炭吸附法和臭氧化—生物活性炭法。此外,还在研究和开发超滤法、高梯度磁分离法等饮用水除污染技术。

(6)流域或区域水污染综合防治

长期以来通行的各自为政的分散和单项废水治理措施,如许多工厂各自修建一套小而全的废水处理设施,往往具有费用昂贵和运行不够稳定、可靠等缺点,尤其在合理利用受纳水体自净容量,保持其规定的水质标准,以及保护、合理开发和利用其水资源等方面带有很大的盲目性和片面性,其处理级别、程度和去除的污染负荷不是偏低,就是偏高,缺乏统筹兼顾。

为了更加有效、经济地防治水体的污染,就需要改变这种互不联系的分散的单项治理,实行区域性的综合治理,亦即以一个水系的全流域或部分流域(或称区域)为总的防治对象,对其水质和水资源进行全面的调查研究和水域规划,按其功用的不同划分一些区段并确定相应的水域等级,制定符合其用途(如作为饮用水源、工业用水水源、农田灌溉、游泳区、鱼类产卵区等水域)的水质标准。对其污染状况进行全面、系统的监测与调研分析,掌握其污染和自净规律,并提出相应的数学模式,用以计算确定该水体的自净容量,亦即最大允许排污负荷。然后对各污染源进行调查和统计,确定其排放的污、废水量和排放污染物的种类和数量,运用系统工程学的方法,对各污染物的容许排污负荷进行优化分配设计和计算,这包括城市污水处理厂不同的规模、数目、处理方法、流程和布置(包括排水管网的不同布设线路和体制)、工业废水的不同治理方法以及非点污染物的不同控制措施等而组成的多种不同的污染负荷削减方案的技术—经济比较,所有方案都应该满足各污染源的总排污量应等于或小于该水体的自净容量,而其中削减污染量的治理总费用最小的方案,一般确定为最优方案,并按该污染控制方案进行实施。

为了有效地防治流域或区域的水污染,要采取如下一些综合性的措施:

(1)要建立权威性的水系或流域的水污染防治和水资源保护、利用的管理机构。例如,英国在英格兰和威尔士,根据1973年水法的有关条款,成立了十个地区水务管理局,对其各自管辖的水系流域实行水务的综合管理。这包括水源管理、供水、下水道和污水处理、防洪、土地排水、防海潮、污染控制、渔业和水娱乐活动等;此外,泰晤士河水管局还负责泰晤士河淡水河段的航行管理。这种统一水管理体制能同时满足四方面的要求:①能有效地开发保护和合理地利用水资源(例如修建流量调节水库、开发地下水资源等);②能实行经济合理地取水,杜绝水资源开发和利用上的浪费;③通过污水处理设施和有关的废水排放管理条例和规划能有效地控制重新返回水体的废水水质,使其不致恶化受纳水体的水质和破坏其水资源;④能实行节约用水和水的回用。

德国则是建立水管理协会来负责其管辖流域或区域的水污染控制和水资源的开发、保护和利用。最初,负责污水处理的城镇和工矿企业以自愿组合的方式共同建造和运行一个共用的污水处理厂,随后发展成为更大规模的水管理协会,负责整条河流流域内的污废水的联合处理和排放。这些协会首先是在鲁尔区由于面临人口和工业的集中引起的水污染问题而建立的。

虽然这些协会是由一些城镇和工矿企业倡导形成的，但是整个河流流域的全面和有效的管理，只有在所有的排放大户都属于这些协会时才有可能。因此政府授予这些协会以公共法的执行权。该法规定在各协会管辖区域内所有的重要废水排放户都为该协会的当然成员。

这些协会的任务往往不只是废水处理，还包括土地径流排水，修建和管理水库用于供水，防洪和调节河流水量。水协会可依据其总体规划在其所管辖的整个流域中采取综合性的治理措施以获得最佳的水质。协会为解决全流域的废水处理所需的费用，是由所有成员按排放负荷提供的。

我国一些大的江河流域也建立了水资源和水环境保护的管理机构。例如，长江设有水资源保护局，它既是水利部在长江流域的工作机构，也是国家环境保护总局在长江干流的协调机构，负责组织协调与长江干流水环境保护有关的规划、监测、科研和跨省区的水污染纠纷等工作。又如，松花江水系现已在原来的水系保护领导小组办公室的基础上，扩建为松辽水资源管理局，负责松花江水系的水资源保护和水污染防治工作，该机构多年来认真抓了对该水系流域重点污染源的分期分批限期治理工作，使松花江水质有所改善。

（2）制定和实施水污染控制法及有关规章条例，如实施细则、技术政策、水环境质量标准、污染物排放标准等，实行法治管理。许多国家，尤其是发达国家，为了有效地控制水污染和保护水资源，都制定了水污染控制和水资源保护方面的法令，依据这些法令实行监督和管理，并且在实施的过程中不断地加以修改和完善。例如，美国为了防止其水体和饮用水源的水质恶化，制定和实施了许多种联邦、州和地方的水污染控制方面的法令。

我国近年来对水污染控制方面的立法很重视，1984年通过并实行了《中华人民共和国水污染防治法》，1982年通过和施行了《中华人民共和国海洋环境保护法》，1988年通过和施行了《中华人民共和国水法》，1986年国务院环境保护委员会颁布和施行了《关于防治水污染技术政策的规定》，最近还颁布和施行《中华人民共和国水污染防治法实施细则》，从此我国的水污染防治和水资源保护进入更加健全和有效的法制管理时期。

（3）应采用综合性工程技术措施。区域水污染防治的工程技术难度很大，国内外的广泛和长期的实践证明，任何一种单一的治理措施，或修建和运行常规污水处理厂，或采用革新和代用处理技术，如氧化塘、土地处理系统等，都不能完全解决问题。而宜于在水污染控制区域内（如一条河流的全部流域，或其部分流域，或其中的一个城市或工业区）进行总体的、综合的和系统的工程技术治理，其主要的原则性措施有：

1）城市污水和大部分工业废水（水质与生活污水近似者）宜于由城市下水道汇集在一起进入城市或区域的污水处理厂集中处理。这比许多小型分散的处理厂能更经济、有效地削减有机污染负荷。

2）有毒有害的工业废水，如重金属废水、放射性废水、高浓度含酚、氰废水、含油、悬浮物和强酸或强碱性废水等，应在厂内，甚至车间内就地单独处理；含不能降解的有毒污染物如重金属、放射性元素应尽可能采用闭路循环系统，杜绝其向环境的排放。对一些特别难处理的工业废水，应通过工艺改革、技术革新和设备更新以及加强管理等措施，消除这些废水，或者最大限度地减少其流量，以减少处理这些废水的技术难度和费用负担。

3)污水土地处理,利用土壤对污染物的过滤、吸附和净化作用来处理城市生活污水,特别是对含有机物污水的处理。

4)污水灌溉,根据作物生长规律和污水的水质特性,实施污水资源化,增加灌溉水源,提高粮食产量。

5)建造调蓄水库,增加受纳水体枯水期的流量,或者在其中设置人工曝气装置以增加其自净容量。

6)建造污水处理出水的调蓄水库或污水储存池,实行丰、平水期排放和枯水期储存,以保证枯水期的排污总负荷不超过受纳水体此时期的自净容量。

7)增加工业用水,如冷却水和洗涤水等的循环使用率;开发城市污水和工业废水处理后出水的再用途径,如农田灌溉、绿地喷洒、地下水补充、中水道等,以减轻受纳水体的污染和保护水资源。

8)对受污染的饮用水源进行治理,以及对污染的原水进行消除污染的深度净化,以保证人群的饮用安全与健康。

9)地表水体污染底质的处理与处置。

10)地表水体漂浮物的清除与处置。

11)污水处理所产生的固体污物和污泥的处理、处置和利用。

12)地下水资源的保护和受污染地下水的治理。

13)地表水和地下水的监测系统,及时发现污染事故并采取应急的技术措施。

14)流域或区域内非点污染源的工程技术措施。

2．废水处理方法

(1)废水处理基本方法

废水处理的目的就是以某种方法将废水中的污染物分离出来,或者将其分解转化为无害稳定物质,从而使污水得到净化。一般要达到防止毒害和病菌的传染;避免有异臭和恶感的可见物,以满足不同用途的要求。

废水处理相当复杂,处理方法的选择,必须根据废水的水质和数量,排放到的接纳水体或水的用途来考虑。同时还要考虑水处理过程所产生的污泥、残渣的处理利用和可能产生的二次污染问题,以及絮凝剂的回收利用等。

废水处理方法的选择取决于废水中污染物的性质、组成、状态及对水质的要求。一般废水的处理方法大致可分为物理法、化学法及生物法三大类。

1)物理法:利用物理作用处理、分离和回收废水中的污染物。例如应用沉淀法除去水中相对密度大于1的悬浮颗粒,同时回收这些颗粒物;浮选法(或气浮法)可除去乳状油滴或相对密度近于1的悬浮物;过滤法可除去水中的悬浮颗粒;蒸发法用于浓缩废水中不挥发性的可溶性物质等。

2)化学法:利用化学反应或物理化学作用处理回收可溶性废物或胶状物质。例如,中和法用于中和酸性或碱性废水;萃取法利用可溶性废物在两相中溶解度不同的"分配",回收酚类、重金属等;氧化还原法用来除去废水中还原性或氧化性污染物,杀灭天然水体中的病原菌等。

3)生物法:利用微生物的生化作用处理废水中的有机污染物。例如,生物过滤法和活性污泥法用来处理有机生产废水,使有机物转化降解成无机盐而得到净化。

以上方法各有其适应范围,必须取长补短,互为补充,往往很难用一种方法就能达到良好的治理效果。一种废水究竟采用哪种方法处理,首先是根据废水的水质和水量、排放时对水质的要求、废物回收的经济价值、处理方法的特点等,然后通过调查研究,进行科学实验,并按照废水排放的指标、地区的情况和技术的可行性而确定。

(2)城市污水处理厂处理方法

城市污水成分的 99.9% 是水,固体物质仅占 0.03%～0.06% 左右。城市污水的生化需氧量(BOD$_5$)一般在 75～300mg/L。根据对污水的不同净化要求,废水处理的各种步骤可划分为一级、二级和三级处理。

1)一级处理:一级处理可由筛滤、重力沉淀和浮选等方法串联组成,除去废水中大部分粒径在 100$\mu$m 以上的大颗粒物质。筛滤可除去较大物质;重力沉淀法可去除无机颗粒和比重略大于 1 的有凝聚性的有机颗粒;浮选可去除比重小于 1 的颗粒物(油类等),往往采取压力浮选至水面而去除。废水经过一级处理后,一般达不到排放标准。

2)二级处理:二级处理常用生物法。生物处理主要是除去一级处理后废水中的有机物。该法是利用微生物处理废水的一种经济有效的废水处理方法。它通过废水处理构筑物中微生物的作用,把废水中可生化的有机物分解为无机物,以达到净化目的。同时,微生物又用废水中有机物合成自身,使其净化作用得以持续进行。生物法分为好氧生物处理和厌氧生物处理两大类。好氧生物处理是在有氧情况下,借好氧微生物的作用来进行的。目前实际工程中主要采用好氧生物处理,其包括活性污泥法和生物膜法两种。在活性污泥法中大量微生物存在于表面呈现高度吸附活力的絮状活性污泥中,在生物膜法中滤料表面有发达的微生物膜。处理过程中,废水中有机物先被吸附到生物膜或活性污泥上,然后通过微生物的代谢把部分有机物氧化分解为无机物并将另一部分同化为微生物细胞质而将有机污染物从废水中去除;最后经过沉淀与脱落的生物膜或活性污泥分离,得到净水。好氧生物处理中废水有机物氧化分解的最终产物是 $CO_2$、$H_2O$、$NO_3^-$、$NH_3$ 等。

经过二级处理后的水,一般可以达到农灌标准和废水排放标准。但是水中还存留一定的悬浮物、生物不能分解的溶解性有机物、溶解性无机物和氮、磷等富营养物,并含有病毒和细菌。在一定的条件下,仍然可能造成天然水体的污染。

图 2-2 为活性污泥法二级污水处理厂的工艺流程示意。污水进厂后,首先通过格栅除去大颗粒的漂浮或悬浮物质,防止损坏水泵或堵塞管道。有时也可专门配有磨碎机,将较大的一些杂物碾成较小的颗粒,使其可以随污水一起流动,在随后的工艺中除去。

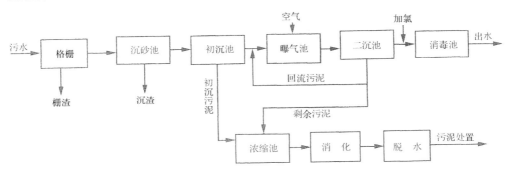

图 2-2　城市生活污水处理工艺流程示意图

流水经过格栅后进入沉砂池,将大粒粗砂、细碎石块、碎屑等颗粒都分离沉淀而从废水中去除。随后污水进入初沉池,在较慢的流速条件下,使大多数悬浮固体借重力沉淀至沉淀池底部,并借助于连续刮泥装置将污泥收集并排出沉淀池。初沉池的水力停留时间一般为$90 \sim 150min$,可去除废水中$50 \% \sim 65 \%$的悬浮固体和$25 \% \sim 40 \%$的有机物($BOD_5$)。如果是一级处理厂,污水在出水口进行氯化消毒杀死病原菌后再排入天然水体。

曝气池是二级处理的主要构筑物,污水在这里利用活性污泥在充分搅拌和不断鼓入空气的条件下,使大部分可生物降解有机物被细菌氧化分解,转化为$CO_2$、$H_2O$和$NO_3^-$等一些稳定的无机物。曝气所需时间随废水的类型和所需的有机物去除率而订,一般为$6 \sim 8h$。此后,污水进入二沉池,进行泥水分离并澄清出水,其中将部分(一般为处理废水量的$50 \% \sim 100 \%$)沉淀污泥回流至曝气池以保证曝气池中一定的污泥数量。根据季节的变化和受纳水体的环境质量及使用功能要求,对二沉池出水加氯消毒,然后排入天然水体。

初沉池收集的污泥(称为初沉污泥)和二沉池排出的剩余污泥,进入污泥浓缩池进行浓缩处理以减小污泥的体积便于其后续处理。经浓缩后的污泥在消化池中进行厌氧分解,使污泥中所含的有机体(包括残留的有机物和大量的微生物体)在无氧条件下进行厌氧发酵分解,产生沼气(以甲烷和$CO_2$为主),余留的固体残渣已非常稳定,经过脱水干燥处理后去最终处置(或作农业肥料或填埋等)。污泥消化池中排出的尾气含甲烷约$65 \% \sim 70 \%$,可用作燃料。

3)三级处理:污水的三级处理目的是在二级处理的基础上作进一步的深度处理以去除废水中的植物营养物质(N、P)从而控制或防治受纳水体富营养化问题,或使处理出水回用以达到节约水资源的目的。所采用的技术通常分为上述的物理法、化学法和生物处理法三大类。如曝气、吸附、混凝和沉淀、离子交换、电渗析、反渗透、氯消毒等。但所需处理费用较高,必须因地制宜,视具体情况而定。

综上所述,可以看出近代水质污染控制的重点,初期着眼于预防传染性疾病的流行,后来转移到需氧污染物的控制,目前又发展到防治水体富营养化的处理及废水净化回收重复利用方面以实现废水资源化。某些专门的工业废水按要求需进行单项治理,如含酚废水、含氰废水、含油废水及含各种有毒重金属废水等,以防止对天然水体污染。

## 复习思考题

1. 试简述水体的循环过程。
2. 水体的功能有哪些?
3. 简述水体污染物的种类及其主要危害。
4. 何谓水污染? 水污染有哪几种类型?
5. 试说明水体的自净过程。
6. 水污染防治的途径有哪些?

# 第3章 大气污染及其防治

## 3.1 大气及其污染的成因

### 3.1.1 大气的组成

1. 大气与空气

在研究大气污染规律及对空气质量进行评价时,为了便于说明问题,空气和大气这两个名词常常分别使用。一般,对于室内或特指某个场所(如广场、厂区等)供人和动植物生存的气体,习惯上称为空气;而在科学研究中,常常以大区域或全球性的气流为研究对象,则常用大气一词。

2. 大气的组成

自然状态下的大气是由多种气体、水汽和悬浮微粒组成的混合物。其组成包括恒定的、可变的和不定的组分。除去水汽和悬浮微粒的空气称为干洁空气。

大气的恒定组分系指大气中含有的氮(N)、氧($O_2$)、氩(Ar)及微量的氖(Ne)、氦(He)、氪(Kr)、氙(Xe)等稀有气体。其中氮、氧、氩三种占大气总容积的百分率分别为78.08%、20.95%、0.93%,三者共占干洁空气总容积的百分率为99.96%。在近地层大气中,这些气体组分的含量几乎是不变的。

大气的可变组分主要是指大气中的二氧化碳、水蒸气等,这些气体的含量由于受地区、季节、气象以及人们生活和生产活动等因素的影响而有所变化。

大气的不定组分,有时是由自然界的火山爆发、森林火灾、海啸、地震等暂时性灾难所引起的。由此所形成的污染物有尘埃、硫(S)、硫化氢($H_2S$)、硫氧化物($SO_X$)、氮氧化物($NO_X$)、盐类及恶臭气体等。这些不定组分进入大气中,可造成局部和暂时的大气污染。大气中不定组分除上述来源之外,其主要来源是由于人类社会的生产工业化、人口密集、城市工业布局不合理和环境管理不善等人为原因造成的。不定组分的种类和数量与该地区工业类别、排放的污染物以及气象条件等多种因素有关。当大气中不定组分达到一定浓度时,就会对宏观的生态平衡和微观的人、动植物造成危害。

干洁空气的组成    表 3-1

| 气体类别 | 含量(容积百分比) | 气体类别 | 含量(容积百分比) |
|---|---|---|---|
| 氮($N_2$) | 78.09 | 氪(Kr) | $1.0 \times 10^{-4}$ |
| 氧($O_2$) | 20.95 | 氢($H_2$) | $0.5 \times 10^{-4}$ |
| 氩(Ar) | 0.93 | 氙(Xe) | $0.08 \times 10^{-4}$ |
| 二氧化碳($CO_2$) | 0.03 | 臭氧($O_3$) | $0.01 \times 10^{-4}$ |
| 氖(Ne) | $18 \times 10^{-14}$ | | |
| 氦(He) | $5.24 \times 10^{-4}$ | 干空气 | 100 |

我们了解了大气的自然化学组成后,就很容易严格确定大气中的外来污染物。当空气

中某种物质的含量大于表 3-1 所列该物质的含量时,就可以认为空气被污染了,如某物质在表 3-1 中完全不存在,那么一经存在就构成污染。由于大气中的水能已近似于零值到饱和的各种浓度存在,所以一般不把水看作是污染物。

### 3.1.2 大气污染

1. 大气污染的定义

按国际标准组织(ISO)作出的定义,大气污染通常是指由于人类活动和自然过程引起的某种物质进入到大气中,呈现出足够的浓度、达到足够的时间,并因此危害了人体的舒适、健康和福利或危害了环境的现象。

所谓对人体的舒适、健康的危害,包括对人体正常生理机能的影响,引起急性病、慢性病以至死亡等;而所谓福利,则包括与人类协调并共存的生物、自然资源以及财产、器物等。人类的活动包括生活活动和生产活动两方面。但作为防止大气污染的主要对象,首先是工业生产活动。所谓自然过程,包括火山活动、山林火灾、海啸、土壤岩石风化及大气圈的空气活动等。但是,一般说来,由于自然环境所具有的物理、化学和生物机能,即自然环境的自净作用,会使自然过程中造成的大气污染,经过一定时间后自动消除,从而使生态平衡自动恢复。

从大气污染的范围来说,大致可以分为四类:

1)局部地区大气污染,如某个工厂烟囱排气的直接影响;

2)区域性大气污染,如工矿区或其附近地区或整个城市大气受到污染,这在城市、工矿区经常出现;

3)广域性大气污染,这在城市、大工业地带可以看到;

4)全球性大气污染,由于人类的活动,大气中硫氧化物、氮氧化物、二氧化碳、氯氟烃化合物和飘尘的不断增加,造成跨国界的酸性降雨、温室效应、臭氧层破坏。

2. 大气污染的成因

大气污染从总体来看,是由自然界所发生的自然灾害和人类活动所造成的。由自然灾害所造成的污染多为暂时的、局部的,但在较大灾难发生后,也会造成广域、较长时间的大气污染。由人类活动所造成的污染是经常发生的,可引起一定区域或整个城市的大气污染。一般所说的大气污染问题,多为人为因素所引起的。人为因素造成大气污染的污染源,从产生来源看,主要有三种:

1)生活污染源:人们由于烧饭、取暖、沐浴等生活上的需要,燃烧化石燃料向大气排放煤烟所造成大气污染源。在我国城市中,这类污染源具有分布广、排放量大、排放高度低等特点,是造成城市大气污染不可忽视的污染源。

2)工业污染源:由火力发电厂、钢铁厂、化工厂及水泥厂等工矿企业燃料燃烧和生产过程中所排放的煤烟、粉尘及无机化合物等所造成大气污染的污染源,称为工业污染源。一般来说,这类污染源因生产的产品和工艺流程的不同,所排放的污染物种类和数量有很大的差别。但其共同特点是排放源较集中而且浓度较高,对局部地区或工矿区的大气质量影响较大。

3)交通污染源:由汽车、飞机、火车和船舶等交通工具排放尾气所产生的污染源叫作交通污染源。这类污染源是在移动过程中排放污染物的,又称移动污染源。生活污染源和工业污染源,多数是在固定位置上排放污染物的,又称固定污染源。

## 3.2 大气污染物及其危害

### 3.2.1 大气污染物的种类

大气污染物大约有100多种,根据其存在的状态,可将其分为两大类:颗粒污染物和气态污染物。

1. 颗粒污染物

根据颗粒污染物的物理性质不同,可以分为如下几种:

1)粉尘:系指悬浮于气体介质中的细小固态粒子。通常是由于固体物质的破碎、分级、研磨等机械过程或土壤、岩石风化等自然过程形成的。粉尘粒径一般在$1 \sim 200 \mu m$之间。大于$10 \mu m$的粒子,靠重力作用能在较短时间内沉降到地面,称为降尘;小于$10 \mu m$的粒子,能长期地在大气中悬浮,称为飘尘。

2)烟:通常系指由冶金过程形成的固体气溶胶。在生产过程中总是伴有诸如氧化之类的化学反应,其熔融物质挥发后生成的气态物质冷凝时便生成各种烟尘。烟的粒子是很细的,粒径范围一般为$0.01 \sim 1 \mu m$。

3)飞灰:系指由燃料燃烧后产生并由烟气带走的灰分中很细的分散粒子。灰分系含碳物质燃烧后残留的固体渣,在分析测定时假定它是完全燃烧的。

4)黑烟:通常指由燃烧产生的能见气溶胶。它不包括水蒸气。在某些文献中以林格曼数、黑烟的遮光率、沾污的黑度或捕集的沉降物的质量来定量表示黑烟。黑烟的粒度范围为$0.05 \sim 1 \mu m$。

5)雾:在工程中,雾一般泛指小液体粒子的悬浮体。它可能是由于液体蒸汽凝结、液体的雾化以及化学反应等过程形成的,如水雾、酸雾、碱雾、油雾等,水滴的粒径范围在$200 \mu m$以下。

6)总悬浮微粒(TSP):系指大气中粒径小于$100 \mu m$的所有固体颗粒。这是为了适应我国目前普遍采用的低容量($10m^3 /h$)滤膜采样法而规定的指标。

2. 气态污染物

气态污染物种类极多,主要有五个方面:以二氧化硫为主的含硫化合物,以一氧化氮和二氧化氮为主的含氮化合物、碳的化合物、碳氢化合物及卤素化合物等(见表3-2)。

气体状态大气污染物的种类 表 3-2

| | 一次污染物 | 二次污染物 |
|---|---|---|
| 含硫化合物 | $SO_2$、$H_2S$ | $SO_3$、$H_2SO_4$、$MSO_4$ |
| 碳的化合物 | $CO$、$CO_2$ | 无 |
| 含氮化合物 | $NO$、$NH_3$ | $NO_2$、$HNO_3$、$MNO_3$、$O_3$ |
| 碳氢化合物 | $C_mH_n$ | 醛、酮、过氧乙酰硝酸酯 |
| 卤素化合物 | $HF$、$HCl$ | 无 |

注:M代表金属离子。

若大气污染物是从污染源直接排出的原始物质,则称为一次污染物;若是由一次污染物与大气中原有成分之间,或几种一次污染物之间,经过一系列化学或光化学反应而生成与一次污染物性质不同的新污染物,则称为二次污染物。在大气污染中,受到普遍重视的二次污染物主要有硫酸烟雾和光化学烟雾等。硫酸烟雾是大气的二氧化硫等硫化物在有水雾、含有重金属的飘尘或氮氧化物存在时,发生一系列化学或光化学反应而生成的硫酸雾或硫酸盐气溶胶。光化学烟雾是在阳光照射下大气中的氮氧化物、碳氢化合物和氧化剂之间发生一系列光化学反应而生成的蓝色烟雾(有时带有紫色或黄褐色),其主要成分有臭氧、过氧乙酰硝酸酯(PAN)、酮类及醛类等。

### 3.2.2 大气污染的危害

空气是地球表面一切有生命的物质赖以生存的基本条件,人类能够生存全依赖于空气。例如,每个成年男子平均每天消耗 1.5kg 食物、2.5kg 水和 15kg 的空气。如果没有空气,人类就无法生存。植物离开空气就无法进行光合作用。清洁大气被污染后,其性质就会发生改变,产生有害于人类健康、影响动植物生活及损害各种器物等现象。

1. 大气污染与人的健康

大气被污染后,由于污染物的来源、性质、浓度和持续时间的不同;污染地区的气象条件、地理环境等因素的差别;甚至人的年龄、健康状况的不同,对人均会产生不同的危害。

大气中有害物质是通过下述三个途径进入人体造成危害的:(1)通过人的直接呼吸而进入人体;(2)附着在食物或溶解于水,随饮水、饮食而侵入人体;(3)通过接触或刺激皮肤而进入到人体,尤其是脂溶性物质更易从完整的皮肤渗入人体。其中,通过呼吸而侵入人体是主要的途径,危害也最大。这是因为,第一,一个成年人每天要吸入 $12m^3$ 的空气,数量极大;第二,在 $55 \sim 70m^2$ 的肺泡面积上进行气体交换,其浓缩作用很强;第三,整个呼吸道富有水分,对有害物质粘附、溶解、吸收能力大,感受性强。因此,大气污染对人体的影响,首先是感官上受到影响,随后在生理上显示出可逆性的反应,再进一步就出现急性危害的症状。大气污染对人的危害大致可分为急性中毒、慢性中毒和致癌作用三种。

1)急性中毒:存在于大气污染物浓度较低时,通常不会造成人体的急性中毒,但是在某些特殊条件下,如工厂在生产过程中出现特殊事故,大量有害气体逸出,外界气象条件突变等,便会引起居民人群的急性中毒。历史上发生过数起大气污染急性中毒事件,最典型的是1952 年伦敦烟雾事件。当时伦敦地区上空受强大的移动性冷空气控制,整个泰晤士河谷及毗连的地区完全处于无风状态,在距地面 $60 \sim 130m$ 高空形成强逆温层,大雾弥漫,这种天气整整持续了四天。在这样的地形、气象条件下,从伦敦的居民灶和工厂烟囱排出的烟尘被逆温层封盖而停滞在底层无法扩散。当时测定的大气中 $SO_2$ 的浓度高达 $3.5mg/m^3$,颗粒物浓度高达 $4.5mg/m^3$。与历年同期相比,伦敦地区多死亡 $3500 \sim 4000$ 人。死亡的原因,以慢性气管炎、支气管肺炎以及心脏病为最多。

2)慢性中毒:大气污染对人体健康慢性毒害作用的主要表现是污染物浓度在低浓度、长期连续地作用于人体后所出现的一般患病率升高。目前,虽然直接说明大气污染与疾病之间的因果关系还很困难,但主要通过大量的流行病的调查研究证明,慢性呼吸道疾病与大气污染有密切关系。因为大气中的污染物如二氧化硫、飘尘、氮氧化物、氟化物等,在大气中即使有效浓度很低也能刺激呼吸道,引起支气管收缩,使呼吸道阻力增加,减弱呼吸功能;同时,有害气体的刺激,使呼吸道粘液分泌增加,导致呼吸道的纤毛运动受阻甚至消失,从而进一步导致呼吸道抵抗力下降,诱发呼吸道的各种炎症。一般受二氧化硫污染的城市的支气管炎患者要比没有受到污染的农村高一倍,特别当大气中二氧化硫和飘尘结合在一起时,危害人体健康更为严重。

二氧化硫、硫酸雾能消除上呼吸道的屏障功能,使呼吸道阻力增加;同时,在二氧化硫长期作用下,使粘膜表面粘液层增厚变稠,纤毛运动受抑制,从而导致呼吸道抵抗力减弱,有利于烟尘等的阻留、溶解、吸收和细菌繁殖,引起上呼吸道发生感染疾病。

二氧化氮是一种刺激性气体,可直接进入肺部,削弱肺部功能,损害肺组织导致肺气肿和持续性阻塞性支气管炎,降低机体对传染性细菌的抵抗力。二氧化氮被吸收后变为硝酸与血红蛋白结合成变性血红蛋白,可降低血液输送氧气的能力,同时对心、肝、肾和造血器官也有影响。

一氧化碳为无色、无臭、对呼吸道无直接作用的气体,它的危害作用,主要是同血液中的血红蛋白结合而形成碳氧血红蛋白,影响氧的输送能力,阻碍氧从血液向心肌、脑组织转换。当空气中一氧化碳浓度为 10mg/L 时,心肌梗塞患者发病率增高,若一氧化碳浓度超过 50mg/L 时,严重心脏病人就会死亡。

大气受氟化物污染,可使人的鼻粘膜溃疡出血,肺部有增殖性病变,儿童形成牙斑釉,严重时导致骨质疏松,易发生骨折。

3)致癌作用:随着工业、交通运输业的发展,大气中致癌物质的含量和种类日益增多,比较确定有致癌作用的物质有数十种。例如,某些多环芳烃、脂肪烃类、金属类(如砷、铍、镍等)。由大气污染所引起的癌症主要是肺癌。

虽然肺癌的病因至今还不完全清楚,但是,由于肺癌的发病日益增多和具有地区性显著差异的特点,认为环境性因素在肺癌病因学中有重要的意义。根据流行病调查及动物实验结果可以得到证明。

被污染的大气中有机化合物微粒含有多种有毒物质,有的可致癌、致畸、致突变。有明显致癌作用的是多环芳烃,其中主要代表是 3,4—苯并芘,它是燃料不完全燃烧的产物,与工业企业、交通运输和家庭炉灶的燃烧排气有密切关系,并且随着大气中 3,4—苯并芘浓度的增加,居民的肺癌率上升,大致是大气中 3,4—苯并芘浓度增加百万分之一,将使居民的肺癌死亡率上升 5%。

2. 大气污染对植物的影响

大气污染对植物的影响,随污染物的性质、浓度和接触时间、植物的品种和生长期、气象条件等的不同而异。气体状污染物通常都是经叶背的气孔进入植物体,然后逐渐扩散到海绵组织、栅栏组织,破坏叶绿素,使组织脱水坏死,干扰酶的作用,阻碍各种代谢机能,抑制植物的生长。粒状污染物则能擦伤叶面、阻碍阳光,影响光合作用,从而影响植物的正常生长。

大气污染对植物的危害,可根据受害植物的叶片出现的变色斑纹,作出初步鉴定,同时从受害症状也可初步确定污染物的种类。对植物生长危害较大的大气污染物主要是二氧化硫、氟化物和光化学烟雾。

1)二氧化硫:硫是植物必须的营养元素。高等植物从土壤和空气中获得硫的营养。例如,棉花能从空气中吸收所需总硫的 50%。但空气中二氧化硫含量过多,特别是当转为硫酸雾时,对植物会有损害。二氧化硫妨碍叶面气孔进行正常的气体交换,影响光合作用,对叶面组织有腐蚀作用,致使叶面出现失绿斑点,甚至全部枯黄,严重者可引起植物全部死亡。

二氧化硫对植物的危害程度与二氧化硫浓度和接触时间有一定关系。植物一般可忍受的二氧化硫浓度和时间(即在此浓度和持续时间内植物不致受害)如下:3ppm,10min;0.3

ppm,10h;0.2ppm,4天;0.1ppm,1个月;0.01ppm,1年。日照强、气温高,因气孔全张开,植物对二氧化硫则更为敏感。因此,植物光合作用旺盛时最易出现受害症状,白天的中午前后二氧化硫的危害作用最大。

不同植物受二氧化硫危害的程度是有差异的。对二氧化硫反应敏感的植物有大麦、小麦、棉花、大豆、梨、落叶松等;对二氧化硫有抗性的植物有玉米、马铃薯、柑桔、黄瓜、洋葱等。

2)氟化物:冶金工业和磷肥工业排出大量氟化物。氟化物不但是刺激性很强的毒物,而且具有累积性毒物,危害甚大。氟与硫、氯不同,它不是植物正常发育的重要元素。在自然界,植物含氟很低,干物质少于20ppm。

大气中的氟化物主要是氟化氢和四氟化硅。它们对植物危害的症状表现为,从气孔或水孔进入植物体内,但不损害气孔附近的细胞,而是顺着导管向叶片尖端和边缘部分移动,在那里积累到足够的浓度,并与叶片内钙质反应生成难溶性氟化钙类沉淀于局部,从而起着干扰酶的作用、阻碍代谢机制、破坏叶绿素和原生质,使得遭受破坏的叶肉因失水干燥变成褐色。当植物在叶尖、叶边出现症状时,受害几小时便出现萎缩现象,同时绿色消退,变成黄褐色,两、三天后变成深褐色。

氟化物对植物造成危害的浓度较低,常以每平方米多少微克计。在有限浓度内,接触时间越长,受害就越严重。因此受害的植物一旦被人或牲畜所食,便会导致人或牲畜受氟危害。对氟化物敏感的植物有玉米、苹果、葡萄、杏等;有抗性的植物有棉花、大豆、番茄、烟草、扁豆、松树等。

3)光化学烟雾:光化学烟雾中对植物有害的成分主要是臭氧、氮氧化物等。臭氧等强氧化剂对植物有很大的伤害作用。经臭氧损害的叶片,在栅栏组织的坏死部分出现有色斑点和条纹。这是由于邻醌与氨基酸及蛋白质作用,引起细胞聚合的结果。同时,植物组织机能衰退,生长受阻,发芽和开花受到抑制,并发生早期落叶、落果现象。一般大气中臭氧浓度超过0.1ppm时,便对植物引起危害。对臭氧敏感的植物有烟草、番茄、马铃薯、花生、小麦、苹果、葡萄等;有抗性的植物有胡椒、蚕豆、桧柏等。

氮氧化物进入植物叶后气孔易被吸收产生危害,一些敏感的植物在二氧化氮浓度为1ppm作用一天或0.35ppm作用几个月的情况下就会受害,使植物生长缓慢。

过氧乙酰硝酸酯(PAN)是光化学烟雾的剧毒成分。它在中午强光照射时反应强烈,夜间作用降低。各种植物对PAN的敏感程度差别相差很大,番茄和木本科植物对PAN最为敏感,在15~20ppb浓度下暴露两小时即严重伤害;而玉米、棉花等对PAN抗性较强。PAN危害植物的症状表现为叶子背面气室周围海绵细胞或下表皮细胞原生质被破坏,使叶背面逐渐变成银灰色或古铜色,而叶子正面却无受害症状。

3. 大气污染对全球气候的影响

污染对全球气候的影响,虽不像对局部区域环境影响那么明显,但从长远来看,它们的影响是绝不能忽视的。近十几年来,人们普遍感到气候异常。虽然人们目前掌握的资料还不能作出确切的结论。但从已测的数据和某些气候的变化,已说明人类的活动,特别是工业的不断发展,某些有害物质的排放,已影响到大气成分的改变,从而也引起了地球上气候的变化。下面仅就几个主要问题进行讨论。

1)大气中二氧化碳的含量增加:人们在利用化石燃料产生热能的同时,有大量二氧化碳气体释放于大气中。在近100多年来,大气中二氧化碳的浓度已由260ppm上升到

330ppm。二氧化碳气体的浓度增加,正在影响全球性气候和气象的变化。大气中的二氧化碳不仅能选择性的吸收太阳的辐射能,而且还吸收地球表面辐射出红外线能量,由于近地大气层中二氧化碳浓度的增加,使贮存在大气中的能量增多,并得到升温,升温的二氧化碳大气层再将能量逆辐射到地球表面。大气层中的二氧化碳起到阻隔地球向宇宙空间散热的屏蔽作用,增强了近地层的热效应。生存在地球表面上的一切动植物就如同在冬季为农业所建造的温室里一样,所以把大气中二氧化碳对环境的效应,叫做"温室效应"。

二氧化碳所产生的温室效应,已引起许多科学家们的重视,发表了大量论述大气中二氧化碳浓度增大对未来气候影响的论文。有的学者认为,如大气中二氧化碳浓度达到420ppm时,地球上所有的冰雪都将融化,反之若二氧化碳浓度减少到150ppm,温室效应就会减弱,地球就可能全部被冻雪所覆盖。考虑到今后由于能源大量消费,二氧化碳每年将以0.7ppm的速率增加,到21世纪中叶时,地球上冰雪要融化一半,从而可造成海平面上升,就有可能淹没大量沿海地区的城市,从而也会导致人类的自然环境和生态系统的破坏。

应当指出,上述温室效应对气候变化的影响的观点,在科学界还有争议。有些科学家认为,生物圈有着吸收和贮存二氧化碳的巨大能力,只要停止大规模滥伐森林,增大植被面积,就可能保持二氧化碳在大多数情况下的平衡,无须担忧"温室效应"所带来的后果。有些科学家还认为,由于大量飘尘的增加,也会使太阳辐射到地球表面的能量减少,全球性气候因此变冷。不管怎样,如果只谈大气中二氧化碳的温室效应使全球气温上升、禁止滥伐森林增大植被面积减慢二氧化碳浓度的增长和尘粒在大气中散射太阳辐射能降低气温的作用,都是有科学依据的,但综合考虑上述诸因素对气温产生的协同效应,还有待于进一步地研究。

2)臭氧层的破坏:离地球表面约10~50km上空的平流层中的臭氧层能吸收太阳辐射,它起着保护地球表面生物,使之免受破坏性紫外线照射之害的作用。保护臭氧层免于被破坏是当前国际上广泛引起注意的问题。

平流层中的臭氧,处于一种平衡状态,即在同一时间里,太阳光把分子氧($O_2$)光解生成氧(O)和臭氧($O_3$)的数量与臭氧经过一系列化学反应又重新化合成分子氧的数量是相等的。其化学反应如下:

$$O_2 + hv(<2423A) \rightarrow O + O$$
$$O_2 + O + M \rightarrow O_2 + M$$
$$O_3 + hv(<3102A) \rightarrow O_2 + O$$

平流层的特点是温度随高度增加而增加,形成逆温层。因而大气处于非常稳定的状态。高空飞行的超音速飞机和气溶胶喷雾(氟里昂)的释放物,一旦进入平流层后,可以在那里滞留几个月甚至几年,这对平流层中臭氧的破坏起了一定的作用。氮氧化物与臭氧发生反应生成二氧化氮和氧,二氧化氮再与自由氧原子反应生成氧化氮和氧分子,打破了原来臭氧的平衡,使平流层中臭氧量减少。

氮氧化物与臭氧的化学反应如下:

$$NO + O_3 \rightarrow NO_2 + O_2$$
$$NO_2 + O \rightarrow NO + O_3$$

净反应:
$$O + O_3 \rightarrow 2O_2$$

当然,还包括其它复杂反应,但仅就上述反应就足以说明氮氧化物对臭氧转变为分子氧的过程具有催化作用。

含氯氟甲烷威胁平流层内臭氧层的可能性最早是由莫林纳（Molina）和罗兰德（Rowland）在1947年发现的。问题出现的原因是，含氯氟甲烷即氟里昂-11（$CFCl_3$）和氟里昂-12（$CFCl_2$）在平流层内发生降解，产生$Cl$原子，$Cl$原子通过下述方式与$O_3$发生反应：

$$Cl + O_3 \rightarrow ClO + O_2$$

随之发生的反应是：

$$ClO + O \rightarrow Cl + O_2$$

该反应重新产生的$Cl$原子，仍然继续与$O_3$发生反应，破坏臭氧层。

氟里昂多用作空气溶胶发射剂，并用作制冷剂。该物质本身较稳定，不易起化学反应，因而在对流层内逐渐累积起来。威尔金斯（Wilkiuss）等人1975年发现，在1971～1974年间，对流层中的氟里昂含量的增加与同时期内氟里昂生产量的增加成明显的正相关。

3）"酸雨"对环境的危害：过去，对环境污染的危害，只是局部性的问题，所以只是在污染源周围的小范围内加以限制。现在人们认识到大气中的有害物质可以散布到广大地区，甚至越过国界，不仅形成区域性环境破坏，甚至是全球问题。

早在本世纪30年代，曾经发现美国哥伦比亚特区的Trall冶炼厂排出的$SO_2$向哥伦比亚河流域扩散了100km，危害了华盛顿地区的植被。虽然人们知道，金属冶炼厂周围的$SO_2$会危害植被，但使人们感到吃惊的是污染物$SO_2$竟能迁移到100km以外，而且仍然形成危害。50年代后，随着工业的迅速发展，北欧的瑞典、挪威及丹麦诸国均发现大面积的森林生长率降低，许多天然湖泊中的水生生物绝迹；美国东北部工业区和加拿大部分地区也出现了相似的情景。

根据美国的实测资料，1930年的雨水还没有显示酸性，到1939年一次暴雨记录到的pH值就为5.9，二次世界大战后，特别是50年代，北欧和美国东北部许多地区雨、雪的酸性大大增强，pH值平均低于3～4，在日本也存在着同样的趋势。

目前酸雨的酸度在上升，酸雨影响的地区在继续扩大，它已经给这些地区的生态系统以及农业、森林、水产资源带来严重危害。降水酸化的主要原因是伴随着化石燃料的燃烧向大气中大量排放$SO$、$NO_x$所造成的。酸雨不仅使某些湖泊、池塘成为鱼虾绝迹的水体，而且还会使土壤变为贫瘠。酸雨能使土壤中重金属的迁移率增高，导致土壤中营养素减少，这对陆生生态、地下水均有影响，由此也可导致危害动植物的生命。

4. 大气污染的其它危害

大气污染影响广泛，对金属制品、油漆涂料、皮革制品、纺织衣料、橡胶制品和建筑物等的损害也是严重的，这种损害包含玷污性损害和化学性损害两个方面，都会造成很大的经济损失。玷污性损害是造成各种器物的表面污染不易清洗除去；化学性损害是由于污染物对各种器物的化学作用，使器物腐蚀变质。如二氧化硫及其生成的硫酸雾对金属表面的腐蚀力很强，也使纸制品、纺织品、皮革制品等腐化变脆，使各种油漆涂料变质变色，降低保护效果，甚至遭受大气污染的毁坏。光化学烟雾能使橡胶轮胎龟裂和老化，电镀层加速腐蚀。高浓度的氮氧化物能使化学纤维织物分解消蚀。

# 3.3 大气污染的防治

## 3.3.1 大气污染的预防

为消除日趋严重的大气污染,除抓紧对大气污染治理,尽量减少以致消除某些大气污染物的排放外,还应通过其它一系列措施做好对大起污染的预防工作,这包括加强管理、清洁生产等。

### 1. 加强管理

从现实出发,以技术可行性和经济合理性为原则,对不同地区确定相应的大气污染控制目标,并对污染源集中地区实行总量排放标准。按照工业分散布局的原则规划新城镇的工业布局和调整老城镇的工业布局,控制城镇内工业人口。

### 2. 实施清洁生产,提高能源和原材料的利用率

按清洁生产的要求,发展无污染和低污染低能耗的生产工艺。化工、冶金等企业要充分利用硫资源,减少排污量。同时要改造低效率的老式锅炉,尽量采用大型锅炉,减少热效率低和 $SO_2$ 较难治理的中小型锅炉,提高热效率,减少排污量。我国当前的大气污染在很大程度上是由于能源利用率低所造成的。所以各企业、事业单位都要在降低消耗上挖潜力。事实已经证明,在同样的产品产出率甚至高于过去的产出率的条件下,技术进步可以使污染量大大减少。所以,除了做好已产生的污染物的治理外,改进生产工艺,加大科技含量,做好污染物的源头控制是预防污染物产生的重要环节。

1)集中供热,减少污染:城市集中供热系统由热源、热力网和热用户组成。根据热源不同,一般可分为热电厂集中供热系统和锅炉房集中供热系统。热电厂集中供热系统按照供热机组的型式不同,一般可分为四种类型。(1)装有背压式汽轮机的供热系统,常用于工业企业的自备热电站;(2)装有低压或高压可调节单抽汽汽轮机的供热系统,前者常用于民用供汽,后者常用于工业供汽;(3)装有高低压可调节双抽汽汽轮机的供热系统,这种系统同时可满足工业用汽和民用供热需要;(4)凝汽机组低真空运行供热,即循环水供热。锅炉房集中供热系统根据安装的锅炉型式不同,分为蒸汽锅炉房的集中供热系统和热水锅炉房的集中供热系统。前者多用于工业生产的供热,后者常用于城市的民用供热。一个单位一个锅炉房的供热方式不宜再采用。

2)使用清洁固体燃料:一些工业发达国家采用无烟低硫固体燃料及与之相适应的各种燃烧装置来控制燃煤污染,取得良好效果。他们选用了不同的煤种,以无粘结剂法或以沥青为粘结剂,经干馏成型或直接压制成型,制得多种清洁燃料。美国采用型煤加石灰的方法控制燃煤污染,使表面脱硫率达 87%,同时粉尘减少 2/3。我国对工业原料用的型煤和直接燃煤用的型煤有较好的研究基础,型煤技术的研究重点是提高型煤的环保效应。

3)发展城市燃气:燃料气化是当前和今后解决煤炭燃烧污染大气最有效的措施,气态燃料净化方便,燃烧最完全,是减轻大气污染较好的燃料形式。只要具有中等热值(低热量为 3500kcal/m³ 以上)和毒性小的气体燃料都可用作城市燃气。可以利用的气源有天然气、矿井气、液化石油气、油制气、煤制气(包括炼焦煤气)和中等热值以上的工业余气等。

4)多途径控制二氧化硫污染:(1)燃煤脱硫:提高用于发电、冶金、动力的煤质标准,原煤必须加工后再利用。燃煤脱硫采用的主要方法是洗选法及重介质法。洗选后原煤含硫量

降低 40% ～60%,硫的去除效率取决于煤中含二硫化铁颗粒大小及无机硫含量。(2)燃烧脱硫:引起各国广泛注意的是流化床燃烧脱硫。流化床锅炉燃烧区的温度约为 800～1000℃(远低于层燃炉和室燃炉),正是氧化钙吸收二氧化硫的最佳温度,同时在此温度下氮氧化物的排放量也较常规燃烧方式低得多。(3)排烟脱硫:已提出的排烟脱硫法有 50 多种,按工作状态可分为湿法与干法。按硫的途径分,可分为抛弃法与回收法。为了充分利用硫的资源,对含硫高的燃煤宜采用回收法。(4)高烟囱排放:通过高空稀释以降低地面二氧化硫污染。

此外,应发展清洁能源,用太阳能、地热能、核能、生物能、风能等部分代替煤和油,以减轻污染。

### 3.3.2 大气污染的治理

#### 1. 颗粒污染物控制

大气中颗粒污染物与燃料燃烧关系密切。减少固体颗粒物的排放方法可以分为两类:一是改变燃料的构成,以减少颗粒物的生成,比如用天然气代替煤、用核能发电代替燃煤发电等;二是在固体颗粒物排放到大气之前,采用控制设备将颗粒污染物除掉,以减少大气污染程度。这里着重介绍第二类方法。

颗粒污染物净化装置的种类很多,对一个特定的固定污染源来说最合理的净化装置取决于下列因素:(1)决定于体积流量以及颗粒的直径、浓度、腐蚀性和毒性等属于颗粒本身的特性;(2)决定于所要求的收集效率、排放标准和经济成本。除尘装置按其作用原理分类,大致可分为机械除尘器、湿式洗涤除尘器、袋式滤尘器和静电除尘器等四类。它们的性能不同,各有优缺点,要根据实际需要适当地加以选择或配合使用。各类除尘器的简单情况介绍如下:

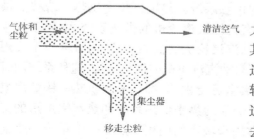

图 3-1 沉降室除尘示意图

1)沉降室除尘:这是利用机械力(重力、离心力)将尘粒从气流中分离出来,达到净化的目的。其中最简单、廉价、操作维修简便的是沉降室,通过沉淀的含颗粒污染物的气体降低了速度,一些较大的颗粒(直径大于 $40\mu m$)因重力而沉降下来,这种沉降室往往安装在其它收集设备之前,作为去除较大尘粒的预处理装置。图 3-1 是一个简单沉降室的除尘示意图。

2)旋风除尘器除尘:这种除尘的装备和原理如图 3-2 所示,气体在分离器中旋转,颗粒在离心力的作用下被甩到外壁沉降到分离器的底部而被分离清除,清洁气体则上升,由顶部逸出。这种分离方式使 $5\mu m$ 以上的尘粒去除效率可达 50%～80%。

3)湿式洗涤除尘器除尘:湿式洗涤除尘器是一种采用喷水法将尘粒从气体中洗出去的除尘器。这种除尘器种类很多,有喷雾式、填料塔式、离心洗涤器、喷射式洗涤器、文丘里式洗涤器等多种。其中最简单的一种是使含尘气体从塔的底部进去,而水从安装在塔顶上的许多喷头中淋洒下来,如图 3-3 所示。这种除尘器的效果有一定的局限性,通常只能除去直径大于 $10\mu m$ 的颗粒。如果采用离心式洗涤分离器,增加水滴和气流之间的相对速度,那么对 $2～3\mu m$ 之间的尘粒,其去除效率可达 90% 左右。这种方法的缺点是压力损耗大,需用大量水洗涤,还存在二次污染,即洗涤水需要净化进行处理。

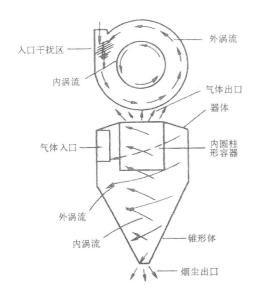

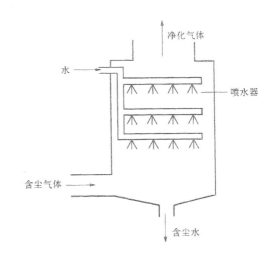

图 3-2　干式旋风除尘器示意图

图 3-3　喷水塔除尘器示意图

4)袋式滤尘器:用这种除尘器对直径 $1\mu m$ 颗粒的去除率接近 $100\%$ ,如图 3-4 所示,含尘气体通过悬挂在袋室上部的织物过滤袋而被去除。一个袋室可装有若干只分布在若干个舱内的织物过滤袋。这种方法除尘效率高,操作简便,适合于含尘浓度低的气体,其缺点是占地多、维修费用高,不耐高温、高湿气流。

5)静电除尘器的除尘:其原理是利用尘粒通过高压直流电晕吸收电荷的特性而将其从气流中除去。带电颗粒在电场的作用下,向接地集尘筒壁移动,借重力或者轻轻敲击而把尘粒从集尘电极上除掉。图 3-5 是一个筒式静电除尘器的构造示意图,中心电极加有一个负高压,而外面的筒状集尘电极接地。这种静电除尘器的优点是对粒径很小的尘粒具有较高的

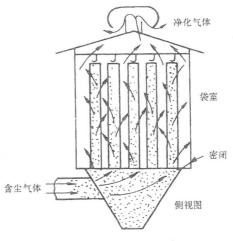

图 3-4　密闭压力袋式滤尘器

去除效率,耐高温,气流阻力小,除尘效率不受含尘浓度和烟气流量的影响,是当前发展的新型除尘设备。但设备投资费用高,占地大,技术要求高。

选择合适除尘设备的主要根据是要求达到的控制标准的高低。对于除掉大直径颗粒,使用廉价的机械设备——沉降室或旋风式分离器就以足够。但要除掉较小颗粒的尘粒则需要采用除尘效率高的袋式除尘技术或静电除尘器。

2. 气态污染物控制

气态污染物种类繁多,但其控制方法和设备可分为两类:分离法和转化法。分离法是利用污染物与废气中其它组分的物理性质的差异使污染物从废气中分离出来,如物理吸收、吸附、冷凝及膜分离等;转化法是使废气中污染物发生某些化学反应,把污染物转化成无害物

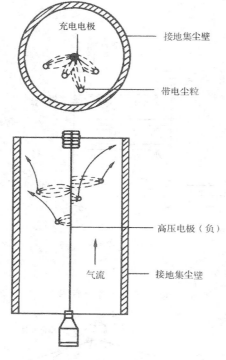

图 3-5 筒式静电除尘器示意图

质或易于分离的物质,如催化转化、燃烧法、生物处理法、电子束法等。

1)二氧化硫治理:目前消除和减少烟气中所含二氧化硫的量,主要有两种方法:即燃料脱硫和烟气脱硫。

(1)燃料脱硫:目前消除燃煤中的硫尚无很好的办法,只是重油脱硫有一定进展。重油中的硫大部分为有机硫,要想使重油中硫分降低,必须破坏硫化物中的C—S键,使硫变成简单的固体或气体的化合物,而从重油中分离出来,可采用加氢脱硫催化法。根据工艺的不同又分为间接脱硫和直接脱硫。

间接脱硫是将常压残油在加氢脱硫过程中,采用减压蒸馏,催化剂用氧化铝为载体,其上附有金属成分,这样生成的 $H_2S$ 和 $NH_3$ 可相互结合为硫氢化铵。用这种方法可将含硫4%的残油变为含硫2.5%左右的脱硫油。

直接脱硫是从改进催化剂入手,直接对残油加氢脱硫。此法效果好,可使残油含硫量下降到1%。

(2)烟气脱硫:由于烟气量大,含硫低,烟温高,给脱硫技术带来不少困难,许多新开发的技术正处于研究试验中。常规的烟气脱硫方法一般可分为湿法和干法两类。

湿法是把烟气中 $SO_2$ 和 $SO_3$ 转化为液体和固体化合物,从而把它们从排出的烟气中分离出来,其中有石灰乳法、氨法等。石灰乳法以含5%～10%的石灰石粉末或消石灰的乳浊液作为吸收剂,吸收烟气中的 $SO_2$ 成为亚硫酸钙,具有一定的脱硫效率;氨法是利用氨水溶液作为 $SO_2$ 的吸收剂;吸收率可达到93%～97%。

干法是为克服湿法脱硫后烟气温度降低,湿度加大,排出后影响烟气的上升高度,容易笼罩在烟囱周围地区难以扩散的缺点。它采用固体粉末或非水的液体作为吸收剂或催化剂进行烟气脱硫。这种脱硫法又可分为吸附法和化学吸收法等。吸附法一般采用活性碳作为吸附剂,使烟气中的 $SO_2$、$SO_3$ 在活性碳表面上和氧及水蒸气发生反应生成硫酸而被吸附,这种方法的脱硫率可达90%以上;化学吸收法系利用金属氧化物对 $SO_2$、$SO_3$ 的吸附能力来脱硫,如利用碱金属氧化物作为吸收剂者称为铝酸钠法,用氧化锰作吸收剂者称为氧化锰法。

2)氮氧化物的治理:这里指的主要是工业企业排放的废气中氮氧化物的去除方法。在排烟中的氮氧化物主要是 $NO$。目前的净化方法有:非选择性催化还原法、选择性催化还原法、吸收法、吸附法等。

非选择性催化还原法是利用铂(或钴、镍、铜、铬、锰等金属氧化物)为催化剂,以氢或甲烷等还原性气体作为还原剂,将烟气中的 $NO_x$ 还原成 $N_2$。所谓"非选择性"是指反应时的温度条件不仅仅控制在只是烟气中的 $NO_x$ 还原成 $N_2$,而且在反应过程中,还能有一定量的还原剂与烟气中过剩的氧起作用。此法选取的温度范围大约为400～500℃。这种净化系统,因在反应过程中产生热量,故应设置余热回收装置。

选择性催化还原法是以铂、钴、镍、铜、矾、铬等金属氧化物(铝矾土为载体)为催化剂,以氨、硫化氢、氯—氨及一氧化碳为还原剂,选择最适当的温度范围进行脱氮。此法尚可以除去 SO。所选用的催化剂不同,反应过程所需要的温度不同,一般反应所需温度在 200～500℃ 之间。

吸收法是利用某些溶液作为吸收剂。根据吸收剂的不同分为碱吸收法、熔融盐吸收法、硫酸吸收法及氢氧化镁吸收法等。

3)汽车尾气净化:汽车尾气净化技术可分为机内净化和机外净化两种。所谓机内净化是指减少发动机内有害气体生成的技术。机内净化与机外净化应相互补充综合利用。净化措施的采用要根据尾气成分降低的标准、经济成本、性能和使用因素综合考虑。

(1)汽车废气机内净化方法 近年来,采用"分层燃烧系统"来净化汽车的废气获得了很大的成功。这就是让混合气的浓度有组织地分成各种层次,当点火瞬间在火花塞间隙的周围局部,具有良好着火条件的较浓混合气,而在燃烧室的大部分区域则是较稀的混合气。为了有利于火焰传播,必须具有从浓到稀各种空燃比混合气过渡,使燃料得到充分燃烧,从而减少废气中的有害物质。其中采用汽油喷射的供油方法来降低汽车有害物的排放量是一种较好的方法。汽油喷射是将汽油喷入进气管或直接喷入气缸的供油方法,它利用电子计算机技术,根据使用的各种要求自动控制汽油机的工作。由于它能按最佳状态编制程序并实现汽油工作的自动化,所以不但能使耗油量下降,并能大幅度减少排气中的 CO、HC 和 $NO_x$。

(2)汽车废气机外净化 比较有效的机外净化方法是采用氧化催化反应器。这种反应器是利用催化剂作为触媒元件,使废气通过,让未燃的烃和一氧化碳在反应器内和排气中残留的氧或另外供给的空气中的氧气化合,生成无害的 $CO_2$ 和 $H_2O$。现在采用铂、钯等贵金属作为催化反应器已得到广泛的应用。新型"三元催化"反应器可以同时使 $CO$、$C_nH_m$、$NO_x$ 转化成 $CO_2$ 和 $H_2O$,其净化效率均在 90% 以上。

3. 污染物的稀释法控制

所谓稀释法,就是采用烟囱排放污染物,通过大气的输送和扩散作用降低其"着地浓度",使污染物的地面浓度达到规定的环境质量标准。

虽然废气的排放控制应有赖于前面介绍的各种控制技术和净化装置,但是,对于那些难以去除的有毒物质要控制到很低浓度(如几个 ppm 以下),其净化费用可能是相当可观的,而以净化脱除为主,辅之烟囱排放稀释,则经济上是合理的。同时,无论采用什么控制方法或净化装置,其尾气中仍含有少量的有害物质,即使有些尾气中不含有害物质,也因其中几乎没有氧气而对人类呼吸不利,也必须用烟囱(排气筒)排放稀释。所以烟囱是废气排放控制系统的重要组成部分。

烟囱排放本身并不减少排入大气污染物的量,但它能使污染物从局部转移到大得多的范围内扩散,利用大气的自净能力使地面污染物浓度控制在人们可以接受的范围内,所以在工业密度不大的国家和地区,它一直是直接排放废气的常用方法。在某些情况下,烟囱可能是控制大气污染最适用和最经济的方法。稀释法控制包括大气扩散和烟囱设计两方面的内容,具体设计计算方法可参考有关专门资料。

## 复习思考题

1. 何谓空气污染？其主要来源于哪几个方面？有哪几种主要污染物？对人体的危害如何？
2. 简述导致酸雨、温室效应以及臭氧层破坏的原因。
3. 大气污染的预防措施主要有哪些？
4. 颗粒污染物的控制方法有哪些？气态污染物的控制方法有哪些？
5. 为什么说烟囱排放是废气控制系统的重要组成部分？

# 第4章　固体废弃物污染控制

## 4.1　固体废弃物污染基本概念

固体废弃物指在人类生产和生活活动过程中产生的、对产生者而言不具有使用价值而被废弃的固态或半固态物质,它主要包括工业废物、农业废物、工矿废物和城市垃圾等四类。通常将各类生产活动中产生的固体废物称之为"废渣",将生活活动中产生的固体废物称之为"垃圾"。

固体废弃物是伴随人类社会的发展而产生并在数量和性质上不断增加和变化的。生活垃圾对环境的污染是人类遇到的最早的环境问题之一。在工业革命以前,人类社会的生产力水平不高、人口增长缓慢且大多分散而居,相应固体废物的数量及其增长率均较低,由此引起的环境问题并不明显。但随着工业革命以来社会生产力水平的快速发展、人口数量的增长及城市化进程的加快,排入环境的工业固体废弃物和城市生活垃圾量越来越大,导致越来越严重的环境问题。

在人类社会的任何生产和生活活动过程中,使用或生产者对原料、商品或消费品大多仅利用其中某些有效成分,而对于使用或生产者而言不再具有使用价值并成为固体废物的大多数仍含有其它生产行业有用或需要的成分。因而,固体废物是一个相对的概念,是对其产生者而言的,它往往是"放错地点的原料"。

对于固体废物中有用的成分加以利用,不仅可提高社会经济效益,减少资源的浪费,而且可减少废物处置、处理的数量,有效地防止对环境的污染和危害。进行有效的管理、减少产生量、充分利用资源成分并合理及时地处置和处理,是固体废弃物污染控制主要途径。

### 4.1.1　固体废弃物的来源及其分类

1. 固体废弃物的来源

固体废弃物产生于人类生产和生活活动的某些环节。在生产与产品的消费过程中所产生的废物,一部分在生产与消费中因回收利用而循环,另一部分则返回环境而成为其最后归宿,并由此成为社会物质流动系统中的一个组成部分(如图4-1所示)。生产或生活活动过程中对物质利用的循环率越高,则所需最终处置的废物量也愈少,对原料的消耗愈少,对环境的破坏和污染也相应地越小。

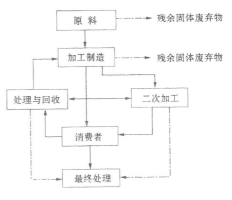

图4-1　固体废弃物的产生与归宿
——原料与产品　—·—废弃物

固体废弃物的来源极为广泛(表4-1),而且随着社会经济的不断发展,生产规模的持续扩大,人类需求的日益提高,固体废弃物的产生量也与日俱增。目前,工业发达国家的工业固体废弃物正以每年2%～4%的速率增长,其主要产生源是冶金、煤炭和火力发电三大部门,其次是化工、石油和原子能等工业部门。目前,我国的工业固体废弃物年产生量已达6.5亿t,预计到

2000年将达近7亿t,累计堆积量将超过70亿t。2000年,我国可回收的5大类可再生资源(包括废钢铁、废有色金属、废橡胶、废塑料、废纸和废玻璃)的产生量将有明显的增长(表4-2)。

固体废弃物的产生源及其组成 表4-1

| 产 生 源 | 主 要 组 成 |
|---|---|
| 矿业 | 废石、尾矿、金属、废木、砖瓦和水泥、砂石等 |
| 冶金、金属结构、交通、机械等工业 | 金属、渣、砂石、模型、芯、陶瓷、涂料、管道、绝热和绝缘材料、粘结剂、污垢、废木、塑料、橡胶、纸、各种建筑材料、烟尘 |
| 建筑材料工业 | 金属、水泥、粘土、陶瓷、石膏、石棉、砂石、纸、纤维等 |
| 食品加工业 | 肉、谷物、蔬菜、硬壳果、水果、烟草等 |
| 橡胶、皮革、塑料等工业 | 橡胶、塑料、皮革、布、线、纤维、燃料、金属等 |
| 石油化工工业 | 化学药剂、金属、塑料、橡胶、陶瓷、沥青、污泥油毡、石棉、涂料等 |
| 电器、仪器仪表等工业 | 金属、玻璃、木、橡胶、塑料、化学药剂、研磨料、陶瓷、绝缘材料等 |
| 纺织服装业 | 布头、纤维、金属、橡胶、塑料等 |
| 造纸、木材、印刷等工业 | 刨花、锯末、碎木、化学药剂、金属填料、塑料等 |
| 居民生活 | 食物垃圾、纸、木、布、庭院植物修剪物、金属、玻璃、塑料、陶瓷、燃料灰渣、脏土、碎砖瓦、废器具、粪便、杂品等 |
| 商业、机关 | 同上,另有管道、碎砌体、沥青及其它建筑材料,含有易爆、易燃、腐蚀性、放射性废物以及废汽车、废电器、废器具 |
| 市政维护、管理部门 | 脏土、碎砖瓦、树叶、死禽畜、金属、锅炉灰渣、污泥等 |
| 农业 | 秸杆、蔬菜、水果、果树枝条、糠秕、人和禽畜粪便、农药等 |
| 核工业和放射性医疗单位等 | 金属、含放射性废渣、粉尘、污泥、器具和建筑材料等 |

注:引自《中国大百科全书》环境科学卷,中国大百科全书出版社,北京·上海,1983,pp132。

我国2000年5大类再生资源废弃物产生量预测(单位:10⁴t) 表4-2

| 废钢铁 | 废有色金属 | 废橡胶 | 废塑料 | 废玻璃 |
|---|---|---|---|---|
| 4150~4300 | 100~120 | 85~92 | 230~250 | 1040 |

注:摘自《中国21世纪议程—中国21人口、环境与发展白皮书》,中国环境科学出版社,北京,1994,pp175。

此外,随着城市化进程的加快、居民消费水平的提高及人口的不断增长,城市生活垃圾的增长也十分迅速,如欧美各国的年增长率为6%~10%,日本为9%,南朝鲜为11%,我国各城市为5%~11.5%。目前,我国人均日产垃圾量为1.13~1.36kg。到2000年,我国城市垃圾的年产量将达1.2~1.74亿t。图4-2和图4-3所示分别为我国1981年至1995年间工业固体废弃物和城市垃圾的产生量变化情况。

2. 固体废弃物的分类

固体废弃物的种类繁多、性质各异,因而其分类的方法也很多,按性质可分为无机废物和有机废物,按形态可分为固体废物(块状、粒状和粉状)和泥状废物(污泥),按危害大小可分为有害废物和一般废物,按来源可分为工业固体废物、矿业固体废物、城市固体垃圾、农业固体废物和有毒有害与放射性固体废物等。目前,国内外大多根据来源对固体废弃物进行分类,我国则把固体废弃物分为一般工业固体废弃物、城市垃圾、有毒有害固体废弃物、放射性废弃物和其它等五类。其中,一般工业固体废弃物系指不具有毒性和有害性的工业固体

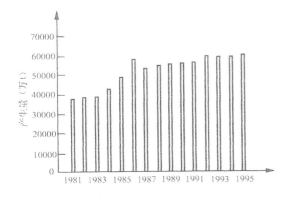

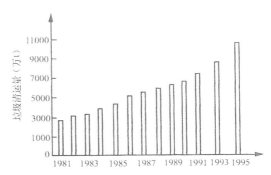

图 4-2　我国工业固体废弃物总产生量变化情况　　　图 4-3　我国城市垃圾产生量变化情况

废弃物,包括工厂生产和加工、矿业等行业产生的固体废弃物;而放射性固体废弃物应单独放置,进行专门管理。

1)一般工业固体废弃物:

(A)工厂生产和加工产生的废弃物　工业固体废弃物系指工业生产和加工过程中产生的各种废渣、粉尘及其它废物,主要包括冶金、燃煤及燃煤发电、化工、石油、粮食及其它工业部门产生的固体废弃物,其中以前两者的排放量为最大。

冶金固体废弃物主要是各种金属冶炼过程中排出的残渣,如高炉渣、钢渣、各种有色金属渣、赤泥等;燃煤及燃煤发电固体废弃物主要是在煤炭燃烧过程中排出的粉煤灰和烟道灰等;化工固体废弃物主要是化工生产过程中排出的各种繁多的工艺渣,如硫铁矿烧渣、煤造气炉渣、油造气炭黑、黄磷炉渣、烧碱盐泥、蒸馏釜残渣、废催化剂等;石油工业固体废弃物主要是在炼油和油品精制过程中排出的酸碱渣、浮渣和含油污泥等;粮食及食品工业固体废弃物主要是在粮食和食品加工过程中排出的谷屑、下角料和渣滓等;此外,尚有许多其它工业部门排出的废物,如机械、木材加工工业产生的碎屑、边角料、刨花等和纺织、印染行业产生的泥渣及边料等。

(B)矿业固体废弃物　矿业固体废弃物系指矿物的开采和选矿过程中产生的各种废石和尾矿。由于开采出的矿石通常由金属或非金属与围岩共同构成,因而为获得有用的矿石而需将围岩剥落,从而产生废石。此外,为获得较为纯净、高品位的矿石,必须进行选矿,并由此产生尾矿。如在煤炭开采过程中,开采 1t 煤一般要产生 0.2t 左右的煤矸石;在目前的铜矿开采过程中,由于铜矿的含铜率仅在 1% 左右,因而将产生大量的尾矿和废石。

尾矿有黑色金属尾矿和有色金属尾矿两种,其中前者一般占矿石总量的 50%～70%。目前全世界尾矿的年产生量已超过 300 亿 t,我国的产生量也在 4 亿 t 以上。尾矿的主要成分是各种金属氧化物(包括 $SiO_2$、$Fe_2O_3$、$FeO$、$Al_2O_3$、$CaO$ 等)。煤矸石是炭质、泥质和砂质叶岩的混合物,其主要成分是 Si、Fe、Al、Ca 和 Mg 等的氧化物和某些稀有金属。

2)城市垃圾:城市固体废弃物系指除由工厂排出的工业固体废弃物外的城市居民生活、商业、市政建设和维护管理活动中产生的各类垃圾,主要有食物残渣、蔬菜果皮、纸屑、废木料、织物、废旧包装材料、金属、玻璃、塑料、陶瓷、器具、煤渣、废弃建筑材料、电器、废车辆、落叶、动物尸体及人畜粪便等。

现代城市固体废弃物的产生量与城市发展规模、人口增长速度有关,而其成分与性质则与城市居民的生活水平和生活习惯有密切的关系。随着人们生活条件的改善和生活水平的提高，城市垃圾中废旧电器、交通工具及各种精制包装材料的数量将急剧增加；由于家庭燃料结构已由原来的燃煤逐步变为燃气和电力，垃圾中的炉渣大为减少，从而使得垃圾的有机成分和热值提高。如苏州市老城区因以老式平房为主，其维修或改造量大，且大多家庭仍以燃煤为主，因而其垃圾中无机物占绝大多数；新城区因普及燃气，其垃圾成分已与发达国家接近(表4-3)。我国大城市垃圾的有机成分一般在36%～45%，无机物一般在50%以上。其有机物主要是厨房垃圾，且90%～95%是蔬菜废物，其它仅占5%～10%。无机成分以炉渣为主，占90%以上(表4-4)。

**苏州市新、老城区城市垃圾的成分(%)**　　　　　　表4-3

| 成分<br>城区 | 动植物 | 煤灰、砖石 | 纸张 | 金属 | 塑料 | 玻璃 | 橡胶 |
|---|---|---|---|---|---|---|---|
| 老城区 | 23.3 | 73.6 | 1.0 | 0.5 | 0.5 | 0.3 | 0.7 |
| 新城区 | 68.6 | 18.5 | 4.0 | 1.0 | 1.7 | 2.0 | 3.6 |

**我国大城市垃圾的典型成分(%)**　　　　　　表4-4

| 有机成分<br>(36%～45%，典型为37.5%) | | | | | 无机成分<br>(55%～64%，典型为62.5%) | | | |
|---|---|---|---|---|---|---|---|---|
| 厨余 | 废纸 | 塑料 | 木竹 | 纤维 | 炉灰 | 砾石 | 金属 | 玻璃 |
| 31.0 | 2.5 | 1.5 | 1.5 | 1.0 | 56.0 | 4.5 | 1.0 | 1.0 |

3)有毒有害固体废弃物：有毒有害废物泛指除放射性废物以外的，具有毒性、易燃性、易爆性、腐蚀性和传染性而可能对人类及其生活环境造成危害的废物。由于这类废弃物的特殊性，国际上将其称之为危险固体废物，许多国家将它单独列出进行管理。有毒有害废物的大量产生已成为全球重大环境问题之一。

据不完全统计，我国自1995年以来，有毒有害固体废弃物的数量一般占工业固体废弃物的5%～10%，其中冶炼渣50%，化学与化工废物占38%，原液及母液占10%，还有少量的废油漆、涂料、废油和废溶剂等。

4)放射性固体废弃物：放射性固体废弃物系指核燃料生产、加工、核能和同位素应用(核电站、核研究机构、医疗单位)中产生的含有放射性物质的固体废弃物，包括含有铀、镭、铯和锶等放射性物质的尾矿、受放射性物质污染的废旧设备、仪器、防护用品以及处理含放射性物质所产生的废树脂和污泥等。

由于放射性物质具有极大的危害性，且其中某些物质在环境中的半衰期极长(如镭Ⅰ为$4.5 \times 10^9$年，镭Ⅱ为$2.5 \times 10^5$年，钍为$8.0 \times 10^4$年)，因而对核能的有度、合理和安全的利用及对这类固体废物的处理和处置已引起世界各国的普遍重视，成为环境保护一个十分重要的方面。

5)其它

(A)农业固体废弃物：农业固体废弃物系指由农业生产、畜禽饲养、农副产品加工以及农村居民生活产生的废弃物，如植物桔杆、残株杂草、落叶果壳、农产品下角料及人畜粪便等。

(B)城市污水和工业废水处理厂污泥：在城市污水和工业废水处理过程中，要产生很多的生物或化学污泥。一座二级生物污水处理厂所产生的污泥量占其处理污水量的0.3%～

5%(以含水率97%计),如进行深度处理,则污泥量还可增加0.5～1.0t,而采用化学法处理污水时所产生的污泥量则更大。以我国目前的年城市污水排放量380亿t为例,若采用二级生物法进行处理,污水的处理率以50%计,则每年将产生含水率为80%的污泥0.17～2.85亿$m^3$。

污泥成分复杂,不仅含有可利用的氮、磷和有机物等,而且含有很多如病原菌、寄生虫卵和重金属离子等有害物质,如不合理处置和处理,则将影响污水处理厂的正常运行并对环境造成二次污染。可见,城市污水处理中所产生的污泥已成为城市固体废弃物中不可忽视的组成部分。

### 4.1.2 固体废弃物的危害

固体废弃物如不及时妥善地加以处理或处置,则将对环境和人类造成多方面的严重危害。其危害主要表现在以下几个方面:

1. 侵占土地资源、污染土壤环境

固体废弃物的大量积累和不适当地处置,势必侵占大量的土地,与工农业生产争地,从而减少可利用的土地资源。如美国在80年代就因此而被占用土地200万公顷,前苏联为100万公顷,英国为60万公顷。

目前,我国固体废弃物的年产量已达6.5亿t,累计堆积量已达66.4亿t,占地5.5万多公顷。这对人口众多、人均可耕地面积仅为0.08～0.1公顷的我国而言,如不加控制,将对我国的可持续发展构成十分严重的威胁。

此外,土壤是微生物库,是许多细菌和真菌聚居的场所。这些微生物与周围环境构成一个生态系统,是自然界碳、氮循环的重要组成部分。固体废弃物尤其是有害物的随意堆积,由于风化、淋溶和地表径流等因素的作用,废物中的有毒有害物质将渗入土壤而影响甚至杀死土壤中的有益微生物,破坏土壤的分解能力,使土地板结、肥力下降,甚至导致土地荒芜,或通过有毒有害物在植物体内的积累,通过食物链而影响人体健康。如60年代,英国某铅锌尾矿场由于降雨淋溶冲刷,土壤中铅含量超标100多倍,导致大片肥沃草地被毁;70年代,美国密苏里州曾把含有TCDD的淤泥废渣当作沥青铺洒路面,导致60cm深的土壤受污染,大批牲畜死亡,当地居民倍受疾病折磨,不得不全部搬迁,造成巨大的经济损失;80年代,我国内蒙古某尾矿堆场由于污染大片土地,而造成整乡居民被迫搬迁。

2. 污染水体

由于降雨、淋溶等作用,随意堆放的固体废弃物中的有毒有害物将随淋溶或渗滤液进入地表或地下水而产生严重的污染事故。例如,上海黄埔江上游的港口段,曾是水质较好的江段之一,但近10多年来由于在离该处不足200m的上游建设了三林塘垃圾场,其渗滤液流入江中,对该段江水造成极大的污染。原哈尔滨韩家洼子垃圾填埋场,由于露天不卫生堆放,地下水的浊度、色度、各种重金属和有害细菌等大大超标。我国某锡矿的含砷废渣因长期堆放,使含砷雨水渗入并污染水井,造成了308人中毒、6人死亡的惨剧。

固体废弃物向河道、海洋的倾倒,不仅污染水体,危害水生生物的生存和水资源的利用,而且将缩小水面面积。如我国由于向水体投弃废物,使80年代的江湖面积比50年代减少了2000多万亩。目前,海洋正面临着严峻的固体废弃物污染问题。有资料表明,近40年来,英、美两国在大西洋和太平洋北部投放了大约$46 \times 10^{15}$贝克的桶装放射性固体废物,业已构成对未来海洋巨大的潜在威胁。

3. 污染大气、影响环境卫生

固体废弃物露裸堆置,可通过微生物和环境条件的作用,释放出有害气体,尾矿、粉煤灰、干污泥及粉尘等随风飘散,都会影响大气和环境卫生。

固体废弃物的焚烧往往是主要的大气污染源之一。如在塑料废物的焚烧中,会释放出有毒的 $Cl_2$、$HCl$ 气体和大量的粉尘,如不加控制,则将危害大气环境和人体健康。

此外,固体废物,尤其是城市垃圾的堆置,也为蚊、蝇和寄生虫的滋生提供了有利的场所,并由此而成为导致传染疾病的潜在威胁。英国历史上曾有过的几次流行鼠疫均由垃圾处置不当所引起的。

4. 产生泥石流,危及人身财产安全

工矿企业所产生的大量固体废弃物如堆置的地点或利用不适当,还可能导致泥石流、塌方和滑坡等,给附近地区的居民带来严重的人身和财产安全。例如,1972 年 2 月,美国弗吉尼亚州的布发罗山谷,以煤矸石作为其水库堤坝的堆筑材料,岂料一场暴雨将其冲毁,致使 50 万 $m^3$ 的水和 17 万 $m^3$ 的煤矸石一泻而下,导致 800 座房屋被毁、116 人死亡和 4000 人无家可归。

## 4.2　固体废弃物污染的防治

固体废弃物对环境的污染与废水、废气和噪声的污染不同,它不仅具有呆滞性大、扩散性小的特点,而且通常以水体、空气和土壤作为其引起环境影响的主要载体和途径,并往往是许多污染成分的终极状态。如在废气的治理过程中,目前多采用吸收分离技术使废气中有害物质富集,最终转化为弃之则仍具有对环境潜在危害的固体废弃物—残渣;在城市和工业废水的处理过程中,废水中的悬浮态物质、有机物经隔离、化学或生物的转化而最终以污泥或沉渣的形式从废水中得以分离;可燃固体中的重金属经焚烧处理后,将富集于灰烬中。这些固体废弃物中的有害物质经长期的微生物、淋溶及地表径流等自然因素的作用,又会进入水体、大气及土壤,并再次成为水体、大气和土壤的污染源。此外,固体废弃物中的部分是"弃之则为害,用之则为宝"的有用成分,合理地处置和回收利用,不仅可以减少它们的产生量,而且可以获得良好的经济效益。对于无回收利用价值的废物则应加以严格管理,合理处置和处理。

目前,不断增长的固体废弃物对环境所造成的日益严重的破坏和污染问题已成为世界各国关注的热点。《中国 21 世纪议程》已明确提出了"实施废物(尤其是有害废物)最小量化;对于已产生的固体废物首先要实施资源化管理和推行资源化技术,发展无害化处置技术,建设示范工程并在全国推广应用"的固体废弃物污染控制战略要求。1996 年正式实施的《中华人民共和国固体废物污染环境防治法》也规定:"国家对固体废物污染环境的防治,实行减少固体废物的产生,充分合理利用固体废物和无害化处置废物的原则"。也就是说,固体废物污染的控制必须以加强严格管理为本,走减量化、资源化和无害化的道路。

### 4.2.1　固体废弃物的管理与减量化

1. 固体废弃物的管理

固体废弃物特别是有毒有害废物的无序管理已对地表、地下水体、大气和土地产生越来越严重的影响,威胁着人类赖以生存的环境,许多发达国家曾有过十分沉痛的教训。为此,对固体废弃物进行有效合理的管理,已受到世界各国的普遍重视,并建立了有关的法律法规、管理机构及有效的管理手段。

1)固体废弃物管理的程序和内容

固体废弃物的管理是减少资源浪费、防治环境污染、实现社会经济可持续发展的一项复杂而又十分重要的工作。由于固体废弃物分散地产生于生产和生活活动的各个环节中,因而必须建立合理的固体废弃物收集、利用、贮存和最终处置的管理体制,对固体废弃物的产生—收集运输—综合利用—处理—贮存—最终处置实行全过程管理,即所谓"从摇篮到坟墓"的管理。图4-4 所示为固体废弃物管理系统。

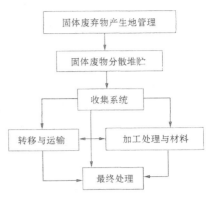

图4-4　固体废弃物管理系统功能环节

(A)对产生者(地)的管理:要求固体废弃物,尤其是有毒有害固体废弃物的产生者按照有关标准,将其所产生并排出的废物进行分类包装,并做好标记、登记记录,建立清单。此外,为防止固体废弃物在出运之前产生污染,要求对不同的废物采用符合标准的不同容器包装(如一次性容器和周转性容器等)。这便是对固体废弃物源头的管理,它对于防止固体废弃物的不合理处置或非法转运和倾倒起十分关键的作用。

(B)对收集运输的管理:在进行固体废物的综合利用或最终处置之前,必须加以合理收集并运送至指定的地点,如中间贮存地或处理处置场。对此须严加管理,以防止固体废弃物的泄漏、抛撒甚至不法的中途倾倒,防止对环境的流动污染。

(C)对综合利用的管理:固体废弃物的综合利用是节约资源、减少污染,实行清洁生产的有效途径,但在此过程中如利用途径不合理、利用方法不得当,也会产生二次污染问题。如在混合型城市垃圾焚烧回收热能的过程中,会释放有毒有害尾气;在尾矿的中和利用过程中,仍将有大量的二次尾矿问题等。因而,对综合利用过程中的二次污染问题实行控制和管理,十分必要。

(D)对贮存的管理:固体废弃物无论是在综合利用还是在最终处置处理之前,大多有一定时间的贮存。为此,必须加以严格控制管理。

(E)对处置处理的管理:对固体废弃物处置处理的管理指包括处置处理技术、方法(卫生填埋、安全填埋、深井灌注、深海投弃、热解焚烧、生化降解等)和地点的选择以及处置处理的整个过程实行控制和管理。

2)固体废弃物管理的基本途径

(A)建立固体废弃物管理的法规。建立固体废弃物管理法规是废物管理的主要方法和途径。自80年代以来,世界许多国家都相继分门别类地对不同的固体废弃物的产生、转输、利用、处理处置及环境责任和经济赔偿等建立了法律法规。其中美国1984年颁布的《资源保护和回收法》(RCR-A)和1986年颁布的《全面环境责任承担赔偿和义务法》(CERCLA)是迄今世界各国比较全面的关于固体废弃物管理的法规。这两个法规分别对确保有害固体废弃物的妥善管理、非有害废物的资源化及处置处理有害废物的责任和义务作了较全面的规定。此外,英国的《污染控制法》中有专门的固体废弃物管理和控制的条款;日本的《废弃物处理和清扫法》对固体废弃物的处置处理作了明确的规定;德国的环境保护法规则极为严格,按照《垃圾处理法》,对玻璃容器、塑料、铝合金罐、保鲜包装品、石油及天然气等造成的垃圾要课以重税,对污染案件要实行严重处罚。

我国固体废弃物管理和控制的工作起步较晚,但自我国环境保护法颁布以来,陆续制定了一些控制标准,开展了本底调查等基础研究工作,专门成立了有毒有害废物的管理机构,并在全国范围内逐步开始应用垃圾卫生填埋技术。1996年正式颁布并实施了《中华人民共和国固体废物污染环境防治法》,对固体废物的控制、管理及其环境污染防治等作出了全面的规定,此外,国务院、国家环保局和建设部还颁布了一系列有关的条理、标准和规程。

资源的综合利用、固体废弃物污染的控制、处理处置的标准及防止有毒有害固体废弃物的地区或越境转移是固体废弃物法规的主要内容。

资源的综合利用包括经济建设中所需自然资源的综合开发、工业生产过程中的原材料、能源及废物的综合利用以及生产、流通和消费过程中废旧物资的再生利用。通过对生产过程中废物排放量的宏观管理和控制,降低单位产品对资源和能源的消耗率,促进原材料的合理利用,并对废物的处理作出原则规定,要求生产者认真执行以综合利用为基础的"资源化"、"减量化"和"无害化"政策并进行清洁生产的审计。

固体废弃物法规是环境保护法的子法,其目的之一是防治和控制环境污染。鉴于固体废弃物的污染有别于水和大气的污染,因而其污染防治和控制的途径有其特殊性,它必须进行自产生至最终处置中所有环节的全过程控制。

固体废弃物的环境质量标准则是固体废弃物法规的一个重要组成部分,是实行全面有效管理的执法依据。由于固体废弃物的种类繁多,而且随着社会经济的发展,将有更多的新型产品投放市场并产生新种类的废物,因而它往往是一个庞大且不断充实的"标准"群,包括基础标准、方法标准、容器标准、贮存标准、收集运输标准、综合利用标准(农用标准、建材标准、资源利用标准和能源回收利用标准等)、处理处置标准(如卫生填埋标准、安全填埋标准、深井灌注处置标准、深海投弃标准等)等。

有毒有害固体废弃物的越地越境转移是目前存在一个严重的环境污染问题之一,已引起世界各国的普遍关注。1989年3月22日,联合国环境规划署在瑞士巴塞尔召开的"关于控制危险废物越境转移全球公约全权代表大会"通过了《控制危险废物越境转移及其处置巴塞尔公约》。公约对有害废物的产生及越境转移的条件、有关国家承担的义务和责任等作了明确规定,并将45类有害废物列为控制对象。我国是该公约的签约国之一。

(B)实行固体废弃物的登记管理制度。对废物从产生直至最终处置实行申报、登记、跟踪监督管理。固体废物的产生者和经营者要对所产生废物的名称、时间、地点、生产厂家、产生工艺、废物种类、组成、数量、物理化学特性和加工、处理、转移、贮存、处置以及它们对环境的影响向废物管理机构进行申报和登记,将所有数据和信息存入信息系统并实行跟踪管理。管理部门对废物业主和经营者进行监督和指导。登记管理制度的内容之一是对有害废物和非有害废物进行划分,分门别类登记,如"名录法"和"鉴别法"等。

(C)实行废物交换和贮存、运输、加工、处置的许可证制度。在实际生产过程中,一个企业所产生的废物可能是另一个企业的原料,因而可通过合理的配置,进行废物的交换。这种废物的交换已不同于一般意义上的综合利用,而是利用现代信息技术对资源利用率的一种系统工程,不仅有利于减少资源的消耗、减少废物的产生量和对环境的破坏与污染,而且具有重要的经济意义。

废物的贮存、转运、加工处理和最终处置的操作过程,必须符合规范要求。对从事这类工作的企业、经营者等实行许可证制度,是废物规范化操作的重要保证。有关人员须经过必要的培训,持有专门的固体废物管理机构发放的经营许可证,并接受管理机构的监督检查,以促进废物的最小量化。

2. 固体废弃物的减量化

1)固体废弃物减量化的任务和目的:减少固体废弃物的产生量是缓解人类环境不断恶化的重要措施,是现代社会面临的严峻任务,也是走可持续发展道路的重要前提和保证,已成为世界各国合理开发和利用自然资源、保护人类生存环境重要的选择和发展趋势。

固体废弃物减量化的基本任务是通过适宜的手段减少固体废弃物的数量和容积,它包括从源头减少废物的产生和从末端回收利用两个方面。具体而言,固体废弃物的减量化系指在生产过程中,通过产品的改换、工艺革新或循环利用等途径,使处理、贮存或处置前的废物产生量减小到最低的程度,以达到节约资源、减少污染、防治环境破坏和便于其最终处理处置的目的。

2)固体废弃物减量化的技术途径:减少固体废弃物的产生,需要从自然资源的综合开发和生产过程中物质资料的综合利用着手,并把它贯穿于生产、使用和消费的全过程。制订科学的资源消耗定额以及采取经济合理的综合利用工艺技术是实现固体废弃物减量化的工作重点。

(A)改革生产工艺,采用低废原料。工艺落后、设备陈旧是生产过程中产生大量固体废物的重要原因,因而应首先加强管理,并结合清洁生产的要求和技术改造,根据技术经济状况,采用无废或低废生产工艺,变落后、传统的生产工艺技术为先进、现代的生产工艺技术,以从源头消除或削减固体废物及其它污染物的产生。例如,铁粉还原法是苯胺的传统生产工艺,该工艺将产生大量的含硝基苯和苯胺的铁泥及废水,不仅造成资源的浪费,而且引起严重的环境污染。南京化工厂通过技术革新开发了流化床气相加氢苯胺生产新工艺,使每吨产品的固体废物产生量由原来的2500kg减少到5kg,同时大大降低了能耗,获得了明显的环境经济效益。

原料品位低、质量差势必导致固体废物的大量产生,因而采用低废、高品位原料是减少固体废物产生量的又一有效途径。如在选矿过程中,若提高矿石品位,则可在炼铁过程中减少渣熔剂和焦炭的投加量(如矿品位提高1%,则焦炭耗量可降低1.5%,石灰石用量减少2%),从而可大大减少高炉渣的产生。一些发达国家采用精料炼铁,可使高炉渣的产生量减少一半以上。

燃料的使用类型对固体废物的产生量影响巨大。如我国通过改进煤炭的使用,使城市燃气(煤气和液化气)普及率由1980年的16.8%提高到1995年的70%,不仅使1995年的用煤量比1980年节约了700万t,而且每年至少减少垃圾200万t。对我国北方24个城市的统计表明,由于1995年的集中供热面积已由1989年的0.59亿 $m^3$ 提高到2.82亿 $m^3$,使得北方城市即便在冬季其煤灰量也大为减少。

(B)循环回收、综合利用。循环回收是提高资源利用率和减少废物的有效途径。通过合理的技术配置和有效的分离,使第一种产品生产中产生的废物成为第二种产品生产中所需的原料或回用于原来的生产工艺等,从而使整个系统的废物产生量最小化,同时获得良好的经济、环境和社会的综合效益。

某些原料在使用并成为废物后往往仍含有较多的原料成分和有用的副产物,因而可在经济技术合理可行的前提下加以回收和综合利用。如高炉渣、钢渣、铬渣、赤泥、硫铁矿烧渣、废石膏、粉煤灰和煤矸石等均可用来制作建筑材料(水泥、砖等)、提取其中的有用成分或生产其它产品等。表4-5列出了通过综合利用可作建筑材料的若干种工业废渣。图4-5所示为钢渣的利用途径。

可作建筑材料的若干种工业废渣　　　　　　　　　　　　　　　表4-5

| 工 业 废 渣 种 类 | 用 　 途 |
|---|---|
| 高炉渣、粉煤灰、煤渣、煤矸石、钢渣、电石渣、尾矿粉、赤泥、镍渣、铅渣、硫铁矿渣、铬渣、废石膏、窑灰等 | ①制造水泥原料或混凝土材料<br>②制造墙体材料<br>③道路材料、地基垫层填料 |
| 高炉渣(气冷渣、粒化渣、膨胀矿渣、膨珠)、粉煤灰(陶料)、膨胀煤矸石、煤渣、赤泥陶粒、钢渣和镍渣等 | 作为混凝土骨料和轻质骨料 |
| 高炉渣、钢渣、镍渣、铬渣、粉煤灰、煤矸石等 | 制造热铸制品 |
| 高炉渣(渣棉、水渣)、粉煤灰、煤渣等 | 制造保温材料 |

注:摘自《中国大百科全书》环境科学卷,中国大百科全书出版社,北京·上海,1983,pp135。

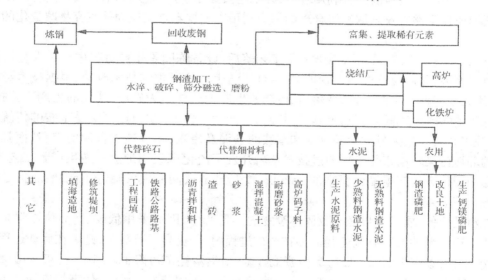

图 4-5　钢渣的利用途径

前已述及,固体废弃物的减量化属于源头防范的积极措施,是值得提倡的。虽然在实施过程中,尚有很多技术经济问题需要解决,但重要的是转变观念,树立积极预防的思想,通过国家制订法律法规并在有关标准、政策和管理体制上采取必要的措施加以保证,则减量化应是控制固体废弃物产生的第一选择。

### 4.2.2　固体废弃物的再利用和资源化

1. 固体废弃物再利用和资源化的意义和原则

1)固体废弃物再利用和资源化的意义。自然资源的可持续利用是人类社会持续发展的前提。对自然界中不可更新资源的不合理利用,将最终导致资源的枯竭。目前,世界资源正以惊人的速度被开发和消耗,有些资源已经濒临枯竭。自70年代发生石油能源危机以来,人们逐步认识到节约和合理开发利用资源的重要性,并在开发新能源的同时,大力倡导对资源的再利用和废弃物的资源化。

资源的过度消耗与不合理的开采和在使用过程中对资源的浪费或对资源的低利用率有紧密的关系,而后者则与社会经济发展水平有关。我国由于经济发展水平较低,长期以来走的是资源消耗型经济发展的道路,存在着严重的资源浪费现象。如我国每万元国民收入所消耗的能源是 70.5t 标准煤,相当于德国的 10 倍;对我国化工部 200 家企业的调查表明,每年投入的原油仅有 1/3 转化为产品;我国一家大型铅锌矿,5 年内采矿

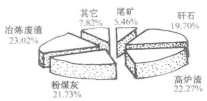

图 4-6 我国不同工业固体
废弃物的再利用率

31 万 t,但实际消耗的资源却达 500 多万 t。此外,目前我国对不同工业固体废弃物的利用率仅为 5%～23%(图 4-6),对城市垃圾的回收利用率仅为 1%～3%。每年由于资源浪费所造成的直接经济损失就达 250～300 亿元。

固体废弃物相对于原生自然资源而言,实际上属于"二次资源"或"再生资源",虽然它一般不再具有原有的使用价值,但经过回收、加工等,可以获得其新的使用价值,从而可减少原生资源的消耗量,减轻对环境的压力,维持生态平衡。此外,对再生资源的利用,可以省去开发原生资源所需的开矿、采掘、选矿和富集等一系列复杂的过程而产生良好的社会、经济和环境效益。

2)固体废弃物再利用和资源化的原则:固体废弃物的资源化程度与社会经济和技术水平有关,因而需应因地制宜,以技术可行、经济合理为基本原则,废物应尽可能就地利用,以节省废物贮存、转运等费用。此外,资源化产品应具有较强的生命力,符合国家相应产品的质量要求。

2. 固体废弃物再利用和资源化系统

图 4-7 所示为固体废弃物再利用和资源化的系统。该系统由相互关联的前处理系统、后处理系统和能源转化系统三个子系统构成。

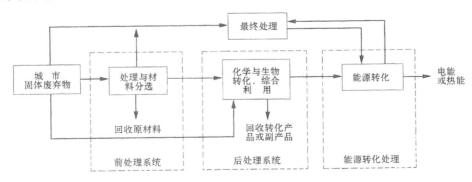

图 4-7 城市固体废弃物资源化系统

前处理系统通过不同的相关处理技术的组合,形成加工与原材料的分选过程,从而分离回收可以直接利用的"二次资源",并实现废弃物的减量化。对工业固体废弃物而言,这一过程为其后续的综合利用提供了有利的条件;对城市垃圾而言,这一过程使可生物降解的有机物得以富集,为后续的生物化学处理乃至提高能源的利用率创造了有利条件。

后处理系统是将前处理系统中经加工、分选处理后的化学或可生物转化物质,进行化学、生物或其它方法的处理,将它们转化为有用的产品、产生能源产品或进行其它的综合利用。

能源转化系统是一辅助系统,其功能是将后处理系统中得到的能源产品进一步转化为可以直接加以利用的能源。

3．固体废弃物再利用和资源化技术

固体废弃物的再利用和回收往往与必要的处理联系在一起。固体废弃物中含有的各种有用物质经一定的处理和分选,其中大部分可直接进行再利用或实现资源化利用。处理和分选为资源化创造有利的条件,两者的综合即可达到减少废物的最终处置体积,并实现社会、经济与环境效益相协调的目的。固体废弃物的再利用和资源化技术主要有:压实、破碎、分选、脱水与干燥以及对有毒有害废物的化学和固化处理等。

1)压实技术

(A)压实的作用 压实是利用机械的方法向固体废物施加一定的压力(20～30MPa)使其增加密实程度、增大容重、减小体积的技术。如城市生活垃圾经压实处理后,其体积一般可减少60％～70％。压实后的固体废弃物不仅便于装卸、运输和贮存等资源化过程,而且利于其最终处置。目前,这种方法在发达国家已得到普遍应用,我国则仅限于有限领域的使用。

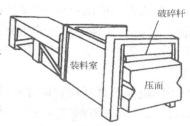

图 4-8　水平压实器

适用于压实处理的固体废弃物主要是金属细丝、金属碎片、废车辆、家用电器设备及纸箱、纸袋、纤维等压缩性能大而复原性小的物质,对于废木料、玻璃、金属块、塑料等已很密实的固体以及污泥等含水率较高的物质则不宜采用此法。

(B)压实机械 压实机械有两大类,一是用于转运站的固定式压实器,二是安装在转运车上的移动式压实器。不论何种类型,其构造均主要由容器单元和压实单元组成。容器单元接纳废物,压实单元则借助于液压或气压将废物压实。目前应用的压实机械主要有水平压实器、回转式压实器和三向联合压实器等,其中前两种适用于对金属类废物的压实,后者适用于对城市垃圾的压实。图 4-8 和图 4-9 所示分别为水平压实器和三向联合压实器的构造和工作原理。

2)破碎技术

(A)破碎的目的 固体废物破碎的目的是多方面的,主要在于:减小容积,便于运输和贮存;提供分选所要求的入选粒度,以提高有用物的分离和回收率;增加比表面积以提高焚烧、热解和熔融等作业的稳定性和

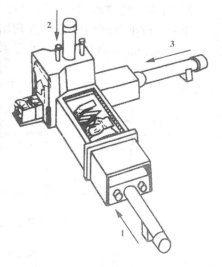

图 4-9　三向联合压实器

热效率;为固体废物的进一步加工利用提供有利条件,如将煤矸石破碎后利于其制砖或水泥等;加速固废,尤其是城市垃圾最终处置的稳定化过程等。

(B)破碎方法 根据所消耗能量的形式,固体废物的破碎有机械破碎法和非机械破碎法两种。前者借助于破碎机械,如锤式破碎机、鄂式破碎机、冲击式破碎机、剪切式破碎机、辊式破碎机和球磨机等,对废物施压而将其破碎,是常用的破碎方法;后者则利用电能、热能等将固体废物破碎。目前,常用的破碎机械主要是锤式破碎机、鄂式破碎机、冲击式破碎机、剪切式破碎机等。表4-6列出了主要破碎机的适用对象和主要优缺点。在实际工作中,常根据需要,将不同的破碎方法加以组合应用。

主要破碎机的适用对象和主要优缺点　　　　　　　　　　　表 4-6

| 破碎方法 | 锤式破碎机 | 鄂式破碎机 | 剪切式破碎机 | 冲击式破碎机 |
|---|---|---|---|---|
| 适用对象 | 体积大、质地硬的废物 | 中等硬度的脆性废物 | 松散的片、条状物、生活垃圾 | 中等硬度、软质、脆性废物 |
| 主要优缺点 | 振动、噪声大 | 构造简单、不易堵塞、易维修、生产效率低、破碎粒度不均匀 | 噪声低、易发生操作事故 | 构造简单、适应性强、操作方便、易维护,但振动、噪声大 |

3)分选技术

(A)分选的目的 固体废物分选的目的是通过人工或机械的方法将各种有用的物质分门别类地加以分离而利于回收利用或便于后续处理,提高资源回收的纯度和利用价值。分选是实现固体废弃物资源化的重要手段。

(B)分选方法 根据粒度、密度、磁性、电性、光电性、摩擦性、弹性以及表面润湿性的不同,固体废弃物的分选方法有筛分、重力分选、磁分选、电分选、光电分选、摩擦及弹性分选及浮选等几大类。表4-7列出了各类分选方法的主要原理、分选对象及主要特点。

各类分选方法的主要原理、分选对象及主要特点　　　　　　表 4-7

| 分选方法种类 | 分选设备 | 主要原理 | 分选对象 | 主要特点 |
|---|---|---|---|---|
| 筛 分 | 固定筛<br>滚筒筛<br>惯性振动筛<br>共振筛 | 利用筛子将固体废物中小于筛孔的细粒透过筛面,大颗粒则被截留 | 粒度大于50mm粗粒废物<br>同上<br>0.1~15mm的细粒废物<br>中细粒废物、污泥等 | 应用广、运行费用低、维修较简单 |
| 重力分选 | 重介质分选<br>淘汰分选<br>风力分选<br>摇床分选 | 根据固体废物中不同颗粒的密度差异,通过重力、介质力或机械力使颗粒群分离 | 40~60mm的固废颗粒<br>密度差较大的粗大颗粒,如金属等<br>城市垃圾中有机物与无机物的分离<br>回收煤矸石中的硫铁矿 | 效果较好、易操作、动力消耗较低、轻重产物量难以调节 |
| 磁力分选 | 磁选<br>磁流体分选 | 在不均匀磁场中或以磁介体为介质对不同磁性物质进行分选 | 铁磁性与非铁磁性物质的分离,如回收黑色金属、纯化非磁性材料、预选固废中大块金属以便后续处理等 | 应用范围较窄,能耗较高、需要特殊维修 |
| 电力分选 | 静电分选机<br>高电分选机 | 根据固体废物中各种组分在静电或高压电场的电性差异而实现分离 | 导体、半导体与非导体物质的分离 | 效率高、能耗大 |
| 浮 选 | 机械浮选机 | 投加浮选剂(捕获剂、发泡剂、活化剂、抑制剂或调节剂等),借助于颗粒表面性质的差异及浮力分离物料 | 从粉煤灰中回收碳、从煤矸石中回收硫铁矿、从焚烧炉渣中回收金属等 | 需要破碎等前处理,有一定的二次污染问题 |
| 光电分选 | 光电分选机 | 借助于光检箱对不同颜色的物质进行分离 | 城市垃圾中回收塑料、橡胶、金属等 | 需要预先筛分,维护要求高 |
| 摩擦与弹性分选 | 带式筛<br>反弹滚动机<br>斜板运输机 | 根据固废物组分的摩擦系数和碰撞系数的差异,在斜面上运动弹跳,产生不同的运动速度和弹跳轨迹而实现分离 | 分离铁块、玻璃、砖瓦等 | 设备简单、技术要求较低 |

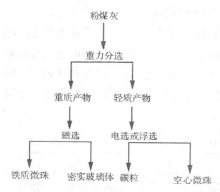

图 4-10 粉煤灰分选回收系统

（C）分选工艺系统 固体废弃物是多种物质的混合物，因而为经济有效地回收有用物质，实现资源化，需根据固体废物的性质和分离要求，将两种或两种以上的分选方法组合应用，并组成有机的分选回收工艺系统。

目前主要有城市垃圾分选回收系统和工业固体废弃物分选回收系统两大类，有些具体的回收系统尚在试验中。图 4-10 所示为粉煤灰分选回收系统。

4）脱水与干燥

（A）固体废物的脱水 固体废物的脱水常用于对城市污水与工业废水处理厂污泥的处理。由于污泥中常含有较多有用成分，因而可对此加以利用并实现资源化。但由于污泥的含水率较高（通常在 98%～99%），因而在利用之前须先进行脱水减容处理，以便运输和使用。

脱水设备通常有板框压滤机、带式滤机和真空脱水机等，其工作原理是借助于一定的过滤介质及介质两边的压力差为推动力，使水强制通过过滤介质，固体颗粒被截留并成固状泥饼，达到固液分离的目的。污泥在脱水前后的容积变化可用式 4-1 表示。由式可知，如将含水率为 98% 的污泥脱水至 70%，则污泥的体积可降至原来的 1/15，这将对后续处理带来极大的方便。

$$\frac{V_1}{V_2} = \frac{100 - \rho_2}{100 - \rho_1} \tag{4-1}$$

式中 $V_1$、$\rho_1$ ——分别为脱水前污泥的体积（$m^3$）和含水率（%）；

$V_2$、$\rho_2$ ——分别为脱水后污泥的体积（$m^3$）和含水率（%）。

（B）固体废物的干燥 城市垃圾经破碎、分选之后，为便于进行能源回收，需要进行干燥以达到去水、减重的目的。固体废弃物的干燥以加热法为主，主要有对流、传导和辐射三种方法，而以对流法的应用为广。

5）热化学处理技术

有机物含量较高的固体废弃物具有较高的热值，因而具有良好的能源回收利用价值。固体废弃物通过高温热处理，不仅可使其中有机物分解并放出可资利用的能量，而且可达到减量化和无害化的目的。目前常用的热处理技术主要有焚烧、热解和湿式氧化等。

（A）城市垃圾的焚烧 城市垃圾通过焚烧，可使其体积减少 80%～95%，重量也显著减轻，并使之最终成为化学性质稳定的无害化灰渣。此处理方法还能彻底地消灭各种病原体，消除腐化源。

城市垃圾的焚烧采用与否，主要取决于其可燃性和热值的高低。若城市垃圾的起燃温度较低、热值较高，则适用于采用此法。表 4-8 列出了城市垃圾及几种典型燃料的热值和起燃温度。此外，在应用过程中，还需注意被燃物与空气的适当混合比，以实现完全燃烧。目前应用的焚烧设备有多段炉、回转窑炉、流化床焚烧炉和多室焚烧炉等。表 4-9 列出了不同焚烧设备的主要特点。焚烧法的不足是投资和运行费用较高，易产生二次污染问题，因而常需配套二次污染控制设备，从而进一步提高了处理成本。

城市垃圾及几种典型燃料的热值和起燃温度 表 4-8

| 燃　　料 | 热值(kJ/kg) | 起燃温度(℃) |
|---|---|---|
| 城市垃圾 | 9300～18600 | 260～370 |
| 煤　炭 | 32800 | 410 |
| 氢 | 142000 | 575～590 |
| 甲　烷 | 55500 | 630～750 |
| 硫 | 1300 | 240 |

注:摘自蒋展鹏主编,环境工程学,高等教育出版社,北京,1992,pp466。

不同焚烧设备及其主要特点 表 4-9

| 焚　烧　设　备 | 主　　要　　特　　点 |
|---|---|
| 多段炉 | 停留时间长、适用于热值低、含水率高的污泥、燃烧效率高、结构繁杂、易出故障 |
| 回砖窑炉 | 使用广、可焚烧不同性能的废物、结构较简单可长时间运行、占地面积大 |
| 流化床焚烧炉 | 处理能力大、构造简单、造价低、不易产生故障、不适用于粘性高的半流动污泥 |
| 多室焚烧炉 | 适于量小、多次间歇操作、适用于固态含挥发分高的废物 |

(B)固体废物的热解　固体废物的热解是利用废物中有机物的热不稳定性,在无氧或缺氧条件下受热(500～1000℃)分解的过程,是一个复杂的化学反应过程,通过大分子键的断裂、异构化和小分子的聚合反应等,最后使大分子转变为各种小分子。其化学反应通式可用下式(4-2)表示。式(4-3)为纤维素的热解反应过程及其产物。

固体有机物 $\xrightarrow{\text{加热、缺氧}}$ 高分子量有机液体(焦油、煤油、芳香族) + 低分子量有机液体(醇、醛类) + 气体($CO$、$CH_4$、$CO_2$、$H_2$、$NH_3$、$H_2S$、$HCN$) + 多种有机酸 + 碳渣 + $H_2O$　　(4-2)

$3(C_6H_{10}O_5) \xrightarrow{\text{加热}} 8H_2O + C_6H_8O + 2CO + 2CO_2 + CH_4 + H_2 + 7C$　　(4-3)

式中 $C_6H_8O$ 为液态油品。

上述热解过程产生三种相态的物质。气相以氢、甲烷、一氧化碳和二氧化碳为主,其组分比例与固体废物的成分有关;液相以焦油和常温下的燃油为主,尚有乙酸、丙酮酸和甲醇等挥发性液体;固相为碳质和废物中原有的惰性物质。

热解所用的设备与焚烧类似,但焚烧是在高电极电位条件下的氧化放热分解反应,而热解则是在低电极电位下的吸热分解反应,故热解也有"干馏"之称。

(C)固体废物的湿式氧化　湿式氧化实际上是一个气液相反应过程,是固体废物中的有机物在有水为介质存在的条件下,经适当加压(足以阻止液相过量蒸发所需的压力,一般为2.1～21MPa),并通过热交换器的换热使其达到反应所需的温度,在湿式氧化器中进行的快速氧化过程。反应过程中,借助于反应所释放的热量维持反应所需的温度,可使反应自发进行,而不需投加辅助燃料。湿式氧化的主要产物为水、蒸气、$CO_2$ 和 $N_2$ 等。

湿式氧化所产生的二次污染小,适用于不经脱水污泥的处理。

6)生物处理技术:生物技术是实现废物资源化的一条重要途径,它利用固体废物(如生活垃圾、有机污泥、人畜粪便和农林废物等)本身所含有的或自然界的各种微生物对固体废物中有机成分的氧化降解和转化等作用,使其达到无害化并产生可资利用的产物的目的。

固体废物,尤其是城市垃圾的生物处理资源化技术不仅具有减少环境污染的意义,对农业生产和保护土地资源也有显著的意义。目前,应用广泛的生物处理技术主要有生物降解制堆肥和厌氧消化制沼气两大类。此外,尚有纤维素糖化、饲料化和生物浸出等。这些方法具有广阔的发展前景,但技术要求较高,经济竞争力尚不明显,仍有许多课题有待解决。以下就生物降解制堆肥和厌氧消化制沼气作介绍。

（A）生物降解制堆肥 堆肥是指在一定的人工控制条件下,利用微生物的作用,使固体废物中有机成分分解转化为比较稳定的腐殖质的发酵过程。根据发酵过程中微生物对氧的需求,可分为厌氧法制堆肥和好氧法制堆肥两种。

厌氧法制堆肥是将垃圾在与空气相隔绝的条件下的堆积发酵,其最终生成物主要为残留的有机酸、$CH_4$、$NH_3$、$CO_2$、$H_2$ 和 $H_2S$ 等。此法所需时间较长,通常完成整个发酵过程需10 个月以上,而且环境条件较差,仅适用于小规模农家堆肥。

好氧法制堆肥是以好氧菌为主,通过一系列的放热分解反应,对废物中有机成分进行氧化降解,并最终转化为简单而稳定的无机腐化物(堆肥)的过程。此法完成整个过程所需的时间较短(5~6 周)、环境条件较好、有机物转化较为彻底,适用于大规模生产,是目前主要的堆肥方法,已在我国得到广泛的应用。

要注意的是,堆肥中的 N、P、K 等植物营养物的含量并不高,一般低于 3%。因此,堆肥并不是传统意义上的农家肥,其主要功效在于作为"土壤改良剂"或"土壤调节剂"起到对土壤结构的改善、土壤容水能力的提高、固氮吸磷等重要的作用。此外,在堆肥的生产和施用过程中,必须注意对有害元素的分离,以防止在土壤中富集。

（B）厌氧消化制沼气 厌氧消化制沼气是城市垃圾资源化的又一重要途径。它是在一定条件下,通过厌氧微生物的生物转化作用,将垃圾中的大部分有机质分解转化为清洁能源产品—沼气的过程。城市垃圾的厌氧消化制沼气的基本过程主要包括预处理、配浆和厌氧消化与沼气回收等几个阶段组成。其中预处理是对垃圾进行分选以去除重质无机物及有害物的过程;配浆是调整 C、N、P 营养比例关系(如需将 C/N 比调节在 20/1～30/1 为宜)等因素及加水、污泥与粪便等调和,以保证有效的转化的过程。图 4-11 所示为城市垃圾厌氧消化制沼气的工艺流程。

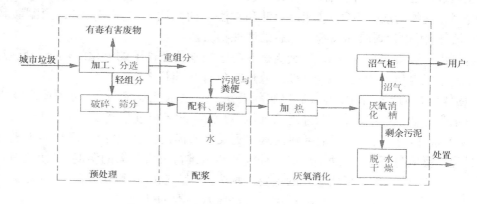

图 4-11　城市垃圾厌氧消化制沼气工艺流程

4. 几种典型工矿固体废弃物在土木工程中的资源化利用

工矿企业所产生的固体废弃物种类繁多、性质各异,但大多经合理的处理可以加以综合利用,尤其是大多工矿废弃物可以作为土木工程中的辅助材料而得到资源化利用(如表 4-5 所列)。下面以典型的工矿废弃物在土木工程中的资源化利用作一介绍。

1)高炉渣的利用:高炉渣含有 15 种以上的化学成分,其中 CaO、MgO、$SiO_2$、$Al_2O_3$ 四种物质的含量占炉渣总重量的 95%,十分有利于其再利用。高炉渣经水冷或水淬凝固并再经破碎、筛分等加工处理后,可制成渣砂或碎石作为混凝土的骨料或铺筑材料。其中水渣是质地优良的水泥原料,可用来生产矿渣硅酸盐水泥。如在水泥中掺入 20%~70% 的水淬渣,则可节约 20%~40% 水泥生产所需的能源,并降低 10%~30% 的生产成本。目前,我国生产的水泥中有 70%~80% 都掺有不同含量的水淬渣。此外,高炉渣通过加工,还可生产混凝土的轻骨材料—膨胀矿渣和具有良好保温、防火、隔热和吸声功能的矿渣棉。高炉矿渣直接用作铁路的道渣,在我国已有数十年的历史,已收到良好的经济效果。

矿渣已成为国际上重要的商品建筑材料,广泛应用于公路、桥梁、机场、各种民用建筑和特种设施等。

2)钢渣的利用:钢渣主要是金属炉料中各种元素被氧化后产生的氧化物,其主要化学成分是 CaO、MgO、$SiO_2$、$Al_2O_3$、FeO、$Fe_2O_3$、MnO、$P_2O_5$ 等,其经破碎、筛分等处理后,具有多方面的用途(见图 4-5)。

钢渣可作为炼铁熔剂加入高炉或烧结矿而循环利用。在烧结矿中适当配加 5%~15% 粒度小于 8mm 的钢渣代替部分熔剂,可改善烧结矿的宏观和微观结构。将适量(35%~45%)的平炉或转炉的钢渣配以一定量的石膏混入水泥,可制作"钢渣矿渣水泥",而利用钢渣水泥可配 C18 和 C38 混凝土,分别用于民用建筑的梁、板、楼梯、抹面、砌筑砂浆和砌块等,或用于工业建筑的设备基础、吊车梁和屋面板等。此外,钢渣具有容重大、强度高、表面粗糙、稳定性好、不滑移、耐蚀、耐久及与沥青结合牢固等优良性能,因而特别适用于铁路道基和公路路基等代替天然碎石使用。

要注意的是,钢渣作为资源应用时需要较高的加工费用。因而,在具体应用时,应本着就地使用的原则进行。

3)硫铁矿烧渣的利用:硫铁矿是生产硫时是焙烧硫铁矿产生的废渣,其主要成分为 $FeS_2$,此外还含有铜、铅、锌、锰、砷和银的硫化物和硒化物、钙、镁的硫酸盐及石英和滑石等。在工业上,利用回转炉生铁—水泥法可直接制得生铁和可作为水泥熟料的炉渣。含铁量比较低而硅、铝含量较高的硫铁矿渣可代替粘土,掺和适量的石灰,经湿碾、加压成型、自然养护而制成硫铁矿渣砖。此法生产工艺较简单,不需焙烧及蒸压或蒸气养护,所制砖的物理性能良好且成本低于粘土砖。

4)粉煤灰的利用:粉煤灰是燃煤电厂将煤磨成 100μm 以下的细粉,用预热空气喷入炉腔高温(1300℃以上)悬浮燃烧,产生高温烟气,经捕尘装置捕集而得的细灰,它由飞灰和底灰两部分组成,飞灰和底灰各占总灰量的 80%~90% 和 10%~20%。粉煤灰的化学成分类似于粘土,主要包括 CaO、MgO、$SiO_2$、$Al_2O_3$、$Fe_2O_3$ 和未燃尽碳。将适量的粉煤灰加入水泥、石膏等可制作加气轻质砌块、泡沫混凝土、石膏板等轻质墙体材料以及陶粒轻骨料等。用这些材料砌成的墙体(多用作间隔墙)具有重量轻、造价低、隔声和保温性好等优点。将粉煤灰以 20%~40% 的比例掺入水泥熟料中,可生产用于工业与民用建筑和水工构筑物的粉煤灰硅酸盐水泥。此外,在施工现场,如直接往水泥中加入 10%~40% 的粉煤灰代替部分水泥,则可改善砂浆的质量。

5)煤矸石的利用：煤矸石是在煤的采掘和洗选过程中剥落下来的岩石,具有较高的 $SiO_2$、$Al_2O_3$、$Fe_2O_3$ 含量。将煤矸石按不同的配比和加工方法与水泥生料或熟料、石膏或石灰等混合,可生产煤矸石硅酸盐水泥、煤矸石砌筑水泥和煤矸石无熟料水泥。将煤矸石部分或全部代替粘土,通过适当的烧制工艺,可制作烧结砖。

6)赤泥的利用：赤泥是从铝土矿提炼氧化铝时产生的浆状废渣,其主要成分是硅酸二钙和硅酸三钙,尤以硅酸二钙居多。赤泥在激发剂激发下,具有水硬胶凝性能,且水化热不高,极利于生产水泥。例如,将赤泥和石灰石、砂岩和铁粉在 1400～1500℃ 高温下烧制成的熟料与 15% 的高炉水渣及 15% 的石膏混合磨细即可生产品质与 500 号水泥标准相同的赤泥普通硅酸盐水泥。此外,还可利用其生产赤泥油井水泥和赤泥硫酸盐水泥等。

7)铬渣的利用：铬渣是由铬铁矿加入纯碱、白云石、石灰石,并在 1100～1200℃ 下高温焙烧,用水浸出铬酸钠后产生的残渣,其化学组成如表4-10所列。

铬渣的化学组成(%) 表 4-10

| $Fe_2O_3$ | $Al_2O_3$ | $SiO_2$ | CaO | MgO | TCr | $H_2O$ |
|---|---|---|---|---|---|---|
| 8～11 | 5～6 | 9～12 | 28～50 | 19～30 | 2～7 | 14～20 |

铬渣可代替铬矿粉制作着色玻璃;将 30% 的铬渣与 25% 的硅砂($SiO_2$ 含量高于 95%)、45% 的烟道灰和 3%～5% 的氧化铁皮混合、粉碎,并在 1500℃ 的池窑中熔融,在 1300℃ 下浇铸成型,结晶、退火后可制得铬渣铸石。但此法投资较高、铬渣用量较小,因而其应用受到一定的限制。

8)废石膏的利用：废石膏是以硫酸钙为主要成分的一种工业废渣。根据原矿石和生产产品的不同,废石膏有磷石膏、氟石膏、钛石膏和苏打石膏等。由于废石膏在利用前需精制,费用较高,因而其利用率尚不高,目前正在研究之中。其中低磷和低氟废石膏多用作水泥掺和料对施工过程中水泥的固化起缓凝作用。制作石膏板和伴水石膏是磷石膏具有发展前途的利用途径,其性能可满足工程使用的要求。

### 4.2.3 固体废弃物的最终处置与处理

固体废弃物经过减量化和资源化利用,仍不可避免地要向环境排放不具利用价值或难以进一步利用的残渣。这些残渣往往富集了较多的有毒有害物质,尤其是那些具有放射性危害的物质将长期地保留在环境中,因而必须进行最终的处置,防止它们对环境的危害。

1. 固体废弃物的海洋处置

固体废弃物的海洋处置有海洋倾倒和远洋焚烧两种方法。

1)海洋倾倒:海洋倾倒是选择距离和深度适宜的处置场,将废物直接倒入海洋。这是一种早期采用的有毒有害物处置方法,目前仍有国家使用。但随着对海洋环境容量有限性和海洋污染问题严重性的认识,此种方法的应用已越来越受到限制。我国于 1985 年颁布了《中华人民共和国海洋倾废管理条例》,对海洋处置的申请程序、处置区的选择、倾倒废物的种类及倾倒区的封闭等均作了明确的规定。

2)远洋焚烧:远洋焚烧是利用专门设计的焚烧船将有毒有害固体废物运至远洋进行焚烧处置的方法。废物焚烧后产生的废气经净化器净化后排放大气,将产生的残渣及经冷凝器冷凝后的液体排入大海。此法适用于如含氯有机废物等易燃性物质的处置。

2. 固体废弃物的陆地处置

固体废气废弃物陆地处置的方法主要有土地填埋、深井灌注等。

1)土地填埋处置：土地填埋是实践证明了的最为经济、适用于多种废物的最终处置方法，并已成为固体废弃物处置的最主要方法。土地填埋的类型较多。根据填埋场的地形可分为谷地填埋、平地填埋和废矿坑填埋等；根据填埋场内部含氧量的多少可分为厌氧性填埋、好氧性填埋等；根据所处置的废物类型及所需的处置要求可分为卫生填埋和安全填埋。目前多按后者加以分类。

(A)固体废弃物的卫生填埋。此法适用于一般固体废弃物，主要是城市垃圾及污泥等的处置。其操作包括垃圾的填充、压实和覆土等过程，每充填一定厚度的垃圾层，压实并及时覆土(15~20cm厚)，以促进垃圾层的分解和保持填埋场地的环境卫生。在卫生填埋场的场地选择、设计、建设、运行及至最后封场的整个过程中，应对防渗、渗滤液及气体的收集、味臭和病原菌传布等问题加以慎重考虑，应有设计合理的截洪沟、防渗措施、渗滤液收集系统和贮存池、气体收集系统及处理设备、废物坝等，并严格监测管理，以防引起二次污染问题。

固体废弃物的卫生填埋具有操作简单、施工方便、费用低廉等优点，是国外的最主要处置方法。近几年来，我国已在这方面做了较多工作，并已有许多城市采用此法处置城市垃圾。

(B)安全土地填埋。安全土地填埋主要用于有毒有害废物的处置。考虑到有毒有害物对环境的长期潜在危害性，在进行填埋处置时必须考虑如泄露、渗出等问题，因而对填埋地的构造和安全措施有极为严格的要求。首先，必须在填埋场设置人工或天然衬里，并要求土壤的渗透率低于 $10^{-8}$cm/s，最下层填埋物须高于最高地下水位，并设置可能的浸出液和气体收集及监测系统；其次，对所填埋的废物规格须有严格的要求，将不同来源、不同性质、不同数量的废物分开处置并及时记录以确保其安全性。图 4-12 所示为典型的安全土地填埋场结构剖面图。

2)深井灌注：深井灌注是先将固体废物液化，形成真溶液或乳浊液，采用强制性措施将其注入与地下水层和矿脉层隔绝的可渗透性岩层中而加以安全处置的方法。该法主要应用于某些难以破坏和转化，不能采用其它方法处置或采用其它方法处置极其昂贵的废物的处置。

此法对处置地层的要求极为严格。如岩层必须具有大的空隙率、足够的液体吸收容量，岩层结构及其所含液体须能和注入液体相容等。此外，用于深井灌注的废物须进行适当的预处理，去除易造成堵塞的固体，以防止灌后堵塞岩层空隙；灌注过程中应严格监测，以防泄漏。图 4-13 所示为深井灌注处置井的结构剖面图。

3. 固体废物的固化处理

固化是通过向废物中投加固化剂(惰性材料，如水泥、沥青、玻璃等)，采用物理化学的方法将废物包容在固化剂中，形成固化体，使固体废物稳定化和无害化的处理方法，常用于有毒有害(如电镀污泥、砷渣、氰渣、铬渣和镉渣等)的最终处置和处理。

根据所用固化剂材料的不同，有水泥固化、沥青固化、玻璃固化、塑料固化、石灰固化、自胶结固化、水玻璃固化等多种方法。无论采用何种固化方法，有害废物经固化后所形成的固化体须具有良好的抗渗透性、抗浸出性、抗干湿性、抗冻融性和足够的机械强度，如能作为资源(如建筑基础或路基材料)利用则更好；此外，固化耗材耗能要低，固化剂应来源丰富、廉价易得。表 4-11 列出了几种主要固化方法的适用对象和主要特点。

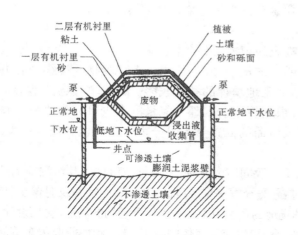
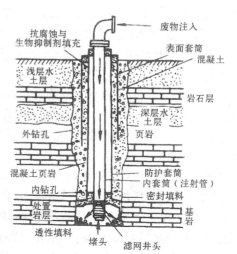

图 4-12　典型的安全土地填埋场结构剖面图　　图 4-13　深井灌注处置井结构剖面图

几种主要固化方法的适用对象和主要特点　　　　　　　　　　　表 4-11

| 固化方法 | 适用对象 | 主要特点 |
|---|---|---|
| 水泥固化 | 电镀污泥、汞渣等有害废物 | 工艺简单、费用低廉、固化剂易得、可直接固化、可在常温下进行、浸出率和增容比较高 |
| 沥青固化 | 中、低放射性水平的蒸发残液、灰渣、塑料、电镀污泥等 | 有害物浸出率低、具耐腐蚀性、具有一定的辐射稳定性 |
| 玻璃固化 | 高放射性废物 | 固化体致密、在水及酸碱液中浸出率低、增容比小、导热性高、辐射性均较稳定性好、装置复杂、费用昂贵、工作温度较高 |
| 塑料固化 | 有害和放射性废物（干湿均可） | 可在常温常压下固化成形、使用方便、增容比小、易老化 |

## 复习思考题

1. 固体废弃物有哪些种类？它们是如何分类的？

2. 简述固体废弃物的主要危害。

3. 简述固体废弃物的减量化、资源化和无害化的含义、意义及其主要途径。

4. 固体废弃物减量化的政策和技术途径有哪些？

5. 略述固体废弃物的资源化利用技术。

6. 固体废弃物最终处置方法有哪些？在应用中,应注意哪些问题？

# 第5章 噪声及振动的控制

## 5.1 噪声与振动及其污染基本概念

### 5.1.1 噪声污染基本概念

**1. 来源**

噪声的种类很多,按照声源的不同,可以分为工业交通类噪声和生活噪声两大类。前者主要有空气动力性噪声、机械性噪声和电磁性噪声;后者主要有电声性噪声、声乐性噪声和人类语言性噪声。

1)空气动力性噪声:这类噪声是高速气流、不稳定气流中由于涡流或压力的突变引起了气体的振动而产生的。例如通风机、空压机、燃气轮机、锅炉排气放空等所产生的噪声都属于这一类。

2)机械性噪声:这类噪声是在撞击、摩擦和交变的机械力作用下部件发生振动而产生的。例如织布机、球磨机、破碎机、电锯、汽锤、打桩机等属于这一类。

3)电磁性噪声:这类噪声是由于磁场脉动、磁场伸缩引起电气部件振动而产生的。例如电动机、变压器等产生的噪声属于此类。

4)电声性噪声:此类噪声是由于电—声转换而产生的。例如广播、电视、收录机、电子计算机等产生的噪声属于此类。

**2. 特征**

噪声污染与大气污染、水污染相比,具有以下四个特点:

1)噪声是人们不需要的声音的总称,因此一种声音是否属于噪声全由判断者心理和生理上的因素所决定。对于某人喜欢的声音,对于另一个人是噪声的情况是非常多的,例如优美的音乐对正在思考问题的人却是噪声。所以,可以说任何声音都可以成为噪声。

2)噪声具有局部性。声音在空气中传播时衰减得很快,它决不像大气污染及水污染影响面广,而是带有局部的特点。但是在某些情况下,噪声的影响范围很广,例如发电厂高压排气放空,其噪声可能干扰周围几千米内居民生活的安宁。

3)噪声污染在环境中不会有残留的污染物存在,一旦噪声源停止发声后,噪声污染也立即消失。

4)噪声一般不直接致病或致命,它的危害是慢性的和间接的。

**3. 危害**

1)听力损伤:噪声对听力的损伤是认识最早的一种影响。早在1886年,英国格拉斯哥的一名医生托马斯·巴尔曾就对人的听力影响进行了著名的研究。他通过对三组人(轮船锅炉制造工、铸模工、邮递员)的比较,发现接触强噪声的锅炉工的听力损害最严重,而邮递员的听力最好。近20年来,关于对听觉的研究有了很大的进展。大量的调查研究表明,噪声会造成耳聋。根据国际标准组织的标准,500Hz、1000Hz和2000Hz三个频率的平均听力损伤超过25dB的称噪声性耳聋。在这种情况下,进行正常交谈时,句子的可懂度下降13%,

而句子加单音节词的混合可懂度降低38%。根据统计结果,噪声级在80dB以下,才能保证长期工作不致耳聋,在90dB条件下,只能保护80%的人不会耳聋,即使是85dB,也还会有10%的人可能产生噪声性耳聋。

2)对睡眠的干扰:适当睡眠是保证人体健康的重要因素,但是噪声会影响人的睡眠,老年人和病人对于噪声干扰更敏感。当睡眠受到噪声干扰后,工作效率和健康都受到影响。有人认为,连续噪声会加快熟睡到轻睡的回转,使人多梦,熟睡时间缩短;突发噪声可以使人惊醒。一般说来,40dB连续噪声可使10%的人受到影响,70dB即可影响50%;而40dB的突发性噪声可使10%的人惊醒,到60dB时,可使70%的人惊醒。

3)噪声对交谈、通讯、思考的干扰:在噪声环境下,妨碍人们之间的交谈、通讯是常见的。因为人们思考也是思维活动,其受噪声干扰的影响与交谈是一致的。实验证明噪声干扰交谈、通讯的情况如表5-1所示。

噪声对交谈、通讯的干扰

表5-1

| 噪声级(dB(A)) | 主观反映 | 保证正常谈话距离(m) | 通讯质量 |
| --- | --- | --- | --- |
| 45 | 安静 | 10 | 很好 |
| 55 | 稍吵 | 3.5 | 好 |
| 65 | 吵 | 1.2 | 较困难 |
| 75 | 很吵 | 0.3 | 困难 |
| 85 | 太吵 | 0.1 | 不可能 |

4)噪声对人体的生理影响:许多证据说明,大量心脏病的发展和恶化与噪声有密切联系。实验证明,噪声会引起人的紧张反应,使肾上腺素增加,因而引起心率改变和血压升高。对一些工业噪声调查的结果指出,在高噪声条件下劳动的钢铁工人和机械车间工人比安静条件下工人的循环系统的发病率要高,患高血压的病人也多。有人试验,把兔子放在非常吵的工业噪声环境下10个星期,发现实验的兔子的血胆固醇比同样饮食条件下未做实验的兔子要高得多。除心脏病外,噪声还会引起神经系统、消化系统的疾病。

5)噪声对心理的影响:噪声引起的心理影响主要是烦恼,使人激动、易怒,甚至失去理智。因噪声引起的扰民纠纷是常见的。噪声也容易使人疲劳,因此往往会影响精力集中和工作效率,尤其是对一些非重复性动作的劳动者,影响更为明显。

另外,由于噪声的掩蔽效应,往往使人不易觉察到一些危险的信号,从而容易造成工伤事故。

6)噪声对物质结构的影响:当飞机作超声飞行时产生的冲击波,一般称为轰声,因为人们会听到"呼"的响声,有如爆炸声。轰声虽然是一种冲击波,但由于能量可观,就具有一定的破坏力。英法合作研制的协和式飞机在试航中,航道下面的一些古老建筑,如教堂等,由于轰声的影响受到了破坏,出现了裂缝。

150dB以上的强噪声,由于声波振动,会使金属结构疲劳,遭到破坏。由于声疲劳造成飞机或导弹失事的严重事故也有发生。据实验,一块0.6mm厚的铝板,在168dB的无规律噪声作用下,只要15min就会断裂。

### 5.1.2 振动污染基本概念

振动公害与噪声公害有着紧密联系,当振动的频率在20～2000Hz的声频范围内时,振动源同时又是噪声源。另一方面，若声源的振动激发了某些固体物件的振动，这种振动会以弹性波的形式在固体(如基础、地板、墙等)中传播，并在传播过程中向外辐射噪声，这就是"固体声"，特别当引起固体共振时，会辐射很强的噪声。从这个意义上讲，防振技术是噪声防止技术的一种。

振动除了引起噪声方面的危害外，还能直接作用于人体、设备和建筑等，损伤人的机体，引起各种疾病；损坏设备，使建筑物开裂、倒塌等。因此，振动又区别于噪声，有其相对的独立性。

振动对人体的危害受心理因素和生理因素影响很大。一般说来，振动危害的大小取决于振动的频率、振幅或加速度。

人体各器官都有自己的固有频率，当振动频率接近某一器官的固有频率时，会引起共振，对该器官影响最大。人的胸腔和腹腔系统对频率为 4～8Hz 的振动有明显的共振效应，因此，频率在 4～8Hz 的振动对人体的影响和危害最大。另外，频率 20～30Hz 的振动能引起"头—颈—肩"系统的共振，频率 60～90Hz 的振动能引起"下颚—头盖骨"的振动，都能造成人体的损伤。

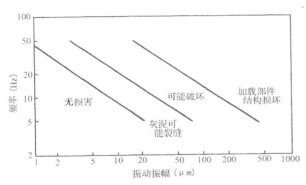

图 5-1　振动对建筑物的危害

振动振幅和加速度的危害程度与频率有关：在高频振动时，振幅的影响是主要的；在低频振动时，则振动的加速度起主要作用。

振动对建筑物的危害如图 5-1 所示。一般说来，大振幅低频率的振动对建筑物危害较严重。

### 5.1.3　噪声与振动的评价与测量

1. 噪声的评价与测量

1)声学的基本概念：空气中传播的声波是一种疏密波，描述波动的三个物理量是波长 $\lambda$(m)，频率 $f$(Hz)和声速 $C$(m/s)，它们之间的关系是：

$$C = \lambda f \tag{5-1}$$

声音音调的高低取决于声波的频率，频率高的声音叫高音，频率低的声音叫低音。人能听到的声音的频率范围是 20～20000Hz，而对频率在 3000～4000Hz 的声音最为敏感。

对噪声的量度，主要有噪声强弱的量度和噪声频谱的分析。前者包括声强与声强级，声压与声压级、声功率与声功率级。

(A)声强与声强级：声波具有能量，声波的传播过程实质上就是声振动能量的传播过程。垂直于声波传播方向上，单位时间内通过单位面积的声能量称为声强，常用符号 $I$ 表示，单位是(W/m²)。很显然，声强越大表示声音越强。

听力正常的青年人对频率为 1000Hz 的纯音的听觉范围是 $10^{-12}$ ～ $10$ W/m²，高限(痛阈)和低限(听阈)之间相差 $10^{13}$ 倍。下面要提到的声压和声功率等参量变化范围也很大，所以，用线性标度来表示这些量是不方便的，而且听觉机构对声音大小的感觉不是与声强或声压的绝对值成线性关系，而是呈对数关系的。因此，常用对数标度来表示声强、声压或声功率的大小。由于对数的自变量是无量纲的,用对数标度必须先选定基准量(或称参考量),然后取被量度的量与基准量比值的对数值,这个对数值称为被量度的"级"。"级"的单位是贝尔,贝尔的1/10称为分贝,用符号dB表示。下式表示的量$L_1$就称为声强级:

$$声强级 \quad L_1 = 10\lg(I/I_0) \tag{5-2}$$

式中　$I_0$——基准声强,$I_0 = 10^{-12}W/m^2$。

(B)声压与声压级:声波是疏密波,声波传播时,使空气发生压缩和膨胀的变化,压缩时使压强增加,膨胀时使压强减小。设某体积元内,平衡时的静压强为$P_0$,声波作用下变化的压强为$P$,则压强增量$\Delta P = P - P_0$叫做声压。声压的单位与压强相同。在国际单位制中,压强的单位是Pa,$1Pa = 1N/m^2$。

声波在空气中传播时,声压$P$实际上随时间迅速变化,对应于某一瞬时的声压叫做瞬时声压。瞬时声压对时间取均方根(把瞬时声压平方,再对时间取平均,然后开方)称为有效声压。在实际问题中,如不作说明,所谓声压指的是有效声压。

声压与声强的区别在于一个是压强,一个是能量。在自由声场中,某点的声强$I$与该点的有效声压$P$间有如下关系:

$$I = P^2/\rho C \tag{5-3}$$

式中　$\rho$——空气密度$(kg/m^3)$;

　　　$C$——空气中声速$(m/s)$。

$\rho C$称为空气的特性阻抗,其值随媒质的性质而异。在$P = 1.013 \times 10^5 Pa$及15℃时,空气的特性阻抗为$400N \cdot s/m^3$左右。

在噪声控制中,常用声压级衡量声音的强弱。声压级$L_p$可用下式表示:

$$L_p = 20\lg(P/P_0) \tag{5-4}$$

式中　$L_p$——对应于声压$P$的声压级(dB);

　　　$P_0$——基准声压,$P_0 = 2 \times 10^{-5} Pa$。

人类的听觉对于1000Hz的纯音,能感觉到的声压范围为$2 \times 10^{-5} \sim 20Pa$,相应的声压倒多数级别范围为$0 \sim 120dB$。

一些典型噪声源产生的声压级的大概值列于表5-2中。

一些典型噪声源产生的声压级 表5-2

| 噪　声　源 | 位　置 | 声压级 dB |
|---|---|---|
| 锅炉排气放空 | 离喷口 1m | 140 |
| 大型柴油机增压器 | 离进气口 0.3m | 130 |
| 汽车喇叭 | 距离 1m | 120 |
| 大型风机房 | 离风机 1m | 110 |
| 织布机车间 | 织机间走道 | 104 |
| 冲床车间 | 离冲床 1m | 100 |
| 发电机车间 | 离电机 1m | 95 |
| 大型卡车 | 车厢内 | 90 |
| 大声讲话 | 距离 1m | 80 |
| 住宅噪声 | 厨房内 | 60 |
| 轻声耳语 | 距离 0.3m | 40 |
| 环境噪声 | 郊区静夜 | 20 |

（C）声功率与声功率级：每秒从声源放射出的声波能量叫声功率，用符号 $W$ 表示，单位是瓦（W）。声功率的大小反映声源辐射声波能力的高低，是从能量角度描述噪声特性的重要物理量。

对应于声功率 $W$ 的声功率级 $L_W$（dB）可用下式表示：

$$L_W = 10\lg(W/W_0) \tag{5-5}$$

式中　$W_0$——基准声功率，取 $W_0 = 10^{-12}W$。

对于点声源发出的球对称的球面声波，如果声源的声功率为 $W$，距离声源 $r$（m）处的声强为 $I$（$W/m^2$），可得：

$$W = SI = 4\pi r^2 I \tag{5-6}$$

式中　$S$——距离 $r$（m）处的球面面积（$m^2$）。

由此可得声功率级 $L_W$ 与声强级 $L_I$ 之间的关系：

$$L_W = L_I + 20\lg r + 11.0 \tag{5-7}$$

根据式（5-3）和式（5-4）可得声功率级 $L_W$ 与声压级的关系：

$$L_W = L_p + 20\lg r + 11.0 + 10\lg(400/C) \tag{5-8}$$

2）噪声的评价：声压和声压级是衡量声音强度的物理量，声压级越高，声音越强。但人耳对声音的感觉不仅与声压有关，还与频率有关系。人耳对高频声敏感，对低频声感觉迟钝，频率不同而声压级相同的声音听起来不一般响。因此，声压级并不能表示人对声音的主观感觉。人们研究噪声的目的是防止噪声影响人类，所以，评价噪声必须以人的主观感觉为准。在这方面，大致可以概括为与人耳听觉特征、心理情绪、健康标准、室内人们活动有关的评价量等几方面。不同的评价量各适用于不同的环境、时间、噪声源特性和评价对象，下面仅就最常用的评价量作一介绍。

（A）响度、响度级和等响曲线。噪声强弱的主观感觉可用响度和响度级表示。

在一定的条件下，根据人的主观感觉对声音进行测试，以声音的频率为横坐标，以声压级为纵坐标，把在听觉上大小相同的点用曲线连接起来，这样得到的一组曲线就称为等响曲线。图 5-2 为国际标准化组织（ISO）采用的等响曲线。在同一条等响曲线上，反映声音客观强弱的声压级一般并不相同。

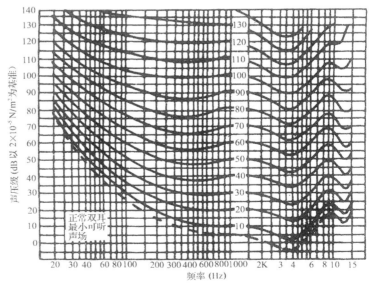

图 5-2　等响曲线

各条等响曲线上，横坐标为 1000Hz 的纵坐标值（声压级）就叫做这条等响曲线的响度级，用符号 $L_N$ 表示，单位为方（phon），并标注在曲线上。例如，声压级为 85dB 的 50Hz 纯音,65dB 的 400Hz 的纯音,62Hz 的 4000Hz 纯音与 70dB 的 1000Hz 纯音的响度相等,响度级都等于 70 方。

定量反映声音响亮程度的主观量称响度,用符号 $N$ 表示,单位为宋(sone)。响度与人们的感觉成正比,声音的响度加倍时,该声音听起来加倍响。规定响度级为 40 方时响度为 1 宋。响度与响度级有如下关系:

$$N = 2^{0.1(L_N-40)} \tag{5-9}$$

式中　$N$——响度(sone);

　　$L_N$——响度级(dB);响度级每增加 10 方,响度增加一倍。

(B)A 声级和等效连续 A 声级。以上讲的是纯音的响度级,而一般的噪声是由频率范围很宽的纯音组成的,则它的响度级计算非常复杂。为了能用仪器直接测量噪声评价的主观量,可在声级计放大线路中设置计权网络,以模拟人耳的响度级频率曲线,测得的结果称为计权声级。一般声级计有 A、B、C 三个计权网络,分别模拟人耳对 40 方、70 方和 100 方纯音的响应,它们的特性曲线如图 5-3 所示。在声级计中设置 A、B、C 计权网络后测得的噪声级分别称为 A 声级、B 声级和 C 声级。A 网络对接受通过的

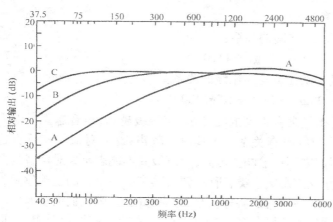

图 5-3　声级计用的国际标准 A、B、C 计权曲线

500Hz 以下低频段的声音有较大的衰减,它与人耳对低频声音感觉迟钝的特点一致,A 声级能较好地反映人对噪声的主观感受,它与噪声引起听力损害程度的相关性也很好,因此近年来 A 声级越来越广泛地用于噪声的主观评价中。

A 声级适用于连续稳态造声的评价,但不适用于起伏或不连续的稳态噪声。这时要用等效连续 A 声级来评价,它是在时间 $t$ 范围内噪声的 A 声级按能量的平均值。计算时按时间划分为 n 个区间,分别测定各时段的 A 声级,按下式算出等效连续 A 声级 $L_{eq}$:

$$L_{eq} = 10\lg\left\{\frac{1}{n}\sum_{i=1}^{n}10^{L_{Ai}/10}\right\}dB \tag{5-10}$$

式中　$L_{Ai}$——第 $i$ 个 A 声级测定值。

对于不规则大幅度起伏变化的噪声,常用 A 声级统计量(又称累积百分声级)$L_{10}$、$L_{50}$ 和 $L_{90}$ 表示,它们分别为测定时间内出现时间为 10% 以上,50% 以上和 90% 以上的 A 声级值,其中 $L_{10}$ 表示峰值噪声,$L_{50}$ 表示平均噪声,$L_{90}$ 表示背景噪声。

3)噪声的测量:噪声测量最常用的仪器是声级计。声级计由电容传声器、输入级、衰减器、放大器、计权网络和读出表头及电源等几部分组成,可在表头上直接读出声压级。声级计按测量精度和稳定性区分有 0,1,2,3 四种类型;3 级声级计只有 A 级权网络,适用于室外噪声调查;2 级普通声级计具有 A、B、C 三种计权网络,适用于一般现场噪声测量;1 级精密声级计除有 A、B、C 计权网络外,还有外接滤波器插口,可以进行频谱分析,专供声场可以严

格控制的实验室使用;0 级标准声级计具有严格的准确度和容许极限,仅作为实验室标准。
图 5-4 是几种声级计的示意图。

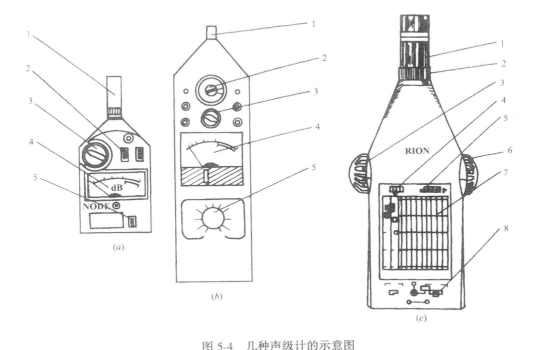

图 5-4　几种声级计的示意图

（$a$）日本普通声级计　　　　　　（$b$）国产 ND－2 精密声级计　　　　　（$c$）日本频谱声级计

　1-传声器; 2-功能选择开关;　　　1-传声器; 2-衰减器旋钮;　　　1-传声器; 2-紧固螺母; 3-衰减器旋钮;

　3-衰减器旋钮; 4-电表度盘;　　　3-功能选择器; 4-电表度盘;　　　4-计权网络指示器; 5-声压级指示器;

　5-电源开关　　　　　　　　　　5-滤波器旋钮　　　　　　　　　6-功能选择器和电源开关;

　　　　　　　　　　　　　　　　　　　　　　　　　　　　　　7-荧光屏显示器; 8-表头动态特性开关

　　声级计可以用来测量总声级和计权声级,测量的范围大约为 35～135dB。

　　我国国家标准《GB3222－82 城市环境噪声测量方法》规定了噪声测定的读数方法和表示方法。在读数变动较小(约 1～2dB)时,可读一个估计平均量;若噪声呈周期性或间歇性变化时,则需读 $n$ 次值,并以它的平均值表示;在噪声不规则大幅度变化时,每隔 5 秒钟读取一个 A 声级,连续读 100 个数据(或 200 个),按从大到小的顺序排队,在规定测量时间内有 $N$ % 的声级超过某一声级值 $L_{PA}$,这个值 $L_{PA}$ 就叫做累积百分声级 $L_N$。

　　在测定不规则大幅度变动噪声时,如果用磁带记录仪是很方便的,它能把每时每刻变化的声压级记录下来。

　　噪声测量有时需要分析噪声的频率成分,并求出在一定频率区间(频带或频程)的声压级,这就是频谱分析,需要在测量系统中加入对频率有选择特性的仪器,这样组成的仪器叫频率分析仪。

　　在噪声测量中,频带或频程(即频率区间)的划分最常用的是倍频程和 1/3 倍频程。所谓倍频程是指频带划分时使后一频程的中心频率是前一频程的 2 倍;而 1/3 倍频程是指后一频程的中心频率是前一频程的 $2^{1/3}$ 倍(即 1.25)倍。ISO 规定的倍频程和 1/3 倍频程的中心频率和频带的上下频率见表 5-3。

| 倍　频　程 | | | 1/3　倍　频　程 | | |
|---|---|---|---|---|---|
| 下限频率<br>(Hz) | 中心频率<br>(Hz) | 下限频率<br>(Hz) | 下限频率<br>(Hz) | 中心频率<br>(Hz) | 下限频率<br>(Hz) |
| 45 | 63 | 90 | 56.2<br>70.8<br>98.1 | 63<br>80<br>100 | 70.8<br>89.1<br>112 |
| 90 | 125 | 180 | 112<br>141<br>178 | 125<br>160<br>200 | 141<br>178<br>224 |
| 180 | 250 | 355 | 224<br>282<br>355 | 250<br>315<br>400 | 282<br>355<br>447 |
| 355 | 500 | 710 | 447<br>562<br>708 | 500<br>630<br>800 | 562<br>708<br>891 |
| 710 | 1000 | 1400 | 891<br>1122<br>1413 | 1000<br>1250<br>1600 | 1122<br>1413<br>1778 |
| 1400 | 2000 | 2800 | 1778<br>2239<br>2818 | 2000<br>2500<br>3150 | 2239<br>2818<br>3548 |
| 2800 | 4000 | 5600 | 3548<br>4467<br>5623 | 4000<br>5000<br>6300 | 4467<br>5623<br>7079 |
| 5600 | 8000 | 11200 | 7079<br>8913<br>11220 | 8000<br>10000<br>12500 | 8913<br>11220<br>14130 |

　　以频程中心频率为横坐标,声压级为纵坐标,作出频谱分析图形,就可以清楚了解噪声的成分和性质。

　　4)与声压级有关的计算:前面提到,在声学上常用"级"量度声音,级的单位为 dB。当两个不同声压级的声音叠加时,合成的声压级并不等于它们分贝数的数学和。声音的叠加是能量相加,得出总和后再换算成叠加后声音的总声压级。

　　两个分别为 $L_1$ 分贝和 $L_2$ 分贝的声音,合成声音的分贝数 $L_T$ 可用下式计算:

$$L_T = 10\lg(10^{L_1/10} + 10^{L_2/10}) \tag{5-11}$$

也可以用下式计算:$L = L + \Delta L \,(L_1 > L_2)$ 　　　　　　　　　　(5-12)

　　式中 $\Delta L$ 值在下表中查出:

| $L_1 - L_2$ | 0 | 1 | 2 | 3 | 4 | 5 | 6 | 7 | 8 | 9 | 10 | 11-13 |
|---|---|---|---|---|---|---|---|---|---|---|---|---|
| $\Delta L$ | 3 | 2.5 | 2.1 | 1.8 | 1.5 | 1.2 | 1.0 | 0.8 | 0.6 | 0.5 | 0.4 | 0.3 |

　　2. 振动的评价与测量

　　振动是一种很普遍的运动形式。当一个物体处在周期性往复运动的状态时,就可以说物体在运动。任何一种机械,不论是进行圆周运动还是往复运动,都产生振动。某些振动对人的机体是有害的,有些甚至能破坏建筑物和设备。

1)振动的评价 振动对人体的影响比较复杂,人的体位不同,接受振动的器官不同,振动的方向(垂直还是水平)、频率、振幅和加速度不同,人的感受也不同。因此,评价振动对人体的影响有很大的困难。目前我国制定的振动的评价标准尚未颁布,这里仅介绍一些国外的情况,供读者参考。

振动的强弱常可根据振动的加速度来评价。人能感觉到的振动,它的加速度一般在$0.01\text{m/s}^2$到$10\text{m/s}^2$范围内。与在噪声控制中类似,反映振动加速度的参数可用分贝来表示它的大小,这个参数称为振动加速度级$L_a$(Vibration acceleration level),可用下式表示:

$$L_a = 20\lg(a/a_0) \quad (\text{dB}) \tag{5-13}$$

式中$a$为振动时的加速度的有效值$(\text{m/s}^2)$,在正弦振动的情况下:

$$a = a_m/2^{0.5} \tag{5-14}$$

式中 $a_m$——振动加速度的振幅;

$a_0$——加速度基准值,通常取$a_0 = 3 \times 10^{-4}\text{m/s}^2$,当频率为$100\text{Hz}$时,该基准值与声压的基准值$P_0 = 2 \times 10^{-5}\text{N/m}^2$是一致的。

振动加速度级相同而频率不同时,人的主观感觉是不同的,经人体感觉修正后的加速度级$VL$(vibration level),与$L_a$有如下关系:

$$VL = L_a + C_n \tag{5-15}$$

式中$C_n$为感觉修正值,由表5-4和表5-5查得。

振动级与感觉的关系如表5-6所列。

垂直振动修正值 表5-4

| 频率(Hz) | 1 | 2 | 4 | 8 | 16 | 31.5 | 63 | 90 |
|---|---|---|---|---|---|---|---|---|
| $C_n$(db) | −6 | −3 | 0 | 0 | −6 | −12 | −18 | −21 |

水平振动修正值 表5-5

| 频率(Hz) | 1 | 2 | 4 | 8 | 16 | 31.5 | 63 | 90 |
|---|---|---|---|---|---|---|---|---|
| $C_n$(db) | 3 | 3 | −3 | −9 | −15 | −21 | −27 | −30 |

评价振动的强弱,也可根据振动对人体的影响,分为四个等级:

(A)振动的"感觉阈":振动的"感觉阈"指人体刚刚能感到振动时的强度。人体对刚超感觉阈的振动是能忍受的。

(B)振动的"舒适感降低阈":振动的强度增大到一定程度,人就感到不舒适,使人产生讨厌的感觉,但没有产生生理影响,这就是"舒适感降低阈"。

(C)振动的"疲劳—工效降低阈":振动的强度继续加大,人不仅产生心理反应,而且出现生理反应,振动通过刺激神经系统,对其它器官产生影响,使注意力转移,工作效率降低等,这就是"疲劳—工效降低阈"。当振动停止后,这些生理现象随之消失。

振动级的大体情况 表5-6

| 振动级(dB) | 振动情况 | 振动级(dB) | 振动情况 |
|---|---|---|---|
| 100 | 墙壁开设裂缝 | 70 | 门和窗振动 |
| 90 | 容器中的水溢出,花瓶等倒下 | 60 | 差不多所有的人都感到振动 |
| 80 | 电灯摆动,门窗发出响声 | | |

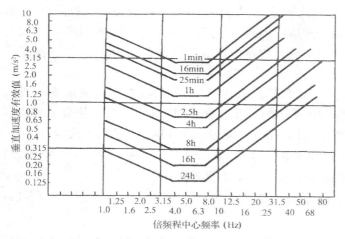

图 5-5 "疲劳—工效降低阈"的 ISO 振动评论标准

评价振动对人体的影响,还与振动的方向有关。图 5-6 所示为 ISO 推荐的人体全身对规则振动的等感级曲线。从图上的两条曲线可知,频率 8Hz 以上的振动,垂直振动比水平振动高出 10dB;人体对低频的振动比对高频的振动更敏感。

振动除直接危害振动源附近的人外,还可传播至远处。特别是由于固体对振动的衰减很小,对于高于 20Hz 的基频或谐频还会辐射出可听阈的噪声,此时即使将产生振动的机房门窗紧闭也无济于事。

2)振动的测量:常用的振动测量系统如图 5-7 所示。

振动测量仪除了振动接受器(又叫振动传感

(D)振动的"极限阈":当振动强度超过一定限度时,就会对人体造成病理性损伤,产生永久性病变,即使振动停止也不能复原,这就是"极限阈"。

国际标准化组织(ISO)推荐的全身振动评价标准如图 5-5 所示。图中曲线上的数字为人在一天内允许累计暴露时间。此标准适用于人体受垂直振动。如承受的是水平方向振动,则可将各曲线的纵坐标值除以 $2^{1/2}$。

由图可见,振动频率在 4 ~ 8Hz 范围时,对人的危害最大。

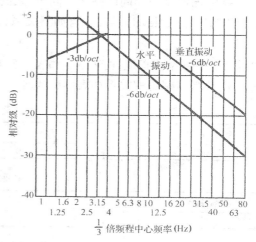

图 5-6 垂直和水平振动等感曲线

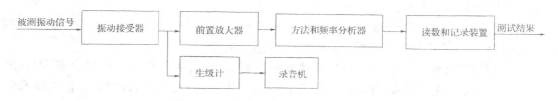

图 5-7 振动测量系统

器、拾振器)及其附加的前置放大器外,振动测量系统的其它部分基本上与声学测量分析系统相同。振动接受器作用是将机械振动转换为电信号。测量位移的仪器称为测振计,测量速度的称为速度计,测量加速度的称为加速度计。振动测量中最常用的是压电式加速度计。

## 5.2　噪声与振动的控制方法

### 5.2.1　噪声的控制方法

噪声控制的基本手段是控制技术,但行政管理措施、合理的城市与厂区规划也十分重要。噪声的控制,首先是要控制能产生生理危害造成永久性听力损失的噪声,以保障人体健康。其次是降低城市居民感到的环境噪声水平,创造舒适的安静环境。降低声源本身的噪声和减少噪声源是最根本的方法。阻止噪声传输和减少耳朵接触噪声也是噪声控制的途径。具体的方法有减振、吸声、隔声、消声和个人防护等。近几年来,高效率的轻型隔声结构、吸声结构、隔振机座和阻尼材料有了很大发展。一些国家制成模式结构或有适当空腔的混凝土砌块,可以根据需要,随时装配起来,达到隔声和吸声的目的。防治噪声可以从以下几个方面进行。

1. 行政管理措施

通过政府有关部门颁布法令或规定来控制噪声。如限制高噪声的车辆(重型卡车或拖拉机)的行驶区域,在学校、医院附近禁止鸣笛,限制飞机起飞或下降的路线应远离市区。颁布噪声控制标准要求工厂或高噪声车间采取减噪的措施;对在强噪声环境工作已发现听力下降或患有噪声疾病的工人适当调换工种;逐步推广采用具有环保性能的各类机器、设备、施工器械。

2. 合理的城市与厂区规划

在城市与厂区规划中要将工厂区、商业区和居民区适当分开,住宅区要离开高噪声的车道与工厂。随着经济的发展,汽车的数量随之增多,人们对城市交通运输噪声问题异常重视。在城市规划中既要做到有利于车辆通行,又有利于使人感到噪声减少。要做到这点,应考虑以下几个方面:

1)避免过境道路穿越城市中心,设置外环公路,或者是近郊公路,作为过境汽车的道路。

2)在城市主要广场上,不应设置过境货运车辆的停车场。

3)长途汽车站要紧靠火车站,以避免下火车的旅客为改乘长途汽车而往返于市内,同时长途汽车在出车或回车时不宜途经市中心。

4)城市中多建带底层商店的住宅,垂直于街道的住宅建筑,在山墙墙头沿街布置一些商店之类的服务建筑,或者建筑物后退,在与车行道之间布置林带,使建筑物受到的噪声不是直射,而是绕射,从而降低噪声的强度。

5)绿化城市,除对城市美化、调节气候外对街道噪声的防止也会起到一定的作用。

3. 减少噪声源

噪声的发生来自气流流动、磨擦、碰撞和机械振动。所有的噪声问题都可以分为声源、传播路程、接受者三部分。因此,噪声控制问题都是从这三方面来考虑的。首先是降低声源本身的噪声;如果技术上办不到,或者技术上可行而经济上不合算,则考虑从传播的路程中降低噪声;如果这种考虑达不到要求或不合算,则可考虑接受者的个人防护。

降低声源本身的噪声是治本的方法,比如用液压代替冲压,用斜齿轮代替直齿轮,用焊接代替铆接,研究开发低噪声的发动机等。但是,从目前的科学技术水平来说,要想使一切机器设备都是低噪声的尚不可能。这就需要在传播的途径和个人防护上来考虑。常用的方法有吸声、隔声、消声、隔振、阻尼、耳塞、耳罩等。

1)吸声：吸声主要是利用吸声材料或吸声结构来吸收声能。这主要用在室内空间，如厂房、会议室、办公室、剧场等。因为在室内，壁面会使声源发出的声音来回反射，结果使得噪声比同一声源在空旷的露天里(自由空间)要高。如果使用吸声材料，就会吸收反射声，使室内的噪声下降。吸收材料或结构可分为下列四种：

(A)多孔吸声材料 这是应用最普遍的吸声材料，主要有棉、毛、麻等纤维和玻璃棉、矿渣棉、泡沫塑料等材料。这些材料的空隙互相连通，具有通气性能。这是多孔材料的最基本特性。当声波入射到多孔材料中时，引起空隙中的空气振动，并与孔壁产生摩擦(由于粘滞性)，使声能转变为热能，从而使声能衰减。多孔材料吸声特性与材料中的空气流阻、空隙率、结构因子、材料厚度、声波的频率和入射条件、材料背后的条件(是否有空气层等)都有关系。在实际使用中，通常都用材料的厚度、容重、纤维粗细等来控制吸声特性。

(B)薄板(薄膜)吸声结构 不穿孔的薄板(或膜)，后面留有一定的空腔，则构成薄板吸声结构。这些薄板(或膜)材料与其背后封闭的空气层形成共振系统，因此，对共振频率附近的声能吸收最佳。当声波作用于板上时，能引起板的弯曲振动，因此，它能吸收一定的入射声能，使其转变为热能。一般这种吸声结构是很好的低频吸声结构。

(C)空腔共振吸声结构 最简单的空腔共振吸声结构是亥姆霍兹共振器，它由一个空腔通过一个开口与外部空间相连而构成，其吸声机理是：当孔颈的直径和空腔的大小比声波波长小得多的情况下，孔颈中的空气可看成一块不可压缩，具有质量的空气柱，在外来声压力作用下(无显著压缩)而成为运动着的整体，类似力学中受力作用的物体的惯性质量，并称其为声质量，它取决于空气柱的空气质量(与空气柱大小，空气密度有关)。空腔内的气体富有弹性，外声压力作用时具有反抗作用，类似力学中的弹簧，形成一个质量—弹簧系统，当外界声波的频率与它的固有频率相同时，就会发生共振，孔颈的空气柱就会激烈振动，结果由于摩擦损失而使声能变为热能。

一般的穿孔板吸声结构可以看成是许多单个的亥姆霍兹共振器并列布置组成的，但由于它的吸收频带很窄，也就是声阻太小，因此，通常总是在其后面的空气层内加多孔性吸收材料，使其变为宽频带的吸声结构。

(D)微穿孔板吸声结构 这是一种新型吸声结构，也是一种共振吸声结构。因为它穿孔的孔径很小(在毫米级以下)，因此，具有足够的声阻，而不必在后面的空腔内填充多孔吸声材料，就能够保证有足够的吸收频带。微穿孔板吸声结构的吸声系数和频率可以根据穿孔的孔径、穿孔率和后腔的尺寸来计算。由于微穿孔板可用金属板材制成，它能够用于有火焰、有水汽或有腐蚀气体的条件下，这是一般吸声材料所不能比拟的。

上述几种吸声材料(结构)的吸声特性见图5-8(图中的纵坐标是吸声系数)。

由于吸声材料只是降低反射的噪声，因而在噪声控制中的效果是有限的。对于具有很高反射表面的房间(如只有0.02吸收系数的光滑的混凝土墙面)，当顶棚用0.7的吸声材料处理时，噪声将能够降低8dB；当天花板和一面墙被处理时，能够降低11dB；当所有的表面都处理时，大约能降低15dB(这是最大的可能)。然而由于一般房间的吸声系数都大于0.02，所以达不到这么显著的效果。

2)隔声：采取隔声的方法来降低空气中传播的噪声，是控制噪声的最有效的措施之一。所谓隔声就是用屏蔽物将声音挡住，隔离开来，如墙壁、门窗，可以把室外的噪声挡住，不让

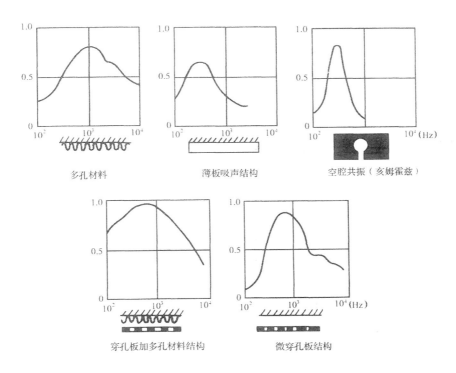

多孔材料 薄板吸声结构 空腔共振（亥姆霍兹）

穿孔板加多孔材料结构 微穿孔板结构

图 5-8  不同吸声材料或结构的吸声特性

它传到室内。但由于声波是弹性波,作用在屏蔽物上,会激发起屏蔽物的振动,会向室内辐射声波,使声音从一边传到另一边。为比较屏蔽物隔声的效果,提出了传声损伤 $TL$ (transmission loss)的概念。所谓传声损失,是入射波的声能与透射波的声能之比的对数值,用公式表示:

$$TL = 10\lg(1/\tau)(\text{dB}) \tag{5-16}$$
$$\tau = E_{透}/E_{入} \tag{5-17}$$

式中  $\tau$ ——表示透射系数;

  $E_{透}$ ——透过的声能;

  $E_{入}$ ——入射的声能。

$\tau$ 越小,表示透射的声能愈少,传声损失就愈大,隔声效果则愈好。传声损失与声音的频率有关,通常是高频大,低频小。一般都用 125、250、500、1000、2000、4000 六个倍频程的 $TL$ 来表示构件的隔声性能。

隔声效果与隔声构件的质量有关,质量愈大,传声损失就愈大,这就是质量定律。在实际工作中通常利用经验公式来计算:

$$TL = 18\lg m + 12\lg f - 25 \quad (\text{dB}) \tag{5-18}$$

式中  $m$ ——隔声构件的质量;

  $f$ ——振动的频率。

假如做成双层或多层结构,可以大大改善墙和门窗的隔声效果。

隔声罩在机器噪声控制中是常常采用的措施。一般隔声罩由隔声材料、阻尼材料和吸声材料构成。隔声材料多用钢板。在钢板罩上涂上阻尼材料,以防钢罩共振;罩内要加吸声

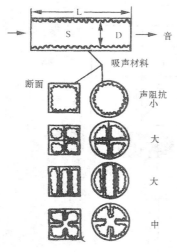

图 5-9　阻性消声器

材料,做成吸声层,以降低罩内的混响,提高隔声效果。

3)消声:所谓消声,是利用消声器来降低空气声的传播。通常用在气流噪声控制方面的有风机噪声、通风管道噪声、排气噪声等。广泛采用的传统消声器有阻性消声器、抗性消声器、抗阻复合式消声器。近年来,小孔消声器和多孔扩散消声器在排气噪声的控制中逐渐得到广泛应用。

(A)阻性消声器　在管壁内贴有吸声衬里,就是阻性消声器,它是利用吸声材料的吸声特性,使声波在管中传播时被逐渐吸收,它的效果犹如电路中的电阻要消耗一部分电能一样,它要消耗一部分声能,所以称为阻性消声器,见图 5-9。阻性消声器的消声量可按下式计算:

$$\Delta L = K(\alpha) * (D/S)L \quad (dB) \tag{5-19}$$

式中　$K(\alpha)$——为消声系数;

　　　$D$　——为有效通道截面周长(m);

$L$　——为消声器长度(m);

$S$　——为有效通道截面积($m^2$)。

消声系数 $K(\alpha)$ 与吸声系数 $\alpha$ 的关系见表 5-7。

消声系数 $K(\alpha)$ 与吸声系数 $\alpha$ 的关系　　　　　　　表 5-7

| $\alpha$ | 0.10 | 0.20 | 0.30 | 0.40 | 0.50 | 0.6~1.0 |
|---|---|---|---|---|---|---|
| $K(\alpha)$ | 0.11 | 0.24 | 0.39 | 0.55 | 0.75 | 1.0~1.5 |

实际上,消声系数 $K(\alpha)$ 不仅与吸声系数 $\alpha$ 有关,还与吸声材料的声阻抗率、频率,以及通道截面尺寸有关,当通道截面尺寸大于波长时,声波以窄声束形式沿通道传播,以致使消声量急剧下降。一般要求需要消声的频率对应的波长要大于消声器的直径。为了这一目的,当排气口较大时,往往把消声器内部做成片式或蜂窝状。消声器的消声量只决定于单个通道的特性。

(B)抗性消声器　抗性消声器实际上是用声波的反射或干涉来达到消声目的的,其原理有如电路中的电感电容电路,故称为抗性消声器,它有膨胀性、干涉性和共振性的消声器等三种。图 5-10 所示为其工作原理。

对于膨胀性消声器的传声损失可用下式估计:

$$L_{TL} = 10\lg[1 + (1/4) * (M - 1/M)^2 \sin^2 KL] \quad (dB) \tag{5-20}$$

式中　$M$——膨胀腔直径($D$)与排气管口直径($D$)之比;

　　　$K$——波数,$K = 2\pi/\lambda$ 或 $K = 2\pi f/C$;

　　　$L$——膨胀腔长度。

对于同一频率的噪声,消声量由 $M$ 决定。而最大消声量与频率的关系为:

$$\sin^2 KL = 1$$

$$\lambda = 4L$$

$$KL = \pi/2$$

设此时 $\lambda$ 对应的频率为 $f$,则当声波频率为 $f$、$3f$、$5f$…时也有最大的消声量。当声波

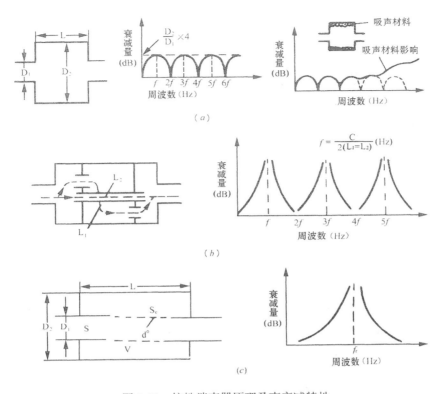

图 5-10　抗性消声器原理及声衰减特性

(a)膨胀性消声器;(b)干涉性消声器;(c)共振性消声器;

的频率为 $2f$、$4f$、$6f$…时则消声量为 0。膨胀腔式消声器对频率有上限要求,即 $f < 1.22C/D_2$,$D_2$ 为膨胀腔直径。

干涉性消声器是根据声波由于干涉而减弱的原理制成的。一般是在管道上装设一个旁通管,使一部分声能岔入该管。如岔管长度为 $L_1$,主管长度为 $L_2$,应有下列关系式:

当 $L_1 - L_2 = (2n+1)\lambda/2$ 时衰减最大。($L_1 - L_2 = (2n+1)\lambda/2, n = 1,2,3,\cdots$。)

抗性消声器一般消声频带很窄,适于低频的消声,而阻性消声器对中、高频效果较好,为了弥补两者的缺点,通常都做成阻抗复合式消声器。

(C)小孔和多孔扩散消声器　小孔和多孔扩散消声器是一种有源消声器,它的原理是气流通过这种消声器排出后,本身产生的噪声就很小,见图 5-11。

具体来说,小孔消声器是把原来的大排气口变为许多毫米级的小孔来排气,每个小孔的排气噪声的频率都很高,大部分声能在超声频范围内变成人不能听到的声音,这样,人能听到的声音便大大降低了,从而达到减噪声的作用。一般小孔消声器可以有 20dB 的减噪效果。多孔扩散消声器的机理可以分成两部分:一是每个微孔产生的可听声能量很小的小气流;一是无数小孔喷出的气流所混合成的大气流。经过多孔扩散后,混合气流的速度比原喷口出来的气流速度减少了。根据气流噪声与气流速度的 8 次方成正比的关系可知,气流速度降低了,噪声眼大大降低。所以,气流通过多孔扩散消声器得到充分的扩散,降低噪声 50 ～60dB 是可能的。

小孔和多孔扩散消声器的优点是结构简单,体积和重量都大大减小。

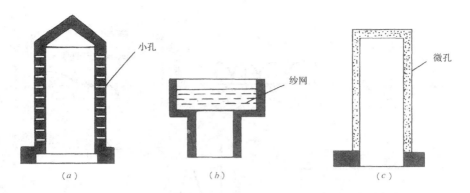

图 5-11　小孔和多孔扩散消声器

(a)小孔消声器；(b)纱网扩散器；(c)多孔(粉末金属或陶瓷)扩散器

(D)隔声障板　障板隔声是当前环境噪声控制中广泛采用的一种措施。它的原理见图 5-12 示。声与光一样，当声波遇到障板时会发生反射，并在障板后面形成声影区，可达到降低噪声的目的。障板隔声的效果同声源和接受点，障板的远近和障板的高度有关，我们可以根据它们的距离和声音的频率先算出菲涅耳数 $N$，然后从图 5-13 中的曲线查出衰减量(dB)：

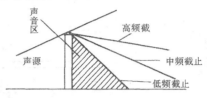

图 5-12　障板隔声原理

$$N = 2(A + B - D)/\lambda \quad (dB) \tag{5-21}$$

式中　$A$ ——为声源与障板顶端的距离；

$B$ ——为接受点与障板顶端的距离；

$D$ ——为声源与接受点的距离；

$\lambda$ ——为波长。

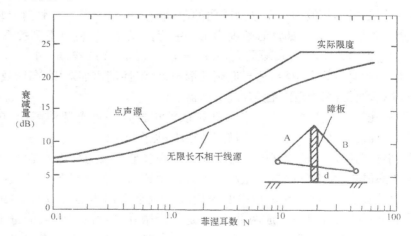

图 5-13　障板的声衰减曲线

障板声音衰减有一个限度，最多不超过计划 25dB。

(E)个人防护　在许多场合下，采取个人防护还是最有效、最经济的办法。个人防护用品有耳塞、耳罩、耳棉等。耳塞的平均隔声可达 20dB 以上，性能良好的耳罩可达 30dB。不同的护耳器能够提供的听力保护见表5-8。

护耳器的隔声值(dB)　　　　　　　　　　　表5-8

| 种 类 | 频　　　　　　　　　　　率 | | | | | | |
|---|---|---|---|---|---|---|---|
| | 125 | 150 | 500 | 1000 | 2000 | 4000 | 8000 |
| 耳　　塞 | 25±8 | 24±4 | 26±4 | 28±4 | 36±3 | 36±5 | 39±7 |
| 耳　　罩 | 12±2 | 21±2 | 29±3 | 40±4 | 40±4 | 41±5 | 38±5 |
| 耳塞加耳罩 | 33±4 | 42±5 | 46±7 | 41±5 | 52±5 | 56±5 | 45±5 |

除了上述方法外,绿化也有一定的效果。

### 5.2.2 振动的控制方法

对机械振动的根本治理方法是改变机械的结构,降低甚至消除振动的发生,但在实践中,往往很难做到这一点。因此,对于环境振动来说,采用隔振和阻尼减振措施是消除振动危害的主要方法。

1. 隔振

1)隔振的简单原理:振源在振动时,会产生一个激发力 $F = F_0\sin\omega t$ ,当振动源与地基之间是刚性连接时,这个激发力会全部传给地基,由地基向四周传播;如果将振动源与地基的连接变为弹性连接,由于弹簧装置的隔振作用,振源产生的激发力只有一小部分传给地基,因此减少了振动源对周围环境的影响。

衡量隔振效果好坏的物理量很多,工程上最常用的是传递系数 $T$(或称力的传递率)。传递系数是指隔振元件传递过去的力 $F_f$ 与总激发力 $F$ 的比值,即 $T = F_f/F$。$T$ 越小,说明通过隔振器传递过去的力越小,隔振效果就越好。因此,隔振理论的关键是计算传递系数 $T$。传递系数 $T$ 与振动系统的特性和隔振元件的特性有关。

2)常用隔振器:工程上常用的隔振材料有钢弹簧、橡胶、软木、毡类等,此外还有空气弹簧和液体弹簧。这里仅介绍使用最普遍的弹簧和橡胶隔振器。

(A)弹簧隔振器　弹簧隔振器的种类很多,最常用的是螺旋形和板条形两种,如图5-14所示。

弹簧隔振器的优点是可以承受较大负载;耐高温,耐油污;有较大的静态压缩量;有很低

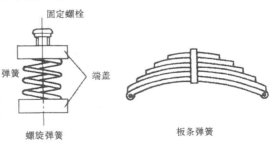

图 5-14　钢弹簧隔振器图

的固有频率(<5Hz)。缺点是本身阻尼太小,易传递高频振动,易在 150～350Hz 范围内产生自身共振而传递中频振动,常需附加粘滞阻尼器,或在其上涂一层橡胶,增加阻尼,制成复合阻尼器,以克服弹簧隔振器的缺点。鉴于钢弹簧的静态压缩较大时易使弹簧失去稳定的特点,因此为使隔振系统有足够的侧向稳定性,在实际使用时易采用短而粗的弹簧,或者在侧向配备缓冲装置。

螺旋形钢弹簧的轴向弹性系数 $K$ 可由下式计算:

$$K = Gd^4 n^{-1} D^{-3}/8 \tag{5-21}$$

式中 $G$ ——切变弹性模量，$G = 8 \times 10^{10} \text{N/m}^2$；

　　$d$ ——弹簧钢丝直径（m）；

　　$n$ ——弹簧有效圈数；

　　$D$ ——弹簧宽度，即螺旋的直径（m）。

钢弹簧的侧向弹簧系数 $K'$ 与轴向受压情况有关，进行隔振设计时，弹簧的 $K'/K$（记作$\alpha$）应保持在 $0.5 \sim 2$ 范围内，$\alpha$ 越小，表示弹簧的侧向稳定性越差。对于一定的 $\alpha$，弹簧的几何尺寸可按表 5-9 选取。

弹簧几何尺寸比例 表 5-9

| 几何尺寸比例 | α 值 | | | | | | | | | | | | | | | |
|---|---|---|---|---|---|---|---|---|---|---|---|---|---|---|---|---|
| | 0.5 | | | | 1.0 | | | | 1.5 | | | | 2.0 | | | |
| $X/H'$ | 0 | 0.2 | 0.4 | 0.6 | 0 | 0.2 | 0.4 | 0.6 | 0 | 0.2 | 0.4 | 0.6 | 0 | 0.2 | 0.4 | 0.6 |
| $H'/D$ | 2.50 | 1.90 | 1.55 | 1.35 | 1.45 | 1.25 | 1.10 | 1.00 | 1.00 | 0.90 | 0.76 | 0.70 | 0.65 | 0.60 | 0.50 | 0.45 |
| $H/D$ | 2.50 | 2.28 | 2.17 | 2.16 | 1.45 | 1.50 | 1.54 | 1.60 | 1.00 | 1.08 | 1.06 | 1.12 | 0.65 | 0.72 | 0.70 | 0.72 |

表中 $H$ 为自然状态时长度，$H'$ 为受压后处于平衡时的长度，$x$ 为静态压缩量，$x = H - H'$。安装弹簧隔振器时，应使各弹簧在同一平面上分布均匀对称，使受压均衡。当荷载不均匀对称时，重心一定要落在弹簧的几何中心，使机器的重心尽量降低，以保证整个系统的稳定性。

压缩型

剪切型

压缩剪切型

图 5-15　橡胶隔振器

（B）橡胶隔振器　橡胶隔振器是选用一定硬度的橡胶材料制成合适的形状，粘结在金属附件上构成的。根据受力状况，可分为压缩型、剪切型和压缩剪切复合型，如图 5-15 所示。

橡胶隔振器的优点是：形状可自由选择；阻尼比较大，不会产生共振激增现象；弹性系数可通过改变橡胶配方和结构进行控制。缺点是：不耐油污，不适于高温和低温下使用，易老化；对具有较低干扰频率和重量特别大的设备不适用。

橡胶隔振器设计主要是确定材料的厚度和面积。材料的厚度用下式计算：

$$h = x E_d / \sigma \tag{5-22}$$

式中 $h$ ——材料厚度（cm）；

　　$x$ ——橡胶的最大静态压缩量（cm）；

　　$E_d$ ——橡胶的动态弹性模量（MPa）；

　　$\sigma$ ——橡胶的允许负载（MPa）。

所需面积用下式计算：

$$S = P / \sigma \tag{5-23}$$

式中 $S$ ——橡胶支承面积（cm²）；

　　$P$ ——设备重量（kg）。

橡胶隔振器国内有系列产品,可根据需要选用。

几种橡胶的有关参数 表 5-10

| 材料名称 | 许可应力 $\sigma$(kg/cm²) | 动态弹性模量(kg/cm²) | $E_d/\sigma$ |
|---|---|---|---|
| 软橡胶 | 1~2 | 50 | 25~50 |
| 较硬的橡胶 | 3~4 | 200~250 | 50~83 |
| 有槽缝或圆孔橡胶 | 2~2.5 | 40~50 | 18~25 |
| 海绵状橡胶 | 0.2 | 30 | 100 |

3)阻尼减振:现代汽车、轮船和飞机等交通工具的外壳以及机器的外罩和风管等金属结构,大都要求轻而薄,这就特别容易发生弯曲振动,从表面辐射出噪声。为了有效地抑制薄板的振动,需要贴上或喷上一层内摩擦阻力较大的材料,如沥青、软橡胶或其它高分子涂料配置而成的阻尼浆。这种措施称为振动的阻尼。

(A)振动阻尼的原理:阻尼材料之所以减弱振动是基于材料的内摩擦原理。当涂有阻尼材料的金属薄板作弯曲振动时,振动能量迅速传递给阻尼材料,由于阻尼材料忽而被拉伸,忽而被压缩,因而使阻尼材料内部分子产生相对位移,产生相对摩擦,使振动的能量转换为热能而被消耗掉。

(B)阻尼系数:衡量材料阻尼大小的物理量通常以阻尼系数(或称损耗系数)$\eta$ 表示。它表示物体将振动能量转化为热能的本领。阻尼系数愈大,吸收振动的能力就愈强。大多数金属材料的阻尼系数在 $10^{-5} \sim 10^{-4}$ 之间。木材为 $10^{-2}$,软橡胶为 $10^{-2} \sim 10^{-1}$。作为阻尼材料,其阻尼系数至少要在 $10^{-2}$ 数量级范围。由于制作配方成分不一,所以阻尼系数变化很大。表 5-11 是几种国产阻尼材料的阻尼系数值。

几种国产阻尼材料的阻尼系数 表 5-11

| 名 称 | 厚度(mm) | 阻尼系数 | 名 称 | 厚度(mm) | 阻尼系数 |
|---|---|---|---|---|---|
| 石棉漆 | 3 | $3.5 \times 10^{-2}$ | 硅石阻尼浆 | 4 | $1.4 \times 10^{-2}$ |
| 石棉沥青膏 | 2.5 | $1.1 \times 10^{-2}$ | 聚氯乙烯胶泥 | 3 | $9.3 \times 10^{-2}$ |
| 软木纸板 | 1.5 | $3.0 \times 10^{-2}$ | | | |

我国研制的 #42-9 涂料,在管径为 140mm,壁厚为 1mm 的薄钢板管道中进行试验。当涂层厚为 2mm 时,能使管道的噪声级从 99.5dB(A)降低到 92dB(A),降噪效果较为明显。这些阻尼涂料用于汽车、火车、轮船上都获得较好的减振降噪效果。

## 复 习 思 考 题

1. 噪声与振动有什么异同?噪声及振动的危害有哪些?

2. 试说明声强、声压、声功率有何不同?

3. 什么叫响度?什么叫等响曲线?

4. 振动的"感觉阈"与"极限阈"有何不同?

5. 噪声控制的方法有哪些?振动控制的方法有哪些?

6. 常用吸声材料及结构有哪些?

7. 消声器主要原理是什么?主要有哪几种形式?

8. 隔振的原理是什么?常用隔振器有哪些?

9. 阻尼减振的原理是什么?

# 第6章 土地资源的利用与保护

## 6.1 土地与土地资源

### 6.1.1 基本概念

1.土地

众所周知,土地是人类赖以生存的物质基础。通常人们把土地称做地面,这是最简单的概念。但要给土地下一个严格的定义却不是一件容易的事,因为不同时期、不同的人对土地都有着不同的看法和理解。

英国经济学家 Mashall 认为:"土地是大自然无偿赠于人类的,以陆地、水、空气、光、热等形式存在的物质和力量。"澳大利亚学者 Chrestin 等人在其所著的《综合考察方法论》中曾指出:"土地一词是指地表及所有它对人类生存和成就的重要特征"。"必须考虑土地是地表上的一个立体垂直剖面,从空中环境直到地下的地质层,并包括动植物群体以及过去和现在与土地联系的人类活动"。

1972 年在荷兰召开的土地评价专家会议上,给土地下的定义是:"土地包含地球特定地域表面及其以上和以下的大气、土壤及基础地质、水文和植物。它还包含这一地域范围内过去和目前的人类活动的种种结果,以及动物就它们对目前和未来人类利用土地所施加的重要影响。"这一定义影响最为广泛,已被写进联合国粮农组织 1976 年编写的《土地评价纲要》。

从地理学角度看,土地并不只是土,土地是地球表面一定的地域。地域与区域不同,它没有严格的定义,泛指一定的空间。地理学所谓的土地既包括地表的物质组成(土壤、砂石等),也包括地层上面的大气圈、生物圈和地形地质、流水活动(水文),以及地面下的基岩。另外还包括人类建设的一些永久性的建筑物,如居民点、道路、渠道、防护林带、堤防等等,这些是土地中人工的组成部分,和土地不可分割。因此,广义的土地也应当把它们包括在内。由此可见,土地是一个立体的实体,而不能理解为只是个平面。土地的水平范围包括陆地、内陆水域和滩涂,垂直范围取决于土地利用的空间范围。若从农业考虑,是土壤母质层到植被冠层;若从工矿土地利用出发,则是地下的岩石层到地上建筑物的顶部。

综上所述,土地是自然界与人类活动综合作用的产物。从其形成的过程来看,它是受地形、土壤、植被、岩石、水文、气候、人类活动等综合影响的自然-历史综合体;从其物质组成的成分来看,它是由土壤、生物、水分、空气、岩石等构成,占据着三度空间;在其发展演替过程中,贯穿着物质交换与能量传递,土地的各种物质组成成分受土地形成与分离因素的制约,相互作用构成一个具有耗散结构的物质系统。由于土地含义的广泛性,人们在进行土地利用规划时,已趋向于用景观一词代替土地。简单地说,景观是位于大气圈底部陆地表面自然和人文特征的总和,包括土地的空间特征、结构特点、物质组成和动力作用。

2.土地资源

所谓资源,特别是自然资源,是指在一定时间、地点的条件下能够产生经济价值、以提高人类当前和将来福利的自然环境因素和条件。可以看出,在某种程度上说,环境与资源是一个东西,环境能被人们利用的部分便叫它资源。因此,土地资源是指在一定技术条件下、一定时间内能够为人类利用的土地。土地资源的概念包括自然属性和社会属性两个方面。从自然属性来看,土地资源是在陆地表面的一定范围内,由地质、地貌、气候、水文、土壤、植被等自然要素所组成的,并在这些因素长期相互作用、相互影响下形成的自然综合体,同时也受到现在和过去人类经济活动的影响;从社会属性来看,土地资源是一定的社会财富,受人类利用和控制,特别是具有可供人类发展农业生产利用的再生产的经济特征,这种再生产的经济特征,往往随着社会经济条件的差异而有所不同,但对土地资源的特性和经济效益的影响却是极其深刻的。因此,土地资源是一个综合自然经济地理概念。广义的土地资源,既包括人类能够利用的固体陆地表面,也包括可供人类利用的陆地水体。

土地资源是人类生活和从事生产建设的必需场所,也是人类赖以生存的物质基础。土地作为一种综合性资源,在人类生态系统中发挥着重要的作用。随着人口的增加和生产的发展,要求人类充分而合理地利用土地资源;而社会的发展和科学的进步,也不断地为发掘土地资源的生产潜力开辟着新的前景。

### 6.1.2 土地的特性

作为自然资源的土地具有以下独特的性质:

#### 1. 面积的有限性

现在的陆地表面是漫长的地质历史时期多次的造陆运动和复杂的地貌过程等所形成的。在人类历史时期,地球陆地表面面积不会有大的变化。因此,土地的面积(土地资源的数量)是有限的。在不合理利用的情况下,土地资源还会产生退化,甚至达到无法利用的地步,从而会减少土地资源的利用面积。目前,人口在不断地增加,人类生活的需求也在不断地增长,土地受到的压力也越来越大,土地资源面临越来越严重的不足和恶化的威胁,这就要求人们更加科学地、合理地、集约地利用和保护土地资源,来补偿土地面积的有限性。

#### 2. 位置的固定性

分布于地球各个不同位置的土地,几乎是固定在一定的纬度上,占有特定的地理空间。土地的自然要素组成与综合特征具有明显的地域性,它决定了土地资源的利用与改良要因地制宜。土地只能就地利用或开发,而不能被移至较有利的市场去加以利用。每块土地受制于其所在的地理环境条件或空间经济关系,便形成了土地的区位,土地开发利用要重视发挥优位效应(最佳区位效益)。

#### 3. 经济性

土地作为一种自然资源,其本质在于它的经济价值。首先,土地生长万物,特别是能够生产人类所需的动植物产品,是农业生产的劳动对象和不可缺少的生产资料。其次,土地是第二、第三产业的活动场所和建筑基础,没有土地,这些经济活动是不可能展开的。第三,土地具有提供原料的功能,土地不仅以其肥力成为一切农作物吸收营养的主要源泉,而且是农作物正常发育所不可缺少的水分、养分、土壤空气和热量的供应者、调节者;在矿区、砖场、盐田,它也是作为原料地而发挥作用的,在矿产用地评价中,土地自身的岩石类型、矿物组成、矿产的品位、埋深、储量大小等都是土地质量高低的评价指标。此外,某些土地,或因其环境特殊,存在有古老的生物;或拥有秀美的自然风光,具有保护区价值,或是供人们观赏、旅游、休养的好场所,即具有保护性和观赏性功能。土地资源的这些功能,在实际土地利用中可能是多项兼有,也可能只具有一项。

4．生态性

生态学研究表明,土地既是生态系统的载体,又是生态系统的组成部分,甚至有的学者把广义的土地概念与环境、生态等概念等同起来。在土地生态系统中进行着复杂的物质循环和能量转换,各种现象和过程的复杂相互作用才形成土地近乎稳定的状态——生态平衡。任何一个环节失调都可能破坏这种平衡,因此在开发利用土地资源时,只有符合生态规律,才能产生积极而长远的效果。

### 6.1.3 土地景观的形态和功能

1．土地景观的形成

形成土地的主要动力是波浪、风、冰川和地表流水等,而以流水最为重要。径流的作用(以从陆地侵蚀掉的物质总量进行测量)远远超过其他所有作用的总合,即使在干旱环境也不例外。地形分异所形成的各种自然地带和栖息地也是开始于流水对地表的雕凿。在地形的塑造过程中,形成了不同湿度的环境,如潮湿的河谷平原、中等湿度的山坡和干燥的山脊顶部。这又进一步产生了不同的植物栖息地以及不同的水分条件、植被和土体。因此,当我们要了解土地景观的基本特征时,应从地形和排水开始。

由于地形代表了基本的形态－功能(form－function)(或作用)关系,所以我们就能够从观察到的形态特征推断作用于其中的过程。任何导致地形改变(如挖填平地、土地准备和植物改良)的土地利用规划和设计活动都会改变土地景观作用的方式。例如,对处于特定平衡状态的斜坡,若没有其他因素的相应调整,则任一要素的改变都将导致斜坡平衡状态的丧失,造成斜坡被侵蚀、沉积物在斜坡上堆积或者植物衰退。

2．临界稳定性的概念

土地景观在各种力的作用下是否稳定,一方面取决于力的强度,另一方面取决于景观抵抗力的大小。在大多数自然景观中,驱动力与抗力之间存在者一个平衡状态(state of balance)。只有当这一平衡被打破时,景观才会发生大的改变,如土地的大量侵蚀和斜坡的破坏。大多数景观能够抵抗多数事件作用而不破坏;但在某些地方,稳定性是由一个及其脆弱的平衡所维持的,该平衡取决于环境中一个特殊的成分,可称为敏感成分或因素。这一成分(比如陡坡上将土连接在一起的植物根系)起到景观中稳定核心的作用。若这一核心被削弱或破坏,景观便会在不大的事件力作用下而崩解。所以在评价场地时,找出那些对景观总体稳定性起关键作用的敏感因素是很重要的。

3．场地问题

任何工程和问题几乎总要涉及土地景观中称为场地或工程区的一定空间。从环境及其功能的观点看,传统意义上的场地空间与环境作用之间毫无关系,所以有着很大的局限性。另一方面,尽管我们常将场地看作是二维的平面,但事实上它是三维的。第三维(高和深)可使场地向上延伸进大气圈和向下进入地下。大气和地下现象与土地问题的相关性通常不及地表,但对地下水污染、空气质量和气候变化的关心越来越要求对这些现象进行认真地考虑。

此外,理解大气和地下是驱动地表过程的动力之源也是很重要的。例如地下水是河流的主要补给源,太阳辐射是地面热的主要来源。这些驱动力的变化直接或间接影响着地表作用,如径流、侵蚀、蒸发和光合作用等,而它们又进一步改变了地表环境的基本平衡,如斜坡稳定性、湿地动向、河流状况。

4. 场地的空间尺度

场地可按传统的方法根据其形态和特征以及它们的空间关系进行描述。但场地也可根据动力学(dynamics),即塑造这些形态和特征的作用进行描述。除流水、降雨、风和动物运动以外,这些作用是各种土地利用活动和它们的副产品(如噪声和空气污染)。每一种景观作用都是某个流动系统的一部分,可以用方向、速度、质量和力进行描述。

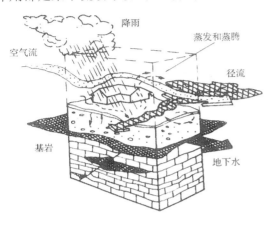

图 6-1 与场地有关的诸系统及其相关的流动模式

空气占据着场地的上层(upper level or tier)。中间层(middle tier)是土地景观,其上限是植物的盖层和建筑物的顶,下限是根系、建筑物和公用系统(图 6-1)。中间层是最活跃的景观层,其中有大量交换复杂的流动,这些流动大部分是水平的,但也有一些是垂直的。如水先以降雨垂直运动,然后侧向运动形成径流(runoff)。

场地的下层(lower tier)由土质盖层和下伏的基岩组成。仅就建筑物地基和排水的规划而言,必须对地下环境给予更多的注意,因为它含有地下水。地下水(groundwater)是地球上储量最大的淡水(液体)水源,但它今天却受到来自地表污染物和地下埋藏垃圾的广泛威胁。不象地表水可以很快地被从地面冲刷掉,地下水运动极其缓慢,它一旦被污染,污染物可能在其中保持几十年甚至数百年。

地下水在含水层中以每天几厘米的速率运动着。由于尺度很大,含水层几乎总是向场地之下延伸得很远(图 6-1)。因此,在场地的规划中,要了解场地位于含水层的哪一部分之上。

位于土质盖层之下的是地质学上的基岩(bedrock)区。在山区,基岩常穿透土层到达地表,在土地利用规划中我们常将这种情况视为地下稳定性的标志。但基岩在活动断层和多洞穴的石灰岩地区也可能是不稳定的。断层常沿断层带成群分布,地震可发生于断层带的任何地方。地震的破坏性受到其释放的能量大小、震源距地面的距离和距城市的距离的控制。在岩溶地区,关心的是地面塌陷和地下水流。诚然,并不是所有的石灰岩都有洞穴,但在有石灰岩的地区,如我国西南的广西、云南和贵州等地,在土地利用规划中必须确定塌陷地形和洞穴位置。

## 6.2　土地环境问题

### 6.2.1　斜坡问题及其防治

工业或商用建筑常须要平坦或缓倾的场地。由于机械耕作的需要,农田的坡度一般小于 10 度;非机械耕作的土地,其允许的坡度可大一些。斜坡和地形对现代道路修筑的影响取决于道路的等级,等级越高,所允许的最大坡度越小。高速公路常设计成高速不间断的,其坡度限制在 4%;城市街道的坡度可达 10%;而一般车道的坡度可达 15%。

除了影响土地利用外,斜坡还影响各种景观的环境构成。影响最大的是暴雨径流,径流速率在陡的斜坡上速度较高;在开发区,暴雨质量随径流速率的增加而下降;用于居民区污水处理的排污场的性能也随坡度的变陡而下降。总之,由于斜坡影响着景观和土地利用的许多方面,它已经成为规定社区开发最重要的2~3项环境标准之一。

1. 斜坡问题

土地利用中之所以要考虑斜坡问题,是因为人们已广泛地认识到,不仅土地利用有坡度限制,而且斜坡在现代土地开发中常被误用。斜坡的误用主要有两类:①将结构和设施置于不稳定或可能不稳定的斜坡上;②对稳定性斜坡的扰动导致了斜坡的破坏、侵蚀的加速和斜坡生态环境的衰退。斜坡环境的干扰毫无疑问是最常见的斜坡问题。有三类干扰比较显著:

1)开挖和回填　即用机械设备或人工方法改变斜坡的形态或物质组成,如将斜坡的坡度加陡、坡面修直,这些作用在矿区和高速公路沿线最为突出。这些过程都将破坏斜坡与自然界之间的平衡。

山坡的整平活动将大大改变自然景观及其坡地的特征。整平过程通常包括高地的切割或开挖以及低地的回填,或者亦挖亦填以形成许多平整的小块房屋用地。稳定性的基本要求是斜坡整平后要保持安全的角度,填土要进行适当的工程处理。使用较陡的坡度,如将坡地整平成1:1的角度(水平:垂直)而不是3:1,可以大大提高土地的利用深度;这种通过陡坡而获得的平坦空间可以增加次一级的土地数量,因此也就增加了对开发商的经济回报(图6-2)。这种经济利益的驱动无疑是将坡度切得太陡,导致大规模房屋开发区斜坡不稳定的主要原因。

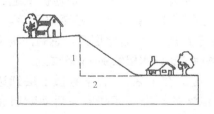

图6-2　山坡整平过程中所形成的不同坡度

在开挖和回填整平土地而造成的不稳定斜坡中,坡地破坏的形式是多种多样的:

(A)因填土下沉而造成的破坏。若不进行适当的压实和工程处理,下面的任何一种情况均会导致填土的下沉或完全破坏(图6-3)。

(a)未能除去植被、压缩性土或垃圾;

(b)成层设置的填土太厚,且没有进行适当的压实;

(c)填土中没有设置适当的地下排水措施而导致填土饱和。

(B)沿滑动面的破坏。这种情况可能因庭院浇水、游泳池水、化粪池水等而导致填土内的水分过多或外部的加载或震动等原因而产生。它可能发生于基岩上的土层中,也可能发生于基岩内部的斜向坡中(图6-4)。同样的破坏还会发生于施工场地后缘的切坡,那里的倾斜地层受到日光的照射或者已经暴露于空气之中。大量裂缝的形成是滑动的最重要警报之一。

(C)因强度不够而造成的破坏。即使下部岩层的倾向对于土地整平是有利的,因断层、侵入体、节理或某种结构上的缺陷也可能导致破坏，特别是斜坡被切成一个陡的坡角时。

2）森林砍伐　这一过程不仅因削弱植被的效果而使斜坡弱化，而且还因水流排泄速率的增加而增大了径流和地下水所产生的力。

3）不适当的选场和施工　建筑物及其相关设施在场地选择和施工方法上的不当而导致植被、斜坡物质和排水条件的改变，从而导致斜坡平衡的破坏。

2. 斜坡的陡度和形态

除了土地利用要求外，我们还必须知道斜坡是由什么样的岩土材料所组成的，以便准确了解不同倾角的意义。对于任何一种地球材料，都有一个称之为休止角（angle of repose）的最大倾角，处于该角度时土坡稳定，超过此角土坡便破坏。不同材料的休止角变化很大，可从 90 度（坚硬基岩）到不足 10 度（某些未固结材料）。在未固结材料中，休止角还随含水量、植被覆盖和土体的内部结构变化而发生很大变化。对于黏土物质尤其如此，固结差的饱和黏土可能在不到 5% 的角度时便破坏；而同样的黏土若高度压密且含水量较低，则其保持的角度可大于 100%。粒状材料如砂、砾石、卵石、漂石和基岩，其休止角受压实性和含水量的影响较少。所以，对它们能够给出代表性的休止角（图 6-5），超过这些角度，它们便易受到地面破裂和滑移、滑塌或崩塌的威胁。

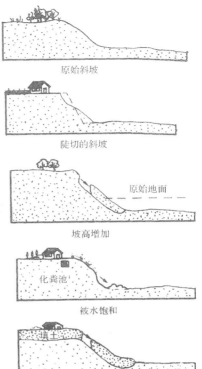

图 6-3　稳定斜坡因切坡而不稳的若干情况

植物对斜坡的影响变化很大，这取决于植物的类型、覆盖密度和土的类型。根系发育的植物无疑会增加黏土、粉土、砂和砾石组成的斜坡的稳定性；但对于卵石、漂石和基岩这类很粗的材料，植物的影响可能是不大的。砂坡上若生长茂密的植物可将其休止角提高 10～15 度，形成一个亚稳定或临界状况。此时，斜坡上盖层的丧失几乎无疑会触发破坏。

图 6-4　斜向坡的破坏

除了总的角度外，形状或形态也是斜坡分析的一个重要因素。形态在图形上可用斜坡剖面表示。在等高线图上可识别出 5 种基本的斜坡形态，即直线形、S 形、凹形、凸形和复合形。要理解土地利用规划和景观管理问题中的这些形态，需要了解局部的地质、土、水文和植物的条件。在斜坡由未固结的松散沉积物组成的地区，基岩位于地下深处，坡形常随植物盖层、土的组成以及现在和过去的事件（如河流下切、人工开挖、地震引起的滑坡和森林砍伐引起的侵蚀）而变化。

光滑的 S 形坡常表示一种长期的斜坡稳定和斜坡各力间的平衡状态。这些斜坡很少超

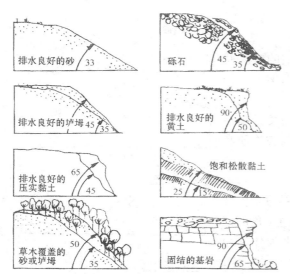

图 6-5　各种类型斜坡材料的休止角

过 45 度倾角,而且常因被茂密的植物覆盖而不会遭受严重的侵蚀。直线或 S 形坡上的凹入则是滑移或滑塌破坏的标志。

3.斜坡稳定性评价

在评价斜坡发生破坏的敏感性时,应该考虑多种标准。最重要的是斜坡的倾角、物质组成以及斜坡活动的历史。有失稳记录的陡坡,在开发时很容易产生破坏,因为施工活动、植物的清除以及排水的改变都会降低其稳定性阈值。若斜坡内有不稳定(或高侵蚀性)的岩层或沉积层,则破坏的可能性更大。

植物盖层是另一个重要的标准,因为无植物的斜坡比完全布满植物斜坡的破坏可能性大得多。研究表明,新开挖的坡在大的降雨应力作用下比完全被森林覆盖而未受干扰斜坡的破坏频率大。特别有意义的是,处于临界稳定状态的斜坡,若没有特定的成分(如植物)将它们束缚住,这些斜坡则是不稳定的。

斜坡掏蚀和地震活动也是重要的。坡脚因波浪、河流或人类开挖而引起的侵蚀作用,会使斜坡下部坡度变陡和围限压力减小,因此会增加斜坡破坏危险性;地震震动会导致岩石和土的粒间连结力削弱,材料抵抗破坏的能力下降,斜坡的某些灾难性破坏就是由地震触发的。

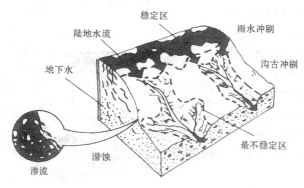

图 6-6　排水对斜坡稳定性的影响示意

最后必须考虑水流的排泄对斜坡稳定性所产生的显著地影响:①水加入黏土后会将土从固态变到塑性和液性状态,因此减小了它们的抗滑力;②地下水渗流会通过掏蚀和管涌对斜坡进行潜蚀;③近渗流区的孔隙水压力会削弱斜坡内土骨架的强度(图 6-6)。

4.斜坡的加固

我们在进行土地开发的过程中会诱发或加速斜坡的运动或破坏,我们也同样有能力减少斜坡破坏的可能性以及对滑坡进行加固。用于防止滑坡滑动和斜坡加固的方法很多,但归纳起来包括三大方面:

1)避开有问题的斜坡区　选择场址时,通过收集资料、调查访问和现场踏勘,查明是否有滑坡存在,并对场址的整体稳定性作出判断,对场址有直接危害的大、中型滑坡应避开为宜。

2)减少下滑力　斜坡排水是最常用的方法之一,这一方法可能也是增加斜坡稳定性最有效和最廉价的方法。排水不仅能减少滑体的重量,而且能提高斜坡土层的强度。消除或减轻地表水和地下水对斜坡危害的方法主要有：

（A）截　在滑坡可能发展的边界 5m 以外的稳定地段设置环形截水沟，以拦截和旁引滑坡范围外的地表水和地下水，使之不进入滑坡区；

（B）排　在滑坡区内充分利用自然沟谷，布置成树枝状排水系统，或修筑盲沟、支撑盲沟和布置垂直孔群及水平孔群等排除滑坡范围内的地表水和地下水；

（C）护　在滑坡体上种植草皮或在滑坡上游严重冲刷地段修筑"丁"坝，改变水流流向和在滑坡前缘抛石、铺石笼等以防止地表水对滑坡坡面的冲刷或河水对滑坡坡脚的冲刷；

（D）填　用黏土填塞滑坡体上的裂缝，防止地表水渗入滑坡体内。

3）增加抗滑力　使用支挡结构可能是仅次于排水控制的常用滑坡治理措施，这些结构支挡于斜坡的坡脚，对小型浅层滑坡是极为有效的(图 6-7)。

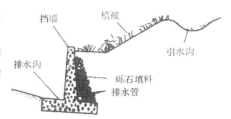

图 6-7　挡土墙的横断面

### 6.2.2　土和土地环境问题

土地环境问题与一些特定环境条件密切有关，而其中由土地性质的变化所产生的问题极为普遍。某些土的特殊的自然性质会对土地的利用甚至产生严重的影响和限制。因而，在土地的开发利用规划中，如能预先了解土地的性质或所潜在的有害于其利用的土性条件，则可采取有效的预防措施。

目前，人们对岩土的性质较为关注，原因之一是填埋、深埋或深井灌注作为固体废弃物处理处置方法已受到日益关注。而在选择具有合理、满足固体废弃物处置的场地时，对岩土条件的要求往往是极为严格的，需要对土、地形和地质以及排水等条件进行深入的监测和评价(见第 4 章有关内容)。

此外，随着社会经济的不断发展，城市建设规模的不断扩大，用地变得越来越紧张。随着居民区、工业及其他开发项目(如桥梁建设、道路建设等)的建设速度的加快。因而，为从技术上选择合适于开发建设项目的场地，对土，尤其是岩土特性的了解的重要性变得越来越明显。

1. 土的成分和结构

在描述涉及土地开发问题的岩土性质时，成分和结构最有意义，因为我们可以据此推断土的承载力、内部排水性、侵蚀性和斜坡稳定性等。

1）土的成分：成分是指组成土的物质。土的成分主要有 4 种，即矿物颗粒、有机质、水和气。矿物颗粒占据土的体积的 50%～80%，是土的最重要的骨架结构。这一结构由互相依靠的颗粒组成，使土能够支撑自身的质量和土内物质(如水)以及上覆景观(包括建筑物)的质量。砂和砾石的稳定性最好，若相互堆叠紧密，它们可提供相当高的承载力。承载力(bearing capacity)是指土抵抗重物(如建筑物的基础)贯入的能力。黏土的稳定性多变，湿而松散的颗粒体在重量作用下容易压缩和侧向滑移(表 6-1)。

土中有机物质 (organic matter) 的含量变化很大，有机颗粒通常提供弱的骨架结构，其承载力很差。有机物质在路基和基础下易受压缩和发生差异沉降；排水时，会产生显著的体积减小、分解和易受风蚀。有机土埋深较大（如 5～6m 或更深）时，对土地利用极为不利。

| 岩 土 材 料 | | | 允许承载力值(t/psf) |
|---|---|---|---|
| 1 | 岩 石 | 块状结晶岩,如花岗岩、片麻岩 | 100 |
| 2 | | 变质岩,如片岩、板岩 | 40 |
| 3 | | 沉积岩,如页岩、砂岩 | 15 |
| 4 | 土 | 压实良好的砂和砾石 | 10 |
| 5 | | 压实的砾石、砂/砾石混合物 | 6 |
| 6 | | 松散的砾石、压实的粗砂 | 4 |
| 7 | | 松散的粗砂、松散的砂/砾石混合物、密实的细砂、湿的粗砂 | 3 |
| 8 | | 松散的细砂、湿的细砂 | 2 |
| 9 | | 硬黏土(干的) | 4 |
| 10 | | 中硬黏土 | 2 |
| 11 | | 软黏土 | 1 |
| 12 | | 填土、有机物质、粉土 | (由现场测试确定) |

2)土的结构:土中矿物颗粒的大小变化极大,从显微黏土颗粒到大砾石。但含量最多的颗粒是砂、粉土和黏土,它们是土结构研究的核心。结构(texture)是描述土样颗粒组成大小的术语。为了测量土的结构,砂、粉土和黏土颗粒被分出并称重。每一粒组的重量用土样重的百分比表示。

由于土中所有颗粒不可能都是砂、粉土或黏土等某一种粒级组成,因此需要其他的术语描述它们的各种组合。土科学家用 12 个基本术语描述土的结构。位于中间的是垆姆(loam)级土,它是砂、粉土和黏土的均匀混合物。典型的垆姆级土由 40% 的砂、40% 的粉土和 20% 的黏土组成。若砂的含量略高,如占 50%,黏土的含量为 10%,粉土的含量为 40%,则这种土可称之为砂质垆姆(sandy loam)。在农学上,结构的名称和相关的百分数以三角形形式给出(图 6-8)。若知道土样中颗粒级配,便可用该图确定土名。

2. 土中水分和排水

土的含水量随颗粒大小、局部排泄和地形以及气候等而变化。土中的大部分水占据着土粒

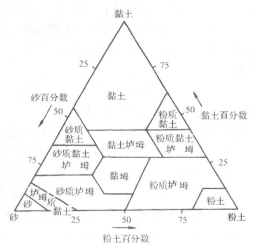

图 6-8　土结构三角形

间的空隙;只有在有机土和某些黏土中,颗粒本身吸附着大量的水。水在矿物土和有机土中有两种主要的形态:毛细水和重力水。毛细水是一种分子水,因为毛细水在土中是由水分子的粘结力而束缚在一起的。在这种力的作用下,水分子是运动的,它可以从土中湿的地方移

动到干的地方。夏季大多数毛细水向表土转移,而使水蒸发和蒸腾损失掉。

重力水是在重力作用下移动的液态水。它的运动几乎总是向下的,它在地面以下的土和基岩中聚集形成地下水。地下水完全充填粒间空隙,地下水面以下的土中没有空气。

排水通常指重力水以及土将重力水向下传递的能力,其可用三个指标加以描述:①渗透能力(infiltration capacity)—水深入土表面的速率;②透水性(permeability)—土中水通过一定体积材料的速率;③渗漏(percolation)—土坑或管中水被土吸收的速率。排水不良意味着,土经常或永久地处于饱和状态,其上可能经常有水积存。排水良好意味着,重力水容易在土中传输,土不易长时间饱和。土饱和是因为地表水的局部积累(如洪水或径流进入低地),或土体内地下水位的上升(如水库的修建或灌溉用水过量),或土颗粒太小不能传输渗透水(因为土中的不透水层或粘性土的组成)。

3.土、地形和地貌

几乎所有的土都是由某种地貌作用沉积下来的沉积物,如风、冰川融水、海洋波浪、河流洪水和滑坡(图 6-9)。这些沉积物的表层会被气候、植物、地面排水和土地利用等的作用而改变。由于沉积物的类型(如砂、岩块、海洋黏土或风蚀粉土)、生物气候条件和局部排水情况的不同,这些作用最终将形成复杂的介质,其深约 1~2m,称为土壤或土壤层。但土壤层之下的大部分沉积物保留着其形成过程中所赋予的基本特性。这一事实在土地开发问题中特别有意义,因为建筑物的地基、地下室、路基、切坡等都建在或位于这些材料之中。

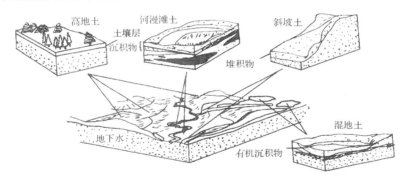

图 6-9  形成土的沉积背景及常见物源:湿地、斜坡、河漫滩和风积物

地貌学家已经提出了一个与各种类型沉积物有关的基本地形分类,这使得可以根据图建立地形与土之间相关关系的作法都必须认识到地理尺度上的限制。尺度太大和太小均不能获得满意的结果,在单个地形特征尺度上,如河漫滩、沙丘或冲积平原,相关关系用于土地规划可能是相当好的(图 6-10)。表 6-2 列出了许多地形特征与土的成分和排水情况间的关系。

地貌形态与沉积物特征之间存在着一定的关系,称为地形序列(toposequences),它的识别可以获得场地土性的有用信息。如在冲积扇中,从扇顶到扇脚,土结构由粗变细;冲积扇结构复杂,由许多层状沉积物组成,其中的一些层是饱和的,对房屋不利。另一类沉积物,如倒石堆由岩石碎屑组成,与冲积扇相反,它的颗粒向坡下变粗,排水在各层均很好。在植物覆盖的山坡上,地形序列通常更精细。特别是表土将随斜坡的陡度而变化,由于斜坡中段倾角最大,径流冲刷掉了大部分的有机腐殖物,此处土层发育最差;近坡脚处,因径流变缓和有机物质的沉积,表土变厚(图 6-11)。

地 形 与 土

表 6-2

| 地形特征 | 物 质 组 成 | 排 水 情 况 |
|---|---|---|
| 冲积扇 | 复杂:砂、粉土、含砾石的黏土,层理发育、显著各向异性 | 多变:上部排水好、下部排水差(因为地下水渗透) |
| 旱谷 | 复杂:粉土、砂及河谷及河床中的砾石 | 差;受季节洪水和山洪的影响 |
| 障壁滩 | 砂和砾石 | 好,但潜水面在地面的若干米内 |
| 海滩 | 多边:典型的砂和砾石,但也可能是黏土质和粉土质或基岩和岩块 | 砂良好,但潜水面在地面的若干米内 |
| 滩脊 | 主要是砂,但会有少部分的砾石 | 很好,特别是位置高者 |
| 沼泽 | 有机物质(污泥、泥炭),含部分矿物黏土 | 很差 |
| 单面山 | 基岩部分有薄土覆盖,山坡有岩屑堆 | 好,但地下水常沿山脚渗透 |
| 沙洲 | 砂和砾石 | 好,但潜水面在地面的若干米内 |
| 三角洲 | 复杂:通常是黏土、粉土和砂,局部有层状有机物质富集 | 很差到差;地下水位高;常受洪水作用 |
| 鼓丘 | 黏土质,常有大漂石之类的粗粒成分混于其中 | 好到差 |
| 蛇丘 | 蛇形脊状成层的砂和砾石混合物 | 很好 |
| 河漫滩 | 复杂:各种土,还可能含有机质;各种层状河床沉积,有少量的洪积和崩积沉积物 | 差到很差;易受高地下水位和洪水的影响 |
| 冰碛 | 通常是砂、粉土和黏土的混合物,但成分也可能高度变化,从压实的黏土到砂、砾石、卵石、漂石;起伏和缓 | 好到差 |
| 冰砾阜 | 锥形丘状成层砂和砾石 | 很好 |
| 湖成平原 | 黏性土,局部有湖滩砂和砂丘砂的富集 | 差到中等 |
| 湖成阶地 | 常为砂和砾石,但也可能是基岩或黏土和粉土 | 很好到好 |
| 天然堤 | 位于河漫滩上的砂、粉土和黏土沉积物 | 差;但较临近的河漫滩稍好 |
| 湿地 | 有机物质(污泥、泥炭),含部分矿物黏土 | 很差 |
| 外冲平原 | 砂质 | 一般很好,但局部地下水位高 |
| 麓原 | 基岩上薄层的砂和砾石 | 好,但渗透性差 |
| 河流阶地 | 多变;层状黏土、粉土和砂 | 很好到中等 |
| 沙丘 | 纯砂 | 很好 |
| 岩屑堆坡 | 砾石和块石(倾斜30－40度) | 很好 |
| 沙嘴 | 砂和砾石 | 好,潜水面常在地面以下数米内 |
| 湿地 | 有机物质(污泥、泥炭),含部分矿物黏土 | 很差 |
| 岩屑堆坡 | 板状、片状和块状岩石 | 很好 |
| 潮坪 | 砂、粉土和黏土,局部有有机物质富集 | 很差 |
| 冰碛平原 | 通常是砂、粉土和黏土的混合物,但成分也可能高度变化,从压实的黏土到砂、砾石、卵石、漂石(通常起伏和缓) | 好到差 |

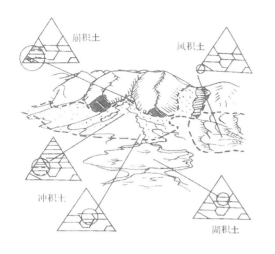

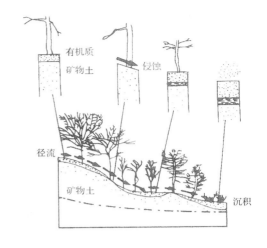

图 6-10　土与地形之关系

图 6-11　土性变化与地形序列关系的典型示例

4.不良土性条件及其防治

1)膨胀土:膨胀土是吸水膨胀、失水收缩的特殊土,由于它会产生一系列的土地问题。在美国,每年因膨胀土造成的房屋损坏达 70 亿美元,超过地震、洪水、飓风和龙卷风产生的损失之和。膨胀土所造成的建筑物损坏可以从使灰浆层产生小裂缝到使大型结构单元(如基础和挡墙)产生无法修复的位移。公路、机场和公用设施也会受其影响。据信,1937 年新伦敦德克萨斯学校所发生的导致 296 名学生死亡的灾难,就是因膨胀土使煤气管变形,进而导致煤气泄漏和爆炸的。

水分具有从较热的土体向较冷的土体迁移的趋向。在温热气候下,建筑物或道路将遮盖其下的土而使其冷却,不透水的上部结构使得水分无法蒸发,从而导致黏土中含水量的增加。由此而产生的体积膨胀最终将导致房屋下地面的隆起及墙板的开裂(图 6-12)和道路的变形。不仅如此,这一结果的发生几乎不受建筑物或板的重量的影响,因为某些土体可产生非常巨大的膨胀压力。

(a)　　　　　　　　　　(b)　　　　　　　　　　(c)

图 6-12　膨胀土问题的例子

(A)人类活动对膨胀土的影响　人类活动很容易打破地球上部土层中的平衡,改变地表或近地表水的分布。每年在膨胀土上新修建的房屋超过 250000 家,其中的 10% 将产生严重的破坏。土体积只要增加 3% 便会产生危害,从而必须采取特殊的设计措施。这些问题在干旱、半干旱地区显得更为严重。

最常见的问题出现在设置不透水屏障时,如基础底板、院落、走道、路面。这些板或面若在雨季浇注,水分便被圈闭其中。干季时,周围水分的损失便产生收缩,从而导致板缘的沉降和开裂(图6-12b)。若板在旱季浇注,水将在随后的雨季渗入周围的地下,从而产生膨胀和隆起(图6-12a)。两种情况均会造成薄或强度低之底板的开裂。

人类在使用土地的过程中会改变地表的排水条件,这会影响水的渗透并最终导致土的收缩和膨胀。房屋边的水塘(因排水不良或结构的不良地形定位)会导致局部的显著膨胀。大量的浇水、集中的屋面排水甚至是大树集中的地方(旱季吸收大量的水分)都会使土的体积产生局部的变化,从而导致建筑物的损坏。重塑土或压实土的膨胀性大大高于原状土。支撑于原地土和填土上的建筑物常会受到差异膨胀和收缩的影响(图6-12c)。

(B)膨胀土的防治 减轻或消除膨胀土上建设问题的最廉价和实用的方法通常是另选场址。但也有许多设计上的措施可供采用(图6-13)。木结构之类的柔性结构对膨胀土的损坏最不敏感。混凝土板则需用钢筋予以加强,特别是房屋的关键部位(如门)。对于环形基础,应在结构下设置适当的通道以便于蒸发。

基础加筋且通风良好　　　　　膨胀土被置换　　　　　桩基嵌入非膨胀土

图6-13　膨胀土问题的解决办法示例

稍贵些的方法是将膨胀土挖掉,用砂或非膨胀的填土回填。砂层还可通过提供蒸发屏障使下部土层中的水分不发生变化。在道路修筑过程中,常在下部土层中加入水解石灰、水泥和各种有机化合物,以改良膨胀土的性质。当膨胀土层很厚、建筑物重而大时,可用桩基或墩将建筑物的荷载传至较深的非膨胀土层(图6-13)。

也许最廉价和最容易的方法是那些将水从地面或拟建建筑物排开的方法。道路路肩要进行适当排水;屋顶排水应将其引到基础以外;避免对临近建筑物的景观和排水不良地面过量浇水。

尽管这些问题土分布广泛,但对于有经验的观察者,表明其存在的现象还是明显的。膨胀土的早期识别可通过建筑物的结构调整、改变土地的现有条件或选择更合适的场地。

2)砂土液化:近20年来,人们发现,固体地面在许多情况下会变软。支撑一座高耸办公楼或城市商业中心的地基土会在不太强烈的非破坏性地震作用下而变成流体,从此失去全部的承载力。其上的一切(房屋、企业、桥梁等)会像流砂上的马一样滑动或下沉;地下结构则可能会浮出地面。

(A)液化的产生 液化发生于松散、饱水粒状材料的强度降低,而这通常是由于大地震时震动所造成的固体颗粒悬浮。可通过考虑地面下某深度处的一个饱水砂样来分析液化过程。该砂样受到一上覆土体所产生的压力(称之为正应力)。该应力部分由砂粒间的接触承担,称之为有效应力;其余应力由水承担,称为中性应力。于是,上覆土体的重量实际上由孔隙压力以浮力的形式所支撑,该压力会将土颗粒轻轻地推开。

当地震震动时,饱水砂体受到其他力的作用。于是颗粒进行内部重新调整,全部荷载由水所承担。由此而产生一个将颗粒推开的孔隙压力增量。在此过程中,所有的粒间连接丧失,砂土液化。该现象本身没有特别的灾害,只有当液化砂体横向扩展、向坡下运动或不再支撑上部结构时,灾害才会发生。

(B)液化的防治　一个地区发生液化的可能性既可进行一般性的评价,也可通过复杂的室内试验而进行较精确的测试。对于单一居家的小型建筑,两种方法的详细调查通常都无须进行。但当在可能液化地区建造大型建筑物或进行大规模开发之前,则应做上述的调查。

如果某一场地发生液化的可能性较高,其解决办法可以从放弃这一场地、或减小场地破坏的可能性、到建设并接受风险。但须对破坏的后果进行认真地评估。象大型公共设施、大坝或核电厂之类的关键设施必须给出充分的安全储备,应完全避开可能液化的地区。在一些特定的场地上,可以除去液化敏感土而置换以黏性土。而在另外一些场地,可以通过人为固结的方法将下部砂层密实。其他的可能方法还有,将建筑物支撑于穿透到稳定土或深部岩石的桩或墩上,或使用均匀移动或下沉的"浮筏"基础以使结构损失达到最小。

3)崩解土:在干旱和半干旱地区,水进入干而密度低的土层会引起沉积物颗粒的重新排列以及内部结构的崩解,进而导致地面的下沉。

易崩解的土处于干燥状态时具有很高的强度,对结构物不会产生什么问题。但当其遇水时,体积减少高达 10%～15%,而且伴随着地面位移。这种地面位移不仅会毁坏道路和其他构筑物,而且会改变地面的排水条件。大部分土的崩解是人类活动如农田灌溉、修筑水坝、道路排水、过量加载等所引起的。这种情况在我国西北的黄土地区分布极为广泛,由于黄土具有遇水显著下沉的现象,故又称为湿陷性黄土。可以通过防止雨水或生产生活用水渗入地下的防水措施,采用桩基、用非湿陷性土置换、夯实等地基处理措施以防止黄土的沉陷或减小黄土的沉陷量。

4)人工填土:许多沿海城市土地匮乏,地价昂贵以及开挖弃土的利用都导致了大量的填土或填海造地以用于开发建设。但建筑物建于这样填土地面时,会产生许多问题。不适当的压实或差的填土材料都可能会造成地面沉降或不均匀下沉。目前,许多填料是露天堆放或卫生填埋的城市或工业垃圾,当没有进行必要的地下勘探或填土压实而在其上修建房屋时,均可能会产生无法预测的沉降。

### 6.2.3　土地的侵蚀与堆积

土地侵蚀是当今世界最严重的环境问题之一。据估计,美国每年从玉米地侵蚀掉的表土达 15 亿 t,相当于每亩耕地侵蚀掉 530kg,我国和印度的土地侵蚀速率更大,每亩达 2000kg。人口的快速增长、森林及植被的过度砍伐和不合理利用所导致的径流所造成的表土损失对粮食生产业已产生严重的影响。而同时为获得更多的食物,必须开垦更多的土地并增加肥料的使用量,从而又不仅增加了粮食生产的费用,而且加速了土地损失。

此外,由于土壤物质进入水系后还会破坏水环境,尤其是由于浊度、氮、磷和有机化合物等化学物质进入水体,使得河流和湖泊的水质下降。更有甚者,大量的沉积物会堵塞河道、淤塞水库,使它们调蓄能力下降。总的说来,土地侵蚀会损害高、低地的景观,包括动植物栖息地减少、生产力的下降、承载力的降低和生物多样性的下降等。

1.土地侵蚀和土地利用

数千年来,由于森林砍伐、农牧业的开垦使土地的侵蚀达到了极为严重的程度,而且这种侵蚀作用还在继续。本世纪以来,不断加快的城市化进程对土地侵蚀起了重要的作用。图6-14所示为始于18世纪森林砍伐和农业开发中土地使用的总体序列和相应的土地侵蚀速率。随着自然植被的破坏以及农田和牧场的建立,土地侵蚀急剧增加,这一趋势一直持续到本世纪上半叶。此后,土地侵蚀速率因农场废弃而有所下降。

本世纪的下半叶,城市扩展导致了土地侵蚀的大大增加。在开发建设期间,土地的全部裸露使侵蚀速率增加到每年每亩的33t之多。但这一趋势并未持续多长时间,因为随着开发建设的完成,建筑物、道路以及地面的修筑和铺设又很快地保护了土地。在完全城市化的情况下,侵蚀速率下降到低于20世纪农业开发的水平。

2. 影响土地侵蚀的因素

土地侵蚀速率主要受四个因素的影响,即植被、土地类型、斜坡的大小和坡度以及降雨的频率和强度。此外,雷暴雨也会大大增加侵蚀的速率,所以这种暴雨事件以及总年降雨量亦可以作为测量土地侵蚀有效性的可靠指标。在大部分的地面,植被是控制土地侵蚀的最重要因素。叶面截流的雨点会减少其冲击地面的力;地面上的有机落叶层则会进一步削弱雨滴的影响;植物根则会把土颗粒连接在一起,增加土抵抗流水作用的抗力。对侵蚀影响最大的植被特征之一是盖层密度,盖层(地面盖层或树冠盖层)密度越大,径流所引起的土地侵蚀损失越低。

当流水作用于不同结构的土时,则砂土的侵蚀性最大。要侵蚀黏土,水流产生的力首先要克服颗粒的粘结力。类似地,要移动砾石和较大的颗粒也需要高的流速,因为它们的质量远大于砂粒。所以当考虑土的类型在侵蚀问题中的作用时,中间的结构是最具侵蚀性的,而黏土和比砂粗的颗粒的抗力要高得多(图6-15)。其他的土性特征,如密实性和构造也会影响侵蚀性,但总体而言,结构(texture)是评价土地易蚀性的首要土性参数。

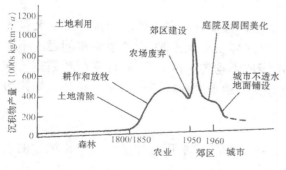

图6-14　侵蚀速率随土地利用方　　　　图6-15　各种土受流水作用的侵蚀阈值
式不同而发生的变化

径流量与其所流过地面的坡度密切相关。斜坡还影响着径流的数量,在其他条件相同的情况下,斜坡越长则集中的雨水越多,所产生的径流也越大。一般而言,陡而长的斜坡产生的侵蚀性最大,因为它所产生的径流量大,径流速率高。但这仅对50度以下的斜坡是正确的,因为坡度更陡时,斜坡的受雨面积迅速减小。但在土地利用问题中,考虑最多的是50度以下的斜坡,这类斜坡对于城市和居住区开发以及农业生产的意义均最大。

3. 侵蚀和沉积的控制方法

若在土地用途改变前进行研究和规划并遵循某些基本原理,则侵蚀和沉积可被以合理的价格而有效地控制。不进行规划或不采取预防措施时,其损失和清理费用通常无法计算,或仅能在造成损害后加以考虑。

有许多方法可用于控制城市开发中的侵蚀和沉积。这些方法有的是临时性的,有的则是永久性的。它们或者是选择合适的施工季节,或者是修建工程设施。这些方法所依据的原理具有广泛的适用性:①为工程选择环境适宜的场地,②减小土地暴露于侵蚀的面积和时间,③用机械方法阻止径流或收集来自场地的沉积物。

1)场地选择  在一个区域内选择排水形式、斜坡和土性均有利于未来使用目的场地,这是大大减小未来问题的基本途径。设计人员、开发商和建筑师在区划决策、选择开发土地和进行场地开发规划时都要利用土、气候和水方面的资料。尽管土壤调查已使农场主受益多年,但数量不断增加的道路工程师、土地评价师、银行和土地规划部门也正在意识到它们的重要性和价值。

在进行开发时,不适宜的地区或对环境改变敏感的地区应作为开放空间或低用途的地区。有些场地需要采取一定措施才能克服场地的局限性,因此控制侵蚀的费用较高,此时应考虑改变土地的用途或进行更合适的土地规划。例如,集中开发以使建筑物和街道适应土地的自然特性,有利于建设一体化;在倾斜的土地上,房屋应建于较平坦的地区;陡峭而较易侵蚀的土地应保持原状。

若根据土地的潜在可侵蚀性、土地的坡度、降雨强度以及相关的因素进行区划,则可使问题控制在开始阶段。例如,对于某些斜坡上的城市地区,径流处理可能是个问题;建筑场地和上坡分水岭处的排水必须以安全的方法进行控制和处置;在场地以外也要采取防止下游土地和财产免受侵蚀或淤积损害的措施。

2)减小土地暴露  没有合理的规划,常会使大范围的地面盖层清理掉而使其长期的裸露。高速公路修建和小区房屋开发,常会有大片清理后的土地整个冬天暴露于强烈的侵蚀之下。在季节降雨较大的地区,所有大的土地平整工作和土地清理活动都应安排在降雨量小的时期。大块土地开发或高速公路的延伸可以较小工作单元的方式进行,施工可快速完成,裸土不会长时间暴露。

以往的开发方法通常是先除去所有的植被,然后再进行大量的开挖和回填以获得最大量的"可用"土地。这种大规模的整平活动,除了会产生斜坡不稳定问题外,几乎无例外地会增加侵蚀的速率。因此这种方法应不允许使用。植被既可在施工期间作为临时的措施控制侵蚀,也可在工程完工后作为永久性盖层加固场地。

3)径流控制的构造措施  径流和侵蚀控制的构造措施有重塑土地的形状以截流、改向、输送、阻滞或控制径流(图6-16)。阶地或台阶可配合自然地形,用于使长坡分段和径流减速。斜坡顶部的这种台阶或脊还可用于改变径流的方向。大部分的排水路径或排水通道都因周围的建设或城市化而经受着巨大的变化。用抛石或混凝土加固河槽,对于控制来自建设场地所增加的径流可能是必须的,但这种方法也具有有害的环境后果,同时不利于环境美化。

### 6.2.4　地下水和土地利用

以前,对土地问题中地下水的考虑还仅限于供水。事实上,地下水在今天仍然是居民、工业和农业土地利用的重要水源,但因此而引起的地下水污染问题则是目前最令人关注的

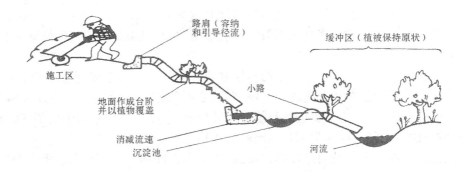

图 6-16 用于减少施工期间和施工后土地侵蚀的方法

环境问题之一。地下水作为地球上惟一最大的液态淡水库,对其保护层显得尤为重要。

尽管地下水常被看作土地环境的一个复杂组成部分,但实际上所有地下水既开始于景观又结束于景观。地表环境的变化,特别是那些涉及土地利用活动的部分,通常以某种方式影响着地下水。在土地利用和环境规划过程中,应充分注意和预防工程建设对地下水的污染,并对那些对地下水影响较大的土地利用方式选择合适的场地。

1. 地下水及其特征

地下水源于地表水向地下的渗入。在地面以下,水沿两条路径运动:一部分为土所吸收;一部分在重力作用下流向地下深处。后一种称为重力水,它最终将到达一个开放空间(粒间空隙和基岩中的裂隙)完全为水所充满的地带,这个带叫做饱和带或地下水带。

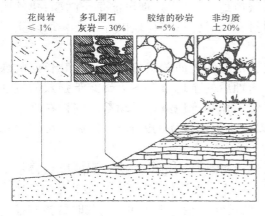

图 6-17 近地表处四种岩土的空隙度

地下水带的上表面为潜水面,它是一个可见的边界,但常是一个过渡带。潜水面以下的地下水带可延伸向地球深处数千米。

土壤所能容纳的地下水总量是由其孔隙率所决定的。在土和近地表岩石中,其值一般为 10%～30%(图 6-17)。通常情况下,孔隙率随深度而减小,在几千米的深处,巨大的岩石压力使孔隙空间闭合,因此其孔隙率常不足 1%。

在大部分地区地层的地下水容量是各不相同的。地下水特别集中的岩土层统称为含水层,它可由许多不同的材料组成,但渗透性较好的多孔介质(如层状砂体和裂隙岩层)常是最好的含水层。

含水层的组成材料有两类:固结的(主要是基岩)和未固结的(主要是地表沉积)。基岩含水层的分布较为广泛。在大河的低地地区,大面积的浅含水层(深度小于 100m)处于河流沉积物内。这些含水层由河流补给(即补充),它们的供应随河水的季节变化而波动。此外,由于它们沿河谷底形成带状,因而具有明显的地理分布特征。

在一个大的流动系统中,相连的一组含水层称为地下水盆地。典型的地下水盆地是复杂的三维系统,其特征是在各种地下水水体(含水层和非含水层)间以及地下水体和地面间进行着垂直和水平的流动。

地下水盆地的空间形态很大程度上由区域地质条件决定,即由储存地下水的沉积物和

114

岩层的范围和结构所决定。由于这些沉积物和岩层的尺度、组成和形状变化很大，盆地中的各个地下水水体在不同深度处是否联系在一起并不清楚。这种不确定性对于供水规划和含水层中污染物传播的了解都是重要的。

与地表水相比，地下水的流动极其缓慢，大含水层的流速仅为 $15\sim20$ m/a。水流通过含水层的时间(称为滞留或交换时间)，常用十年或一个世纪作为测量单位。对于一个直径 5km 的含水层，滞留时间在 $250\sim350$ 年之间。这对地下水管理有着重要的意义，它说明要将污染物从被污染的含水层中冲洗掉需很长的时间，以人类的标准来衡量这几乎是不可忍受的。

地下水的补给是加速地下水流动和防止地面沉降的重要措施。地下水补给指从地表水源(土、湿地和湖泊)向地下补给重力水。尽管有些含水层(特别是浅层含水层)从广大(不具体的)的地面区域接受补给水，但很多含水层是从特定区域得到补给的。这些特定区域称为补给区，它们通常是：①地表水在湿地或洼地的汇集；②位于地面、渗透性高的土层或岩层；③暴露于地面或近地表的含水层。补给区对于含水层的管理是很关键的，因为它是土地利用活动中污染物最易于进入的通道。

2. 地下水抽吸与地面沉降

抽吸地下水是导致大规模地面沉降的最常见原因。我国有一半以上的省份有地面沉降的现象发生，而地面沉降严重的地区主要分布在沿海和江河中下游的平原城市。如上海市在 $1921\sim1965$ 年，由于地面沉降而在市区和近郊地表形成了一个碟形沉降洼地。最严重的地区下降了 2.37m。上海地面海拔不足 4m，若任其下沉，后果实难设想。

1)地面沉降的产生　当地下水从含水层中抽出时，其中的水压力便下降，上覆土层的重量必须由土颗粒骨架来承担。于是未固结的沉积物被压密，细粒黏土和粉土孔隙中的水被挤出而进入粗粒的含水层。细粒沉积物孔隙的减少导致其体积的压缩，从而引起地面沉降。在砂和砾石等粗粒沉积物中，其体积压缩量小，且很快完成(图 6-18)。粉土和黏土则不同，黏土层的压缩量不仅大，其中水的排出和压力的调整也慢得多。这种依赖时间的孔隙压力消散过程使得沉降预测非常困难。

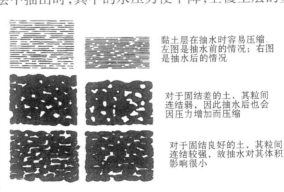

黏土层在抽水时容易压缩。左图是抽水前的情况；右图是抽水后的情况

对于固结差的土，其粒间连结弱，因此抽水后也会因压力增加而压缩

对于固结良好的土，其粒间连结较强，故抽水对其体积影响很小

图 6-18　粗、细粒材料的不同固结量

2)地面沉降的防治：

(A)对于已经发生地面沉降的地区，其基本措施是进行地下水资源管理。整治的方法主要有：

($a$)压缩地下水开采量，减少水位降深幅度，在地面沉降剧烈的情况下，应暂时停止开采地下水；

($b$)向含水层进行人工回灌，回灌时要严格控制回灌水源的水质标准，以防止地下水被污染，并要根据地下水动态和地面沉降规律，制定合理的采灌方案；

($c$)调整地下水开采层次，进行合理开采，适当开采更深层的地下水。

(B)对于可能发生地面沉降的地区，其基本措施是预测地面沉降的可能性及其危害程度。防治方法主要有：

（a）估算沉降量，并预测其发展趋势；

（b）结合水资源评价，研究确定地下水资源的合理开采方案；

（c）采取适当的建筑措施，如避免在沉降中心或严重沉降地区建设一级建筑物，在进行房屋、道路、管道、堤坝、水井等规划设计时，预先对可能发生的地面沉降量作充分考虑。

3.地下水污染及其防治

1）地下水污染源：地下水污染源在现代土地利用中分布很广，包括所有大型土地利用，如工业、居住、农业和交通运输。因而，以地下水保护为目标的土地利用规划并不限于城市和工业填埋场地，还应包括农业、采矿、居住、高速公路和铁路建设。对此，应注意以下问题：①地下水对污染的敏感性随地点变化很大；②污染物的加载速率随土地利用类型和实践（如不同耕作方法的农药施加）而变化；③释放进入环境的污染物对人类和其他有机体的有害性不同。

地下水的主要污染源有填埋场、耕地、城市暴雨、排污场、采矿以及溢流和渗漏。

2）地下水污染的防治：地下水不像地表水那样直观。土地环境规划问题中，由于地下水占据着复杂的三维空间，且不同的含水层在不同的水平上进行着作用，因而其变化往往难以准确确定。

（A）在土地利用过程中，地下水保护规划首先要了解污染物产生的可能性。土地利用中特别关心的是：①工业设施，包括制造安装、燃料和化学存储设备、铁路场和能源工厂；②城市综合体，包括高速公路系统、土地填埋场、公共管线、污水处理场和汽车修理设施；③农业，包括耕地、化学存储设备和加工厂等。

在地下水保护过程中，首先需对产生污染的可能性进行分析，接着评价拟建场地对污染的敏感性。对于产生污染可能性较高的地区，其关键问题是确定补给区的位置。一般要避开补给区，特别是那些补充给浅部含水层的补给区。另一个重要问题是地面材料的渗透性，因为渗透性控制着污染水和溢流淋滤液渗入地下的速率。

最浅的含水层是潜水面含水层，它只位于地下几米，所以极易受污染。当它不作为饮用水水源时，潜水面含水层是河湖及池塘的重要补给水源。羽状污染能够污染排进这些水体的渗透水，特别是当它们位于污染源300m以内的时候。

评价拟议土地利用对地下水污染的可能性时，应考虑许多因素。表6-3是一个建议的地下水保护标准。

土地利用规划中建议的地下水保护标准　　　　　　　　　　　　　　表6-3

| 标　　准 | 满　意　程　度 | |
| --- | --- | --- |
| | 坏 | 好 |
| 污染物的生产 | 高 | 无 |
| 处理和储藏危险 | 高（如开阔土地的不安全储藏区） | 低 |
| 含水层的使用 | 饮用水（在半径300～500m范围内有很多井） | 无 |
| 含水层深度 | 浅（不足50m） | 深（大于300m） |
| 上覆材料 | 神游性高（如砂和砾石） | 不透水的（黏性土和围限层） |
| 含水层系统 | 补给区 | 非排泄（渗透）区 |
| 流向 | 向井 | 离井 |

116

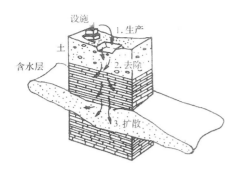

图 6-19 地下水管理三阶段系统

（B）对污染物的生产、污染物在生产和处置场地的处理及向含水层的扩散（图6-19）严格管理。通过改变工艺较少污染物的产生以降低危害和减小突然溢出的危险。

污染物控制阶段的目的是限制污染物从生产场地的扩散和流失。常用的方法是在储藏、运输和处置期间将污染物安全封存。对污染物的扩散而言，土质条件是极端重要的，因为密实的黏性土渗透性低，可阻止淋滤物的移动；而砂性土的渗透性高，有利于污染物的迁移。

当短期污染物到达扩散阶段时，它对含水层和供水影响的可能性将大大增加。但淋滤物的浓度和化学组成将因过滤、吸附、氧化和生物等作用而沿途衰减。一旦污染物侵入含水层，预防性措施便失去作用，剩下的选择只有：①用纠正性抽水措施（大量抽水将羽状污染引离井）；②废弃易受污染的井。这再一次说明，地下水保护的规划努力应放在系统的早期阶段，即生产和场地控制阶段。

### 6.2.5 冻土区的土地环境问题

在地表景观的任何地方我们都能够看到地下热量的直接或间接影响，如许多种子的萌发就取决于土地的温度；土壤水分的蒸发也受土壤温度的影响。占据地球 25% ～ 30% 陆地面积的永久冻土是一种会对大部分现代土地利用产生严重影响的土地冻结形式；中纬度的季节冻土也是工程建设及规划中要考虑的一个重要因素。特别是一些供水管和污水管必须置于冻结线以下，建筑物的地基和道路的基床必须设计得使其受冻结的损害最小。

1. 土中热量的日变化和季节变化

土中热量并不是静止的，而是随着地面热量的变化而不断变化的。当地面较热而土较冷时，热量从地面流向土；反之，热量自土中流出。由于土对气温的反应缓慢，大气对热的反应迅速，所以土和大气的温度极少是相同的。

我们可以在不同的时间尺度上考察土中的热量流动。就昼夜而言，夏天地面的温度可达35～45℃，而地面下 20cm 左右的深度处的温度仅有 20～25℃。当然，热流是向下的。但因土是不良导体，在太阳下落和地面热量损失前热量不能到达地下深处。夜晚，地面冷却，温度甚至可低于下部的土，白天获得的热量反过来向上流。昼夜温度变化的最大深度称为昼夜衰减深度。

地下温度还会随季节变化。若我们考察春夏秋冬的平均地面温度，可明显地看出土温从冬到夏上升，从夏到冬下降。季节变化的深度远大于昼夜变化，所以季节衰减深度也大得多，中纬度地区在 3m 左右。但由于热量到达 3m 的深度需要一定的时间，要在地面温度达到最大值的一个月或更长的时间以后，土的温度才会达其最大值。所以土的热量季节与地面的热量季节是不一致的，即地下和地面热量总是异步的。此外，由于土像一个绝热层，它在夏季总是比地面凉爽；而在冬季则相反，这在房屋建筑和能量保存方面有重要的意义。在夏季炎热而冬季寒冷的地区，地下结构较地面结构有明显的热量优势。例如，地下室在夏季凉爽，冬季对其加热也较地面费用低。

2. 影响土中热量和地下冻结的因素

热量进出土的速率取决于两个主要因素:土和地面间的温差以及土的组成(表 6-4)。由于有机物质是热的不良导体,它可以起到有效的隔热作用,所以淤泥和泥炭土中永久冻土往往特别发育。

若干常见土地物质的热性质

表 6-4

| | | 热传导性 | 体积热容 |
|---|---|---|---|
| 空　气 | 静止(10℃) | 0.025 | 0.0012 |
| | 涡流 | 3500~35000 | 0.0012 |
| 水 | 静止(4℃) | 0.60 | 4.18 |
| | 扰动 | 35000 | 4.18 |
| 冰(−10℃) | | 2.24 | 1.93 |
| 雪 | | 0.08 | 0.21 |
| 砂(石英) | 干的 | 0.25 | 0.9 |
| | 含 15% 水 | 2.0 | 1.7 |
| | 含 40% 水 | 2.4 | 2.7 |
| 黏土<br>(非有机) | 干的 | 0.25 | 1.1 |
| | 含 15% 水 | 1.3 | 1.6 |
| | 含 40% 水 | 1.8 | 3.0 |
| 有机土 | 干的 | 0.02 | 0.2 |
| | 含 15% 水 | 0.04 | 0.5 |
| | 含 40% 水 | 0.21 | 2.1 |
| 沥青 | | 0.8~1.1 | 1.5 |
| 混凝土 | | 0.9~1.3 | 1.6 |

　　影响冻结深度的其他因素还有植被、雪的覆盖和土地利用情况等。雪的覆盖和植被会减小冬天土的热量损失。土地使用的影响是多方面的,例如,房屋会减少来自土中热流,而荒芜的公路则相反。土地利用、植被和盖雪的联合作用效果也是多变的。在森林被砍伐而用作农业或城市开发的地方,风会将地面的雪吹走,这将会加速土中热量的损失。

　　总的说来,预测地温的变幅和冻结深度需要考虑很多因素,特别是在地形崎岖的地区。不幸地是,考虑众多变量的数学模型很难使用,而建立模型还需要大量的现场资料。在用于评价研究、总体规划或限制研究的环境目录中,我们经常使用既简单又经济的评价方法确定冻结深度敏感的地区。方法之一就是图形叠加法(map overlay method),即通过将地形、植被、雪盖和暴露情况与土性图相互叠加,综合确定它们的敏感性高低。叠加前每张图都进行了分类并编号,例如土可分为湿的有机质、湿的矿物质和排水良好的矿物质三类,其中排水良好的矿物质对季节冻深最敏感。该方法的评价结果并不说明冻结深度有多大,而只表明相对冻深,它可用于划分出需要进行更详细分析的地区(表6-5)。

地面冻结的敏感性　　　　　　　　　　　　　　　　　表6-5

| 冻结敏感性 | 低 | 中 | 高 |
|---|---|---|---|
| 土类 | 有机的 | 湿的矿物质 | 排水良好的矿物质 |
| 土壤水分 | 饱和 | 湿(接近田间持水量) | 潮(小于田间持水量) |
| 植被覆盖情况 | 茂密的森林 | 草地 | 裸露 |
| 暴露于风的情况 | 冷强风作用小(常是南、西南、东南向坡) | 中等(如朝向东、东北、西的斜坡) | 冷强风作用大(常是北、西北向坡) |
| 雪盖情况 | >50cm(11月~3月) | 10~50cm(11月~3月) | <10cm(整个冬季都是间歇性覆盖) |
| 阳光照射情况 | 南向坡,坡度>20% | 平地或局部崎岖 | 向北、背阴 |

### 3. 冻土区的土地利用及防冻害措施

大部分冻土区的现代土地利用都不同程度地存在一些问题。地面能量流首先因植被的清除和土地的整平而被改变。当混凝土或沥青这些外来物质铺设在地面上时,活动层的热量体系被进一步改变,使其变得更冷或更热。当冰成为土体的一部分时,冰的融化会引起永久冻土的沉陷,进而地面下沉。当取暖建筑物、公共线路或输油管线建于没有适当隔热层的冻土地面时,有可能发生严重的沉降问题。

永久冻土区土地利用的其他问题还包括夏季排水不当、地面物质的块体运动以及难于在冬季取得地下水等。正是由于这些问题,使得永久冻土区的城市发展受到很大限制。

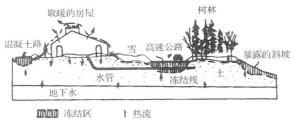

图6-20　相对冻结深度随土、植被、土地利用、雪和斜坡暴露情况而变化的示意图

永久冻土区以外的冻结区也有很多不利的土地利用问题,如土地冻结会导致公路的翘曲、建筑物地基的毁坏以及水管的冻结和破裂(图6-20)。我国的《建筑地基基础设计规范》规定了不同冻胀性地基中基础的最小埋置深度。并提出了应尽量选择地势高、地下水位低、地表排水良好的建筑场地;防止施工和使用期间的雨水、地表水、生产废水和生活污水浸入地基;采用独立基础、桩基础等一系列的防冻措施。在道路建设中,路基中冰的生成而引起的冻结隆起是一个严重的问题。为了削弱这一影响,需要铺设砾石路基。因为砾石不能快速从下部土层向上输送毛细管水,就无法在冷的混凝土或沥青下形成透镜状冰体。

### 6.2.6 土地沙化及其防治

沙漠化是当前世界干旱地区面临的严重问题。沙漠化是干旱、半干旱及半湿润地区的生态退化过程,包括土地生产力完全丧失或大幅度下降,牧场停止适口牧草生长,旱作农业歉收,由于盐渍化和其他原因,使水浇地弃耕等。

### 1. 沙漠化的成因

1) 气候影响:在沙漠化的自然因素当中,气候干旱是决定性的主要因素。近年来,人们围绕着气候、干旱和沙漠化(或荒漠化)之间的相互关系,开展了大量的研究工作。众多研究者断言,气候变化、旷日持久的干旱乃是招致沙漠化的主要因素;并且认为,干旱在沙漠边缘地带是长期的、不可避免的、反复出现的。因此,只有对土地及其资源给予合理地正确使用,才能避免由于干旱而引起沙漠化的巨大灾难。

2) 人类活动的影响:如果说气候影响是沙漠化产生的主导因素,那么人类活动则是进一步加速了沙漠化过程。干旱地区、特别是半干旱地区(包括部分半湿润地区),自然生态系统极具脆弱性和敏感性。这里气候干旱、降水多变、大风频繁;生物有机体与环境条件之间处于临界的相对平衡状态之中,只要稍受人为干扰,就很容易引起生态平衡的破坏,诱发和促进沙漠化的发生和发展。导致沙漠化扩张的原因主要有滥垦、滥牧、滥伐,其他人为活动还包括不合理利用水资源、筑路、工业建设、采矿、住宅兴建以及机动车辆运输等。

2. 沙漠化的防治

由于干旱区生态系统具有脆弱而易破坏的特性,因此在开发水、土、植物资源时,应当注意自然潜力与土地利用系统之间的动态平衡关系,掌握适度利用的原则。所谓适度利用,指在利用这些自然资源的关系中,应以不致发生环境退化和达到持续利用目的为准则。在预防沙漠化的同时,还应采取相应的治理沙害的措施,做到预防为主、防治结合。治理沙害的措施主要有:

1) 植物治沙措施:植物治沙是控制和固定流沙的一种最根本而经济、有效的措施。在沙区栽植固沙植物和乔木树种,不仅能够长久固定流沙,防止风沙危害,而且能够为沙区生产出木材和大量的燃料、饲料。因此,植物治沙能使除害与兴利相结合,是一举两得的好措施。

2) 工程防治措施:利用杂草、树枝以及其他材料,在流沙上设置沙障或覆盖沙面,称为工程防治措施。工程防治措施具有收效快的特点,但防护期短暂,因此往往适用于流沙严重危害交通线、重要工矿基地、农田和居民点的地区,并常和植物防沙措施相配合。工程防治的措施有两种,一是采用各种覆盖物,使沙质表面与风的作用完全隔离;二是在流沙上设置机械沙障,以降低地表风速,削弱风沙活动。

3) 化学固沙方法:化学固沙是在流动沙地上喷洒化学胶结物质,使其在沙地表面形成一层有一定强度的防护壳,隔开气流对沙层的直接作用,达到固定流沙的目的。化学固沙收效快,但成本高,一般多用于风沙危害能造成重大经济损失的地区,如机场、交通线、军事设施和重要工矿区,并常和植物固沙相配合,作为植物固沙的辅助性和过渡性措施。

治理沙害必须根据不同自然条件因地制宜地采取有效的综合措施。一般情况下,在半干旱的干草原地带,水分条件较好,治理沙害的措施应以植物治沙为主,工程防治或化学固沙为辅。植物治沙宜采用乔、灌、草相结合;在干旱的半荒漠地带,年降水量较少且不稳定,水分条件只能使耐旱的沙生灌木和草本植物生长,宜采用以工程防沙或化学固沙为主,结合植物治沙的办法。固沙植物应以灌木和半灌木为主。在干旱的荒漠地带,降雨稀少,依靠天然降水,植物难以生长,要采用工程防沙或化学固沙措施。但在荒漠和半荒漠地带,若丘间地地下水位较高,或有引水灌溉条件的地方,则仍可以植物治沙为主,营造防沙林带等。

# 6.3 土地资源的合理利用与保护

## 6.3.1 土地资源的合理利用

我国土地资源具有相对面积小、类型复杂多样、山地多、平地少、不同适宜性土地的地区分布不均匀、后备土地资源不足等一系列特点;在我国的土地资源利用中存在着土地供求矛盾尖锐、土地资源利用不平衡、各项建设用地持续增加、用地浪费严重、土地损毁和土地退化严重等诸多问题。因此,在可持续发展逐渐成为社会发展主流的今天,土地资源合理利用和保护便成为各种土地利用活动所必须解决的一个首要问题。

1. 土地利用

土地利用是由自然条件、经济条件、社会条件、科学技术水平和人的干预所获得的土地功能,或者说土地利用是人们根据土地资源的特殊功能和一定的经济目的,对土地的开发、利用、保护和整治。

人们利用土地的总目的是为了满足人类自身生存对物质资源的需要,主要表现在两个方面:一是向土地取得生产资料和生活资料;二是向土地索取活动场所和生产基地。

一个地区的土地资源,既有多种利用的可能,又有对某些用途的限制。最终是人为的选择和自然的作用决定了土地利用的形式,形成了一定的土地利用结构和布局。

2. 土地资源的持续利用

土地资源的持续利用是由可持续发展的概念发展而来的。一个地区的发展意味着人类需求水平增大,资源能力增强,特别是土地资源与环境将会发生相应的变化。如果一个地区的发展不顾其土地资源利用的合理性,造成资源浪费、环境破坏,或掠夺性地开发资源,造成土地退化,最终都会导致发展的失败,谈不上发展的持续性。因此从可持续发展的概念出发,土地的持续利用应该包括以下几个方面:

1)土地利用是以维护或重建生态平衡为基础的。土地是一个生态系统,土地利用不能破坏生态平衡。在现实经济发展中,维护生态平衡虽然不是要保持现有生态系统生态平衡的同义语,人们可以对自然进行改造,但必须以建立新的良性循环的生态平衡为目标。

2)充分开发和利用自然资源、提高土地生产能力,要以土地利用技术发展和更新为前提。人类社会经济发展的历史表明,尽管人类人口数量迅猛增长,物质和文化生活水平日益提高,人们不断地发出资源短缺的信号,但目前真正的资源短缺影响并不严重。因为科学技术的进步开拓了资源可供利用的选择范围,增加了资源的多样性和互相替代性。

3)土地的持续利用要依靠科学的政策与土地管理来保证。在很多情况下,土地资源的退化并非土地产出增加而造成,更多地是由土地资源管理不善、土地资源浪费和环境污染造成。如果我们进行科学的管理,不仅可以提高经济效益、增加土地产出物质,而且也有助于提高土地的质量。

4)土地资源的持续利用要从人口、资源、环境与发展的关系优化协调出发。人类只有一个地球,土地资源面积有限,这是不以人们的意志为转移的客观现实。虽然我们没有必要对人类的未来悲观失望,认为世界末日即将到来,但树立正确的人口观,积极主动地去面对人均土地资源面积减少的现实,协调好人地关系对土地资源的持续利用也是至关重要的。土地的持续利用是面向未来的任务,应为我们的子孙后代创造一个良好的生活空间。

3. 土地利用的生态规划

生态规划是融社会、经济、技术和环境于一体的综合性规划,涉及生态、社会、经济等多种学科领域,是多学科的综合研究,当前其内容主要集中于土地利用和自然资源、野生动植物的保护。现以广州科学城为例说明生态规划在土地合理利用中的意义。

1)广州科学城发展用地的生态适宜度分析:广州科学城位于广州市区东北部,总用地22.74km²,生态环境良好。如何在开发建设中保持良好环境,避免"建设性破坏"是科学城总体规划必须重视的一个问题。为合理配置环境资源、优化土地利用,用生态方法对科学城发展用地的生态适宜性进行了分析。

(A)生态调查:生态调查是生态评价的基础,生态调查的目的主要是收集与生态规划有关的自然、社会经济要素信息。影响科学城开发建设的生态因素很多,综合考虑科学城用地现状、开发目标、性质以及广州当前城建出现的问题等因素,选择了地质、地形地貌、土壤、水文、植被、气候与气象、环境质量、土地利用、特殊价值和交通作为重点调查对象,且以自然因素为主。

(B)评价因子选择:依据对土地利用方式的显著性及资料的可利用性筛选评价因子。

(a)坡度 科学城地处丘陵地带,地形起伏较大,坡度是影响建设投资、开发强度的重要控制指标之一。

(b)地基承载力 是城市发展必须考虑的工程因素之一。影响到城市用地选择和建设项目的合理分布以及工程建设的经济性。地基承载力主要与地层的地质构造和地基的构成有关。

(c)土壤生产性 科学城用地多为农业用地,保护耕地就是保护我们的生命线,保护良田是在开发建设过程中必须重视的问题,土壤生产性是综合反映土地生产力的指标,用单位土地的年产量来衡量。

(d)植被多样性 这是自然引入城市的重要因素,它的存在与保护使城市居民对自然的感受加强,并能提高生活质量,是保护城市内多样的生物基因库和改善环境的主要场所。按植物的种类、分布和价值进行评价。

(e)土壤渗透性 充足的地下水源对维持本地水文平衡极为重要,在开发建设中应保护渗透性土壤,使之成为地下水回灌的场地,顺应水循环过程。土壤渗透性也是地下水污染敏感性的间接指标,渗透性越大,地下水越易被污染。土壤渗透性与土壤种类和土质有关。

(f)地表水 在提高城市景观质量,改善城市空间环境,调节城市温、湿度,维持正常的水循环等方面起着重要的作用,同时也是引起城市水灾、易被污染的环境因子。合理开发和保护能为水生生物提供栖息地,增加岸边植被多样性,并且为居民提供休闲、游憩环境。按其对城市发展影响程度及利用价值分三级。

(g)居民点用地程度 居民点规模是影响开发投资、工程建设的重要因素之一,也是规划中确定居民点保留或集中拆迁的依据。居民点用地程度表示现有居民点用地在单位面积中的百分率,一定程度上反映其规模。

(h)景观价值 依据自然和人文因素两方面进行评价。

(C)单因子生态适宜度分级标准及其权重:将评价生态因子的原始信息等级化、数量化。单因子生态适宜度分为三级,用5、3、1表明其对某种土地利用适宜度高低。各生态因素的适宜度等级及其权重见表6-6。

(D)综合适宜度及其分级:依据因子分级标准作单因子分析图,并将单因子评价结果进行叠加得综合评价值。这里将综合生态适宜度分为很适宜、适宜、基本适宜、不适宜和很不适宜五级。分析发现:

(a)最适宜用地一般为坡度小于5%的区域,无自然植被或荒山区域,低产田地分布区和景观差的区域;

(b)适宜用地一般为坡度小于5%的区域,低产田区域,植被较差等区域;

| 编 号 | 生 态 因 子 | 属 性 等 级 | 评 价 值 | 权 重 |
|---|---|---|---|---|
| 1 | 坡 度 | <5% | 5 | 0.15 |
| | | 5%~20% | 3 | |
| | | >20% | 1 | |
| 2 | 地 基 承 载 力 | 大 | 5 | 0.10 |
| | | 中 | 3 | |
| | | 小 | 1 | |
| 3 | 土 壤 生 产 性 | 低 | 5 | 0.10 |
| | | 中 | 3 | |
| | | 高 | 1 | |
| 4 | 植 被 多 样 性 | 旱地、无自然植被地 | 5 | 0.15 |
| | | 荒山灌木草丛地 | 3 | |
| | | 自然密林、果林 | 1 | |
| 5 | 土 壤 渗 透 性 | 低 | 5 | 0.10 |
| | | 中 | 3 | |
| | | 高 | 1 | |
| 6 | 地 表 水 | 小水塘及无水区 | 5 | 0.10 |
| | | 灌溉渠几大水塘 | 3 | |
| | | 支流、溪流及其影响区 | 1 | |
| 7 | 居民点用地程度 | <5% | 5 | 0.12 |
| | | 5%~30% | 3 | |
| | | >30% | 1 | |
| 8 | 景 观 价 值 | 低 | 5 | 0.18 |
| | | 中 | 3 | |
| | | 高 | 1 | |

(c)基本适宜用地一般为坡度 5%~10%,低中产田区,居民点较集中的区域,但经一定的工程措施和环境补偿措施后也可作为城市发展用地;

(d)不宜用地一般为坡度大于 10% 且植被良好的区域,高中产田区,溪流影响区,从生态学及保护生产性土地的观点看是不宜用于发展用地,但在一定限度内可以占用;

(e)不可用地一般为坡度大于 20% 的坡地,溪流水域及植被景观优良的区域,该区域完全不适宜城市发展用地。

### 6.3.2 土地资源的保护

1.保护表土

位于地面的薄层表土对人类有着重要的意义,在这里发生着化学、渗透、蒸发、腐烂、变质以及再生等多种作用和奇迹。可以说,有关人类的健康、舒适以及食物、供水等完全依赖于在这个脆弱基质中所发生的各种作用,这些作用又极大地依赖于表土和腐殖质的存在。

无论在哪里,可以保存的表土都必须看作是国家的财富,如林地、潮湿的土壤、有植被的土地、开垦的田地。无论何时,只要这种含有肥土的资源被耗掉哪怕 $1m^3$,我们的生产率和健康福利都要相应地减少。可是在过去,由于我们的漠不关心,大量的表土物质被无可挽回地浪费了。

当我们失去表土时,青翠的土地就会贫瘠。有许多曾经一度富裕的地区,在利用了几个世纪以后就变成了干燥的荒地。当我们觉察到自己的愚蠢行为时,对侵蚀、整平、覆盖或任何其他的实践活动而浪费掉这种具有活力的物质,就不应该再被宽恕了。

2. 保护植被

大多数自然状态的土壤都有植物保护,使其不受风的吹蚀和雨水的冲刷。各种植物对土地保护的功能是很相似的,它们都是借助根、茎、叶等共同形成一个紧密盘结在一起的物体,吸收和保持水分,并使水渗入地下。在仅仅由于植被结构的破坏造成很大损害的地方,进行土地保护所要做的最重要工作就是必须经常不断地注意修复具有保护功能的植被。

3. 保持土地的特性

土地在其漫长的形成与发展过程中,形成了与其周围环境相适应的特定结构、功能和成分。因此,在规划范围内的一切土地,除了那些明确限定开发者外,都必须保存其现状,或加以改良使其既与新的建设又与周围景观相协调。

4. 保持一个整洁的建设场地

从建设开始到完成,建设场地应始终保持清洁、安全和卫生的条件。自然排水道要保持畅通和不被污染,还必须设置临时性的排水建筑物。环卫设施的位置要离开河流、水井或泉。尽可能减少填、挖方作业的范围、减少易于受侵蚀土地的暴露时间。任何经过整平的土地,应立即种植临时性植物、播种或用地面覆盖料覆盖,或建立永久的覆盖物进行保护。

5. 保护水源

河流、湖泊或水库不应被燃料、润滑油、化学药品、污水、沥青、酸或其他有害物质的污染。

建设场地上径流的速度必须减慢或控制。由于去掉了水分、土地整平以及建设而产生的沉积物,要将它们引至存放淤泥的洼地中。必要时可提供其他控制侵蚀和沉积物的方法,如堤堰、排水沟等。

复习思考题

1. 何谓土地、土地资源? 土地有哪些独特的性质?

2. 形成土地的作用主要有哪些?

3. 如何从动力学的角度对场地进行分类?

4. 对斜坡环境的干扰主要有哪些? 填土斜坡下沉和破坏的原因有哪些? 斜坡的加固应从哪几方面考虑?

5 举例说明不良土性条件产生的危害及其防治?

6. 影响土地侵蚀的因素主要有哪些? 如何控制侵蚀和沉积?

7. 地面沉降的防治措施有哪些? 如何防治地下水的污染?

8. 冻土区的土地利用有哪些问题? 如何进行防治?

9. 何谓土地沙漠化? 如何防治土地沙漠化?

10. 如何进行土地资源的持续利用?

# 第7章 城市生态工程

## 7.1 城市生态系统

随着世界人口的迅速增长,尤其是城市人口的集中、工农业高度的发展及人类对自然改造能力的增强,环境遭受了严重污染并引起生态平衡的破坏。这样的结果又反过来影响社会生产的发展和人类正常的工作与生活,从而促使人们重视生态系统的作用,促进经济有序发展和生态系统的良性循环。本章将着重介绍城市生态系统的概念、结构与功能,讨论土木工程对城市生态系统的影响,以及对城市生态的调控。

### 7.1.1 城市生态系统的概念

一个生物物种在一定范围内所有个体的总和在生态学中称为种群;在一定的自然区域中许多不同种的生物的综合则成为群落,任何一个生物群落与其周围非生物环境的综合体就是生态系统。按照现代生态学的观点,生态系统就是生命系统和环境系统在特定空间的组合。它包括生物和非生物部分,并且在土壤、水、营养物质、生产者、消费者和还原者之间具有某种结构上的相互关系,以适应能量和营养物质在生物和非生物成分之间进行物质循环和能量流动。在任何一个生态系统中,环境和能量都是有限的,当一个种群达到生态系统所给予的限制时,种群数量趋于稳定,或由于疾病、战争、灾害、饥饿、低繁殖率等原因,引起种群数量下降。

城市生态系统是指拥有 10 万以上人口,住房、工商业、行政、文化娱乐等建筑物占 50%以上面积,具有发达的交通线网和车辆来往频繁的人类集居的区域,即可称为城市生态系统。

在城市生态系统中,人是最重要的组成部分;不仅其数量大,而且是系统的主宰。此外,城市生态系统中土木工程占有相当大的区域,地面大部分被住房、工商业、行政、文化娱乐等建筑物和道路所覆盖。图 7-1 为城市生态系统的结构。

### 7.1.2 城市生态系统的类型

各地的城市都是在其特定的地区自然环境的基础之上,经过持续的文化经济建设而形成的社会、经济和自然的复合生态系统。

地区的自然环境条件,城市的经济、技术水平、社会的人口数量与素质总是在不断地变化和发展的,因

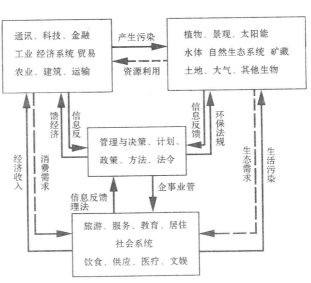

图 7-1 城市生态系统的运行结构

125

而,在各地城市系统之间必然存在着发展的不平衡和明显的差别。为加强城市的合理规划、高效管理、灵活调控并使其沿着健康的轨道运行,向各自特定的目标发展,就需要了解城市系统的特殊性,并对其进行分类。

1. 城市传统的分类原则

城市分类一般按规模、功能及形态等来分类。

(1)按人口规模分类。城市按不同人口数量可划分大、中、小城市。但各国划分的标准并不一致。我国一般规定 100 万人以上为特大城市,50 万人为大城市,20 万人为中等城市,20 万人以下为小城市。

(2)按城市性质或功能分类。按城市的性质及功能分类,各国的标准也不完全统一。国外逐渐发展较多的性质单一、规模较小的服务性质的城市。如大学城、科学城、居住城及疗养城等。

我国现多采用"主导职能分类法"和"主导基本因素分类法",一般将城市性质分为以下几种类型:

1)综合性城市,如首都、省会等。有经济、政治、文化、军事等综合职能。一般规模较大,在用地组成与布局上较复杂,如北京、南京、重庆等中心城市。

2)加工工业城市,这种城市用地及对外交通用地占有较大比重。如株州、常州等。

3)交通港口城市,多由对外交通运输发展起来,其特点是交通运输职能,尤其交通运输用地在城市中占有很大比例,流动人口较多。由于交通运输的吸引而发展了很多工业,因而工业用地和仓库用地在城市中也占有较大比例。如铁路枢纽城市徐州、蚌埠,港口城市大连、青岛等。

4)风景旅游城市,如桂林、黄山等。

5)革命纪念地和历史文化城市,如延安、苏州等。

6)矿业城市,如大同、鞍山等。

7)工业型城市,如大庆、马鞍山等。

8)农村性城镇,包括县级市,是联系城乡的桥梁和纽带。近年来,随着改革开放和经济发展,促进了县级市的蓬勃发展,如张家港市、锡山市等。

(3)按城市形态即空间格局分类。一般可分为单中心块状城市、多中心组团式城市、一市多片星座式城市、手掌状放射式城市、带形城市等类型。不同形态城市的生产设施和生活设施的安排、道路网和交通布局等各不相同。实践表明,单一中心块状城市易产生交通的拥挤堵塞,环境恶化等生态系统问题。

2. 生态系统综合分类原则

近年来,城市生态系统分类问题引起国内外各方面的注意和研究。分类方法也有很大进展,分类的描述已由定性转为定量,定量的分析已推进到应用多种因子,多变量分析。

(1)整体性原则

生态系统的整体性,是指这个系统是生态和经济的有机的、统一的整体。在这个统一体中的各个子系统之间,子系统内各个成分之间,都具有内在的、本质的联系。

生态系统的整体性特点,包括三个层次的含义:①把系统与环境统一起来研究。假如一个特定的区域性生态系统遭到破坏,迟早要危及与其相联系的其他生态系统,甚至威胁整个人类的生存。②把系统内的各子系统统一起来进行研究。因为一个良好的生态系统必然要求一个良好的社会系统和经济系统与之相适应,三者之间相互促进,构成一个良性循环的整体。③把系统的各个组成部分看成一个整体来进行研究。如环境保护系统是生态系统的一个组成部分。对这一部分的研究,必须把它看成涉及社会制度、经济、法律、环境管理、技术进步等多种因素的一个整体,各因素之间是相互依存和相互制约的。系统的现状与差异是以上特点共同作用的结果。因此,区域内的单元分类应遵守系统的整体性原则。

(2)经济生态综合原则

生态系统是一个多层次、多序列的综合结构体系。在这个庞大的综合体系中,生态系统的生命系统是包含各种生物并由食物链连接起来的生物网络;环境系统有各种物理、化学和生物过程。广义的经济系统不仅包括生产交换、分配、消费等各种环节和许多产业部门,而且包括技术系统等。

### 7.1.3 城市生态系统的特点

城市生态系统相对于自然生态系统有许多不同的特点:

1. 城市生态系统是人工生态系统

城市生态系统是通过人的劳动和智慧创造起来的,人工控制对该系统的存在和发展起着决定性的作用。当然,人工控制也是在自然控制的大背景下起作用的,必然受到太阳辐射、气温、气候、风、洪水、水源状况等因素的控制。

2. 城市生态系统是以热为主体的生态系统

在城市生态系统中,人口高度集中,其他生物的种类和数量都很少。动物群落基本上是家养动物群落,其生存除受气候、洪水与疾病等影响外,基本上不受天敌的威胁,而主要受人类的支配。因此,在城市生态系统中,人是主要消费者,生产者、消费者所占的比例,与在自然生态系统中相反,是以消费者为主的倒三角形营养结构(见图7-2)。

图 7-2 城市生态系统的营养结构

3. 城市生态系统中生产者是不完全的生态系统

城市生态系统中生产者不仅数量少,而且作用也发生了改变。城市中的植物,其主要任务已不是向城市居民提供食物,其作用已变为美化景观、消除污染和净化空气等。由于植物产量远远不能满足当地消费者的粮食需要,必须从城市生态系统以外输入。

在城市生态系统中,需要异地分解废弃物。在城市环境中,适合于分解者生存并发挥其功能的环境已发生巨大变化,加之城市人口集中,因此由系统排出的废弃物——各种工业和生活废弃物、污水等往往不能就地由分解者进行分解,几乎都需要输送到污水处理厂、垃圾场进行处理,从而耗费了大量人力、物力。

4. 城市生态系统是高度开放的系统

城市生态系统具有大量、高速的输入输出流,能量、物质和信息在系统中高度浓集,高速转化。

5. 城市生态系统是多层次的复杂系统

从以人为中心的角度考虑,城市生态系统可划分为三个层次的子系统:

(1)生物(人)—自然(环境)系统。只考虑人的生物性活动,是人与其生存环境的气候、地形、食物、水源、生活废弃物等构成的一个子系统。

(2)工业—经济系统。只考虑人的经济(生产、消费)活动,由人与能量、原料、工业生产过程、交通运输、商品贸易、工业废弃物等构成的子系统。

(3)文化—社会系统。只考虑人的社会活动和文化生活。由人的社会组织、政治活动、宗教信仰、文化、教育、娱乐、服务等构成的子系统。

以上各层次的子系统内部,都有自己的能量流、物质流和信息流,而各层次之间又相互联系,构成不可分割的整体。

### 7.1.4 城市生态系统的人流、物流和能流

城市是开放的生命系统。一般生命系统都具有新陈代谢和适应的功能,即机体与其环境之间,存在着物质、能量、信息的流动交换。生命系统的结构联系,实质上也是物质、能量、信息的联系。由流通而产生联系,由联系形成结构,一定的结构形式决定了特定功能、属性,这就是生命系统的结构与功能之一。

人类栖息居地—城市是性质不同、结构各异的社会亚系统、经济亚系统和环境亚系统所构成,各自有其特定功能过程。以居民人口为主体的社会亚系统,进行着人类本身的再生产,创造着社会文化,即物质文明和精神文明,从事着城市的建设和管理。

以各个经济部门生产过程为主题的经济亚系统,通过不断扩大社会在生产,组织社会商品分配和消费,满足社会物质生活日益增长的要求。

由自然的经济资源构成的环境(资源)亚系统,一方面为居民提供舒适安全的栖居条件,维护生态平衡。另一方面还要为人的再生产和经济再生产的需要持续提供资源。

对城市这样的社会—经济—自然复合生态系统,不应将各亚系统分别对待,必须重视整体综合。要着重了解几个亚系统的各项功能过程的相互关系和动态趋势。要探索系统内外各种确定性因素及不确定性因素对系统过程关系的影响。

为了有效的辨识城市系统整体功能,首先要把城市系统功能的两个基本特征。一是人口在城市中的集聚,不单纯是生物对其环境的生物学适应,而主要是社会生产力的发展和社会劳动分工。另一方面,城市系统的物流或能流是在人类社会知识信息流的支配下运行的,一代代人之间传递积累的丰富文化知识对城市系统的各种流通关系起着导向作用。

根据以上两个基本特征,我们从两条途径来对城市系统的功能进行整体综合:①以人口流为中心,把人口的集聚和劳动分工与物质流和能量流过程的关系加以全面综合;②以城市过程关系的知识信息为中心,探讨城市系统的信息调控。

1.城市的人口流

任何一个城市地区,都包含着以下几个人口动态过程,即区域内部人口的生死过程,区域内外的人口迁出和迁入过程;由于在各种产业中劳动力的分配关系改变,而出现的劳动力转移;由于贸易、旅游活动而形成的短期居留人口流动。

2.城市系统的能量流

城市居民的日常生活和经济生产活动,都要持续地从城市外部输入能量。输入的能量主要有以下几种形态:一类是以生物的形态输入的各种主、副食品;另一类是以生物源形态输入的能量。

3.城市系统的物质流

城市高度集中的人口生活和工业生产对于自然经济的物质流吸引力,随着生产力的不断发展,愈来愈加强大。社会经济的物质小循环的形式和效应,也愈来愈多样、复杂。对一

个城市物质流的过程和城市物质代谢的动态及效应的识别,可以从以下几个方面分别地进行。第一是自然物质流及其内循环,主要指水、大气、土壤、矿物元素的地质社会生物学循环;第二是农副产品流及其生物社会学循环,主要是食物与营养循环;第三是工业原料产品流及工业生产的物料投入产出平衡过程,主要指投入生产资料经生产加工到制成品的输出过程;第四是生活及生产废弃物质的再利用循环,主要指工业废水、废气、废渣及生活有机废弃物垃圾、粪便的再利用情况。尽管自然物质与生活生产废弃物质流及其循环是围绕着城市居民生活的食物流和城市工业生产的物质流这两个核心进行的,但却把社会、经济、自然三个子系统的物质流联结起来构成系统功能的桥梁。

### 7.1.5 城市系统信息流与系统控制

如今的社会已成为信息社会,不论在系统科学和系统管理,还是整个社会生活的各个领域,信息都起着重要的作用。

1. 城市系统的信息流

在城市系统中物质和能量的流通,都是在信息流指导下进行的。广义的信息就是知识,它是能量交换、物质变换的各种动态过程的因果联系。所以,可以把信息理解为能量与物质变化,或相互的变换中表现的某些确定性的因果联系。当我们从事物的复杂相互关系之中经过感知和思维抽象,把各种变动噪声源简化为有序的确定性的知识时,即构成了系统的信息流程。

2. 城市系统发展的控制目标

人类居住地控制目标的认识是人与自然关系的反映。人与自然的关系,一直存在着认识上的巨大分歧。随着历史的变迁和人类社会实践表明,人类必须将以生态综合信息作为对人类与自然关系进行调控的一个重要手段,让我们居住的城市,从各自不同的起点,沿着多样可行途径,趋向于人与自然的和谐协调发展,即可持续发展。

3. 城市生态系统的调控

(1)经济子系统的调控

经济子系统的调控,对城市系统整体的发展与控制具有极其重大作用。一切经济活动都由劳动力、原材料、能量、资金、信息的流量及效率表征的。所以,经济活动势必与社会系统人口过程和环境系统的能量与物质变换建立特定的关系。就子系统的调控,也必然会协调社会、经济和环境过程的相互间的关系。

城市经济系统宏观控制,是导向经济良性循环,协调经济子系统与社会和环境相互关系的重要手段。为了控制经济的全局,一般用于国民经济控制的有三类:综合控制,是经济管理决策部门的管理、指挥、协调、控制;执行控制,是包括生产、分配、流通与消费过程和研究、服务过程以及国际经济活动;积累控制,包括社会产品和国民收入、国家财富积累和人民生活福利,它反映了国民经济空间全部活动的结果,它是我们对经济系统的控制目标的集中表现。

(2)社会系统的控制

社会人口进行着人类自身生产和物质资料生产。经济发展一方面依赖于城市人口这个主体的推动,反过来经济发展程度对人的自身生产及人口流动起着决定性的作用。

人类经济关系,或人口经济过程的宏观控制,所包含的主要内容有:①人口再生产,提供经济生产的劳动力资源;②经济的国民收入分配,提供给人口物质福利,包括社会消费的人口投资;③劳动力参加经济生产,提供了经济劳动生产力,对国民财富积累的作用。因而,人口经济关系的宏观控制,也就是实现上述过程强度水平的适应,发展速度同步和各个过程关系的协同。

如何使人口增长,既与经济发展的劳动力需求相适应,又使经济供给能力与人口消费的增长相适应,同时还要能够逐步增加国民财富积累,稳定扩大经济再生产,这就是人口经济关系宏观控制的主题。

(3)环境系统的调控

历史和现实的发展证明,环境问题一直伴随着人类活动而存在,并且随着人类经济活动的强化,特别是人口暴涨和资源浪费,环境问题变得更加严峻、更为紧迫。

我国城市环境保护工作发展,经历了从工业三废单项治理到区域综合防治、从区域综合防治到区域环境保护、从区域环境保护到区域生态建设三个阶段,由此充分理解或认识了环境问题的激化源于城市系统经济过程、人口过程与自然环境资源关系的失调。所以,环境问题的出路在于应用自然和社会科学知识,弄清环境问题发生的原因,采取有效的综合防治措施。

1)环境控制的任务与途径:根据我国的国情,环境控制或管理的基本任务是:第一,合理开发利用自然资源,维护生态平衡,促进国民经济的可持续发展。第二,建设清洁的、优美的、健全发展和高度文明的人类生存环境,保护人民的身心健康。第三,研究制定有关环境保护法律、法规和政策,正确处理社会经济发展与环境保护的关系,实现可持续发展。第四,开展环境科学研究,广泛开展宣传教育,为环境保护工作提供人才和技术支持,提高人们的环境意识。

(A)资源利用与生态平衡:自然生态系统的原理,揭示了自然界各类生物群落或生态系统持续发展,并保持相对稳定的基本原因,在于各种不同习性的生物种群之间的联合,使特定空间的自然物质,能量资源得到最充分的利用,并形成良性的生物地球化学循环。

如果,人类能够在建设自己的栖居地时也自觉地、有效地使生活和生产各个环节合理地联系起来,实现对有限资源的最有效利用,让可再生资源能够较好的再循环利用,就一定能最大限度地减少环境污染,增进经济效率,改善环境质量,促进社会经济的可持续发展。

(B)社会经济与生活质量:衡量社会与经济发展的尺度,是居民生活质量,社会福利。对城市居民来说,生活条件主要包括物质条件、社会条件、个人行为和一般感受。

物质条件,一类是影响人类生存的物理条件,如空气、水等;一类是住所的条件,住房的质量,室外绿地等;一类是健康与物质享受、医疗保健、生活资料、家用设备等。社会条件,主要有人口密度、人际关系、就业与劳动环境、人身安全、学习条件等。行为方面,主要是劳动性质、技能实践、休息娱乐以及个人创造的发挥等的有关条件。一般感受,指满足人们自我实现的各种机遇和条件,包括生活环境的多样性、新奇感、美感等。由此可见,提高人民生活质量,不仅仅是物质条件,同样重要的还有社会条件、行为和感受。

2)环境调控的对象和手段:环境问题的产生来自城市经济生产和居民生活,因而,环境调控的中心或主要对象是城市经济与自然环境之间的物质变换关系,以及居民生活对居住环境的相互影响关系。

目前,我国城市环境保护方面提出的控制对象,主要是大气、水、固废和噪声。控制手段很多,就污染物排放控制来说,主要有两种标准,一是排放污染物浓度标准,即限制排放污水或废气中各种污染物浓度,不得超过国家规定的标准。另一种是污染物排放总量控制标准,即按区域环境的自净能力,最大环境容量来规定各项污染物排放的总量。

# 7.2 我国城市生态环境状况及生态城市建设

我国是人口众多、资源相对不足的国家,在现代化建设中必须实施可持续发展战略。可持续发展就是要把发展与环境结合起来使社会取得的经济发展不仅满足当代人的需要,还能给子孙后代留下发展的潜力,其实质就是在协调人与人之间、人与自然之间的关系的基础上,促进人口、资源、环境与社会的全面发展;形成以人的全面发展为中心的社会发展体系和人与自然高度和谐的生态环境;实现经济效益、社会效益、生态效益的统一。作为可持续发展战略的一个重要方面,就是对于生态环境的保护与生态系统的创造。对于城市而言,重视城市生态环境与生态城市的建设有着特殊重要的意义。

## 7.2.1 我国城市生态环境状况

我国城市生态环境状况不容乐观,城市生态系统的破坏已给社会和经济发展带来了极其不利的影响,拯救城市的生态环境已经时不我待。

1. 城市规模的迅速扩大

近年来,我国城市规模成倍的迅速扩大,大量毫无节制的占用土地,造成耕地面积急剧减少,严重威胁着土地资源。据统计城市建设用地90%以上为高产稳产的良田。

2. 城市水环境状况迅速恶化

由于经济发展和人口的增加,带来了生产废水和生活污水的大量排放,所排放的污水未得到很好的处理,造成全国80%以上的城市河流水体的严重污染,影响到居民的正常生产和生活,加剧了水资源的短缺,威胁了饮用水源,危害了人们的身心健康。

3. 固体废弃物堆积如山

我国绝大多数城市垃圾处理能力很低。垃圾处置的主要方式是传统的填埋法或堆放法,基建废料、工业废渣、生活垃圾随意丢弃、倾倒、乱堆乱放等对生态环境造成了极大破坏。即使像南京、上海这样的大城市,也都处于"垃圾围城"的困境之中。

4. 大气污染严重

我国是一个以煤为主要能源的国家,煤炭占商品能源总消费的73%,燃煤造成严重的大气污染。近年来,随着汽车数量的剧增和尾气排放管理不严,加剧了城市的大气污染。城市大气质量公报表明,我国很多城市大气质量较差,远高于国家二级标准。其中,北京、石家庄、重庆等更为严重。

5. 城市噪声

随着交通的发展和建筑工地与工厂的增多,城市噪声污染相当严重,其中70%的噪声来自交通。据有关资料统计,我国城市平均等效声级在55dB以上,很多城市在60dB以上,严重地干扰居民的正常生活。

6. 城市交通拥挤

由于土木工程和交通工程规划设计时缺乏环境意识和发展观念,使我国大多数城市存在交通拥挤问题。交通拥挤不仅造成严重的大气污染和噪声污染等环境问题,而且严重地影响城市的生活环境和投资环境。

## 7. 城市森林覆盖面积较小

我国城市规划和建设中,对绿地、树木的覆盖面积考虑较少,建筑物占据极大比例,很多城市绿地和树木覆盖面积仅占据城区面积的14%～20%,而西方发达国家城市的绿地覆盖面积占城区面积达50%左右。近年来,上海、南京、北京等大城市普遍建设了一批绿地和市民广场等,有效地提高绿地比例,取得了良好的效果。

## 8. 城市对周边地区的辐射影响

城市的发展不仅造成了自身的环境问题,而且也给周边小城镇及农村地区造成了许多环境问题。例如,长江流域沿江大中城市在自身的发展过程中也对长江流域的生态环境造成了破坏。这些城市多是工业尤其是重工业比较发达的城市,从上游的重庆、宜昌到中游的武汉、黄石,到中下游的九江、南昌、合肥、芜湖,再到下游的南京、上海都是工业化程度比较高的大中城市,整个长江流域都处于工业污染的包围之中。生态环境恶化,造成长江流域"湖泊少鱼、山中少林、林中少鸟"的不良状况。长江流域城市生态环境的恶化已经严重影响到整个流域的经济发展。

### 7.2.2 城市生态环境建设目标和指导思想

生态城市建设的目标是"人与环境的高度和谐"。要达到这一步并非易事,具体而言,要创建生态城市,应结合城市自身的地理因素、自然条件及社会经济状况,提出生态城市建设总体的指导思想。

1. 以各大城市生态建设为主导,把各个大城市建设成为区域(或流域)的生态城市中心,形成辐射效应。各大城市在整个区域属于经济相对发达、城市产业集中、工业化和城市化水平最高的城市,因此最有实力首先建成生态城市。加上这些城市本身所固有的区域优势,就更能有利地推动整个区域的生态城市建设。通过辐射效应将其他城市纳入到生态城市体系当中,这些大城市也就成为辐射点。

2. 在各大城市的带动下,各中等城市加入到生态城市建设当中。它们依托大城市的资金技术来改造原有的产业结构和产业布局,并增加对污染的处理能力,加大环保力度,从而在每个大城市周围都形成一个到多个生态卫星城,互相之间加强对生态环境的共同保护,形成区域的生态保护网络。

3. 通过各中等城市的二级辐射效应,将各个小城镇和广大农村纳入生态保护体系,控制这些地区日益严重的生态问题,避免造成对核心区域生态环境的破坏和冲击,逐步实现对这些地区的生态化改造,最终形成区域性的生态城市分布格局。

### 7.2.3 生态城市建设的基本途径

1. 积极主动地吸收发达国家生态城市建设的经验

目前世界上绝大多数发达国家都非常重视生态城市的建设,十分重视环境的质量和保护。他们提出:不能以牺牲下一代人的利益来维持今天的奢侈;可持续发展是世界永恒的主题。二战以来,欧洲各国都开始了生态绿化战略,成立专门的绿色空间设计组织。在此基础上还十分重视资源的保护和能源的节约,逐步达到可持续发展。从我国的长远发展来看,在坚持自我特色的基础上,吸收国外的有益经验应当成为发展生态城市的有效途径之一。

2. 加强农村城镇化的生态控制,做到城镇化与生态环境协调发展

首先重点建设一些小城镇,健全小城镇的功能,实现非农产业与人口集聚,形成较大规模,使小城镇发展步入良性轨道,从而增强进一步改善生态环境的实力。其次,制定符合生

态经济规律的小城镇规划。规划要有科学性和预见性,克服短期行为和盲目性,做好环境容量分析,合理确定小城镇规模,统一安排用地,优化用地结构,增加公用设施和绿化用地,注意旧区改造与新区建设的结合,提高土地利用率。再次,对小城镇中的乡镇工业要实现经济增长方式的转变,由粗放型转向集约型,减少小城镇发展过程中的资源浪费,改善生态环境。必须加大对乡镇工业的科技投入,提高生产技术水平,采用无污少害的新工艺、新设备、新技术,增加产品科技含量,广泛推行清洁生产,提高治理污染的能力。另一方面,需要加强管理,特别是环境保护,完善小城镇发展中的生态保护管理体制,进一步加强执法力度,彻底改变"脏、乱、差"的现象,严格控制新污染源的产生。

3. 重视城市发展过程中节约与保护水资源

我国淡水资源不足,沿海城市尤为严重。虽然南方水量比较丰富,但由水质污染引起的水质型水资源短缺问题也十分严重。这是制约城市可持续发展的症结所在。在一些城市提出的水资源规划方案中,结合国情和自然条件不够,指标过粗;有些中小城市提出每人每天用水 350~500mL,显然过大。应当按照不同类型地区,不同规模城市进行研究,探讨一套比较切合实际的城市用水方案,避免水资源的浪费。另一个问题是对大江大河大湖及其城区内部水资源保护不力,水质污染现象严重。如以太湖水为水源地的苏州市、无锡市城内 3个水厂,由于夏秋季水质恶化,使处理出水经常发生严重的超标问题;南昌市每天排放污水 60~80 万 t,但处理能力仅为 25%;合肥市每天排放污水 90 多万 t,仅能处理 30% 左右,巢湖水面有 1/5 受到严重污染;而作为我国特大城市的武汉水污染情况更为严重,沙湖水质已经发黑发臭,鱼虾基本灭绝,东湖水污染也到了非治理不可的地步。因此必须加强对污水的治理和资源化的回收利用。改革传统的经济增长方式,加强生态环境建设是提高城市的可持续发展水平的关键,而建设生态城市才能从根本上解决生态危机问题。

4. 加快与建设生态城市有关的法律法规的制定

改革开放 20 年来,我国城市园林绿化已经步入法制化的轨道,并且取得了较好的成效。如 1992 年国务院颁布了我国城市园林绿化的第一部法规—《城市绿化条例》,此后,建设部又先后颁布了一系列法规和条例。在这些法规和条例的指导下,我国城市园林绿化事业取得了辉煌的成就,大大地改善了城市的生态环境。在此基础上,我们受到的启发是:只有在法制的大前提下生态城市建设才能成功,我国已经颁布了《环境保护法》,初步解决了有法可依的问题。下一步是要补充一些细则,使法律条文更加严密,并做到违法必究。

综上所述,生态城市建设是城市可持续发展的唯一出路,也是经济进一步发展的重要基础。我们要站在可持续发展的高度上,既要为城市的经济社会良性运转创造繁荣兴旺的发展条件,又要把安全舒适、方便可靠和绿色带给城市,使城市居民拥有高质量的生产、生活环境,比较完善的基础设施,良好的社会文化环境,较高的居民素质,真正重视生态城市的建设,把城市建设成为我国 21 世纪的生态良性循环区,成为经济发展的新一轮增长点。

## 7.3 土木工程对城市生态系统的影响

城市生态系统是社会的多要素、多功能、多系统作用于城市所表现的物质和精神的形态概念,它不仅是城市规划的形式、风格、布局等有形土木工程的表现,而且含有更深、更广泛的意义。

人类社会的发展,物质总是第一性的,经济基础透过社会的需要必然表现在城市的物质建设上;而上层建筑所追求、所反映的意识形态,又反映到社会物质基础上精神建设的一面——城市文化上。城市生态系统的建设是一种社会物质、精神形象象征总和的建设。同样,城市的物质建设对城市生态系统起决定性的作用。而城市的物质建设中土木工程占有绝对重要的位置,因此,土木工程的规划、设计、施工、管理直接影响到城市生态系统的好坏。现在我们来讨论各类土木工程对城市生态系统影响的情况。

### 7.3.1 住宅建筑工程对城市生态系统的影响

同空气和水一样,居住是人类求得生存的第一需要。自从建立家庭以来,住宅又是家庭的最基本居住单位。住宅建筑工程对人类生存、生活和周围生态环境有着重要的影响。

人是环境设计的主体。人有能力适应各种自然环境和社会环境,一旦出现了人与环境的不适应时,也有能力改造环境。因此在进行住宅建筑工程建设时,我们必须考虑人与生态系统的环境,从而更好地满足人们对居住的需求。

长期以来,由于我国居住区规划十分重视建筑的物质环境功能,将住房的日照、通风、采光和朝向作为首要的、绝对的标准,忽视了综合效益及现代技术、设施及建设处理的自然通风采光的辅助作用。同时又由于忽视居民对居住区社会环境的需求和居住行为心理的需求,住宅群楼栋间按照日照距离行列式布置,在等距离平行排列的行列式建筑群中,有些为保证冬至前后若干小时的日照空间将住宅布置得不符合生态系统的要求。孤立远离的单体建筑占据四通八达的空间范围,给人一种与亲切、宁静、安全的居住气氛完全不相一致的空旷之感。

除此之外,还因人多地少的矛盾日见突出,在密度不断提高的情况下尚缺少科学有效的途径来改善环境质量,以致造成住宅建设高楼林立、公用绿地减少、城市噪声及空气污染严重等生态环境问题。

### 7.3.2 城市中心区建设对城市生态系统的影响

城市中心区是城市的核心地区,是土木工程最集中的地方。作为物质实体,它是满足人们各种需求的凭借和依托;作为一个经济实体,它是城市从生产到消费链中的关键一环;作为社会实体,它是实现人们社会交往的主要场所,并且集中反映了城市社会风貌、文化水平、历史发展、地方特色等方面内容,是精神文明的标志。市中心环境就是由上述内容所构成的高度综合的有机体。市中心效益大小,完全取决于各构成要素之间的协调。因此,尽管市中心规划主要还是建筑规划,但最终的目的是提高市中心环境的综合效益。

市中心建设对城市生态环境影响主要表现如下:

1. 交通拥挤是市中心环境质量的首要问题

交通拥挤是我国城市中心地区最为突出的环境问题,尤其是近几年来,城市中心交通量增长迅速。如南京、天津、上海、北京等城市中心每天的人流量已达 30 万人次至上百万人次。即使中小城市也不例外,浙江绍兴市中心解放路平常的行人交通量也达到 12 万人次,节假日甚至还要高出一倍以上。再加上各城市机动车、自行车大幅度增长,道路人车混行,矛盾十分突出,采用交通管理或局部改善措施也难以解决,有必要从更大的范围内,探讨较为彻底的综合解决市中心地区交通问题的办法,保证市中心的功能环境得以正常。

2. 缺乏以人为主的理性建筑规划设计观念

改善市中心整体环境,提高市中心综合效益,最终是为了那些使用市中心的人。现在不少城市在市中心改建规划中常持单打一的交通观点或经济观点,他们为缓解交通矛盾,就设置强制性的栏杆,把行人限制在狭小的空间内,结果市中心成了车辆的天下;而在另一些改建规划中,只从经济着眼,注重拆多少房子,盖多少房子,增加了多少建筑面积,却很少考虑人的环境,以致市中心一点绿地和休息场地都没有,这不符合城市生态的宗旨。在西方发达国家,即使市中心地价高得惊人,但还是能依据法规限定留出必要的广场绿化,我们理应如此。随着我们城市建设的发展,已经提出了这方面的要求,这就是在规划设计中心须树立起以人为主的理性设计观点,充分考虑人的存在环境。

### 7.3.3 绿化布置对城市生态环境的影响

城市化的建设和发展打破了自然界的生态平衡,带来许多公害,人类为此付出极大的代价进行环境保护。当然在大量的人工环境中要恢复原有生态平衡是不可能的。但在新的居住区和改建的居住区尽量为居民创造健康的生活、成长的生态环境,达到新的平衡,理应是我们努力的方向。而充分的、科学的绿化是达到目标的必不可少的手段。

1.生态需要与绿化功能

绿化能调节城市生态环境。绿化首先是为了居民的生态需要,在满足生态需求的基础上讲究美观。有的北方城市在面积不大的绿地上种了许多当年生的花卉,季节一过土地光秃秃的一片,刮起风来难免尘土飞扬,这种绿化达不到生态要求。也有的居住区绿化不结合功能,只是苗圃式地种上树,与生态绿化相差甚远。实际上城市绿化有非常现实的功能要求,包括物质功能和精神功能两方面的要求。

(1)物质功能 绿化在城市中具有遮阳、隔声、改善小气候、净化空气、防风、防尘、杀菌、防病等物质功能。

(2)精神功能 绿化在城市中具有美化环境、分隔空间、休闲场所、儿童游戏、陶冶情操、消除疲劳等精神功能。

2.室外活动与绿地

人们利用闲暇时间去公园绿地活动已成为城市生活的一部分。但是与居民日常生活息息相关,使用率高的不是城市大公园,而是居住区绿地或居住区附近的小公园。虽然后者与前者相比,规模小、内容不够丰富,但是靠近人们的住所,走几步就能到达,随来随往,使用十分方便。美国城市规划专家的研究表明,虽然城市公园对居民的需要来说十分重要,但是只有离公园不超过三分钟间距的人才会经常使用它。那些住在距公园三分钟以外路程的城市居民并不经常需要它。因此针对居民的室外活动需要,搞好居住区的绿地布置十分重要。

### 7.3.4 城市声环境对居民居住环境的影响

我国目前对城市居民影响最大的噪声是道路交通噪声,约占各类城市噪声的40%。据全国120个城市对道路交通噪声调查表明,平均65%的交通干线白天的等效噪声级超过70dB。工业噪声范围约占城市面积的20%,土木工程施工噪声范围也占有很大比例。

1. 在城市规划建设中,按噪声源的现状及对发展情况的预测,对不同的声环境要求作声学分区,从宏观上控制噪声的干扰。

合理安排城市道路交通网,会有效的减少噪声对居住环境的影响。城市道路一般可分为三个等级,即环城干道、地区道路和市内道路。环城干道供车辆进入城市并使其能尽快到达预定地区;到达预定地区的车辆,可经由地区道路到达通向市内道路的路口;车辆经市内道路进入市内某一地点,所有的市内道路都是死胡同,以免车辆穿行。不同等级道路上的车流量必然不同。对噪声敏感强的住宅、医院等类建筑工程应布置在市内道路区;对噪声敏感稍弱的商店、办公楼、服务设施等类建筑工程应布置在地区道路两侧;对噪声不敏感的建筑工程可布置在环城干道两侧。

2. 在住宅用地确定后,作总体布局及单体建筑设计时,应根据环境噪声标准及其功能要求,进行合理的设计。

根据声环境的要求,一般应考虑:①临交通道路,注意配置对噪声不敏感的建筑;②在满足城市景观要求的同时,把一些住宅布置得垂直于交通线或是呈一定角度;③尽量不出现由长条形的住宅楼围成"闭合"户外空间,以减少儿童户外活动噪声等形成的混响声场对住户的干扰。

### 7.3.5 城市防洪工程对生态环境的影响

城市防洪工程是典型的土木工程。一个城市的防洪工程不仅能保护人们生命财产的安全,而且对城市的生态环境起着决定性的作用。

1. 洪涝灾害对城市社会环境的影响

洪涝灾害对城市社会环境可能产生巨大的危害。不仅破坏人们物质财富,而且摧残人们的精神灵魂,严重地还会导致人员死亡。我国是洪涝灾害多发国家,洪水一直威胁着每座城市。每年防洪期间,各城市都上下动员,全民防洪,严重地打乱社会工作的正常程序。因此,加强防洪工程建设是改善城市社会环境的重要措施。

2. 洪涝灾害对城市经济环境的影响

洪涝灾害对城市经济环境影响更为明显。洪水淹没住宅、工厂、商店、仓库、道路等,造成城市经济秩序的混乱,大量的物资浸水后失去了经济价值,工厂被迫停产,大片农田被淹,城郊蔬菜成片死亡等造成巨大的经济损失。因此,加强防洪工程建设是改善城市经济环境的重要保障。

3. 洪涝灾害对城市环境质量的影响

洪水使城市河流水质加重恶化,地表垃圾及固弃物等在洪水的浸泡下,污染物质进入水体;地面各类有毒有害物质在洪水的作用下,以面源的方式进入水体;污水塘、污水坑、污水池、污水河道等污水调蓄工程,在洪水作用下发生漫溢,严重威胁水环境质量。

综上所述,防洪工程对城市的社会、经济和生态环境具有较大的正面影响。但是,防洪工程对城市环境也有许多负面影响。如防洪工程建设使城市内河和外河的自然通道隔绝,影响水系的自然循环;防洪工程的闸、坝使水体流动受阻,水域环境容量受损,污染物在部分河段内长时间停留,造成水体发黑发臭,严重破坏水体环境。

### 7.3.6 水利工程对流域生态环境的影响

随着人类社会经济的发展,水利工程已受到广泛的重视。现代水利工程建设的重要特征是:①利用方向从单向走向综合。除了灌溉、发电之外,还与防洪、城市供水和调水、渔业、旅游、航运、生态与环境保护等多目标决策相联系,一水多用;②水利工程建设的数目越来越多,工程的规模从不断扩大到加以适当控制;③从单项工程建设,逐步发展成流域综合开发和保护。

由于水资源开发利用的强度和速度越来越大,对环境的影响日益增强。人类对水资源的利用,并不总是有利的;历史上得不偿失的工程并不罕见,一般一项工程既有利,也有弊。为了更好地利用水资源,化害为利,对水利工程的论证、预测和环境影响评价已越来越受到人们的重视。当前水利工程对生态环境影响研究的基本动向主要有三种：①人们对水利建设与环境相互关系的思维空间和实践领域，经历了由点(工程)到线(河段、河流梯级开发)到面(库区生态环境研究)到体(流域、自然、生态、环境、经济的复合大系统研究)的发展演化，体现了开发的整体化、系统化和综合化；②水利环境影响研究，已从单学科发展到多学科协同攻关；③从重现状评价发展到现状评价与长远预测相结合，从质量评价发展到经济评价，从单纯影响评价发展到对策、实施反馈、再对策的完整过程。水利工程引起的环境问题不再是以建设工程开始为结束，而是与工程的寿命同始终；不再是以作出评价为目标和终结，而是坚持长期观测，将生态环境效益作为工程的长远效益和目标之一。

从国外兴建大型水电工程的经验教训看，它们对生态环境既产生有利影响也带来不利影响。因此，在考虑经济效益的同时，必须重视生态环境的研究。有些工程由于弊大于利而被取消或改变方案；也有由于在建坝前预测不力，建坝后往往出现严重后果。例如闻名世界的莱茵河三角洲荷兰东谢尔水道入海口处的挡风暴潮闸工程，由于考虑对生态环境的影响而改变了原有的设计方案。又如尼罗河阿斯旺水坝建成后，因上游来水和来沙量减少，使河口营养盐下降，致使渔业资源大幅度减产，同时由于使下游地区失去肥沃的有机质和淤泥，而加重了盐渍化的程度；三角洲海岸也因泥沙补给减少而发生侵蚀。我国 50 年代由于治理黄河以适应工农业发展的需要，从此黄河径流量不断减少，对黄河口生态环境产生一系列影响。例如出现黄河下游持续的断流，严重破坏生态环境；同时由于入海营养物减少，渔业减产，河口水域肥力下降；另外流量减少，河床淤积，河势退化，因此必须重视水利工程对生态环境的影响。

下面以举世瞩目的三峡工程为例，论述三峡工程对上海市生态环境的影响。

1. 长江口盐水入侵变化对上海市水源的影响

随着建设事业的发展，上海的工业用水和生活用水量日益上升，供需矛盾不断增加。为了解决供水需要和改善供水水质，除充分利用和改善黄浦江水质外，已开始直接从长江口取水。长江是我国第一大河，水量丰沛，水质良好，这为解决上海的用水问题提供了得天独厚的条件。但上海濒临长江河口，在长江枯水期出现海水入侵造成黄浦江下游河段和长江口徐六泾以下河段氯化物等溶解盐类剧增，往往使水质不符合饮用水和工农业用水标准，给上海人民的生活和工农业生产带来严重影响。为了避免或减轻海水入侵对取水水源的影响，上海市许多企业根据河口水体潮汐变化规律，兴建了调蓄水库，江水正向流动时，水库进水闸打开进水；江水反向流动时，水库进水闸关闭不进水，保证库内为淡水资源。

三峡工程建成后对长江河口海水入侵具有一定的影响，这种影响既有不利的一面，也有有利的一面。不利方面主要表现为海水入侵时间提前，历时加长，总的受咸天数(或小时数)有所增加，这对水库调度方案和蓄水量产生不利影响。有利一面主要表现为氯化物峰值(最大值)将有所削减和连续不能取到合格水的天数有所减少，这对通过避咸蓄淡工程充分利用长江河口段的淡水资源将是有利的。

2. 长江河口及上海近海水域的生物群落的影响

三峡工程建成后，特别是水库蓄水期间，苏北沿岸水和杭州湾水对长江口区的影响相对加大，尤其是外海高温高盐水向江口近岸逼近，带来更多的暖水种，这样将改变原来的江口低盐浮游植物群落的结构和生态性质。

三峡工程对长江流量作季节性调节，大通站下泄流量 10 月有所减少，1～4 月有所增加,这将影响盐度、营养盐等要素的变化,进而导致长江口及其邻近水域的浮游动物数量变动、种类组成以及群落结构产生一些影响。

由于大坝建成后大大提高了三峡库区的水位,长江上游来的泥沙将有相当部分在库区沉积,长江入海泥沙通量肯定会有一定程度的减少,这必然导致长江水下三角洲区域的沉积过程发生变化,也就是其沉积物的成分、粒度大小和沉积速度都会因之而改变,并进而改变三角洲底质的特点。待沉积物组成有明显改变之后,栖居于其间的底栖生物组成将随之而改变。

3. 长江口邻近海域鱼场位置的改变

长江口邻近海域是我国重要的鱼场之一,栖息着淡水鱼类、咸淡水鱼类和咸水鱼类 500余种。由于长江来水变化,可能造成海水倒灌,使咸淡水界变化。结果海域内咸淡水浮游生物比例改变,直接影响鱼虾种类和数量,同时由于饵料减少,引起鱼类产卵场位置的改变,使回游路线变动,鱼产量下降。

4. 黄浦江水质污染发生变化

据 96 年统计资料,上海市的污水年排放量达到 228478 万 $m^3/a$,平均每天达到 626 万$m^3/d$。大部分为未经处理即排入上海人民饮用水源黄浦江。黄浦江上游常年平均来水为2644 万 $m^3/d$;来水与污水之比约为 4.2:1(枯水季节为 1.4:1);黄浦江的污染已成为上海市严重的社会问题。

以上所述长江枯水季节对上海市的水环境的影响。而三峡工程建成后,由于 10 月水库开始蓄水,下泄流量比建成坝前减少。据有关资料表明 ,10 月蓄水后,流量减少 27.8%,这样将导致 10 月份以后,黄浦江水质进一步恶化,使本已失调的上海地区的生态环境,发生更加严重的破坏。当然,1~4 月份由于水库放水,会增加长江流量,这时将有利于改善黄浦江的水环境状况。

通过三峡工程对上海地区生态环境影响的例子可得到这样一个结论,我们建设工程不仅要考虑现在,而且还要考虑将来,不仅考虑本地区,还要考虑有关的其它地区;也就是说,要在时间和空间上全面考虑,统筹兼顾。按照生态平衡的原则,对生态系统采取任何一项措施时,该措施的性质和强度都不应超过生态系统的忍耐极限或调节复原的弹性范围,否则就会招致生态平衡的破坏,引起不利的环境后果。


# 7.4 土木工程对城市生态的调控

土木工程对城市生态的影响,既有有利的一面,也有不利的一面。因而我们在工程的规划、设计和管理中要树立生态环境观念,确立宏观的指导思想和采取必要的措施。探求利大弊小的工程布局规模和形式,创造良好的城市生态系统。

## 7.4.1 土木工程建设的宏观指导思想

1. 在城市规划设计中要注重合理利用土地

我国虽然疆域辽阔,但土地资源十分紧张,人均占有国土面积只有 13.3 亩,仅为世界人均数的三分之一;加上我国山地多于平原,耕地比例小,人均耕地和永久性农作物用地仅为1.4 亩,只有世界人均数量的 30%,后备资源潜力小。由于城市发展,基建占地,近年来耕地在大幅度减少,这对国家和民族生存都将是巨大威胁。节约土地是我国的基本国策,落实这一基本国策是我们每一个规划设计者的义务。我们更应认识到土地作为生产要素能为国家创造巨大财富,它是城镇立足之处,城市的居住及各项设施都基于土地使用。规划设计者只有建立这样一个宏观观念,在具体设计时才会经济、合理地利用每一寸土地,同时把级差地价与城市开发、城市设计相结合。

2.人口问题同样是我国城市经济社会和环境中重大的问题

人口的控制和土地的控制直接发生联系。特别在研究城市的各项土地使用的相关比例关系时,都要遵循《土地法》和《城市规划法》,把城市土地的研究和人口的结构、人口的年龄结构的变化紧紧结合在一起。要十分重视城市人口组成的特点,流动人口的比例,以及与各项设施标准的关系,把人口问题作为土木工程建设的服务对象。不但要在数量上加以研究,而且要研究社会人口生活方式,社区人际关系的特点,使规划设计观念更加切合实际,更有利于生态环境。

3.注重环境保护,保持生态平衡

环境保护和保持生态平衡,是土木工程规划建设必须建立的宏观指导思想。因为就我国国情来说,环境的保护在工程中具有十分重要的意义。我们规划建筑设计的目的是要为提高人民的生活水平而服务,把经济发展和环境保护与治理紧紧结合起来,把规划和设计中采取的防护措施与治理紧密结合起来。工程设计应与环境保护设施的设计同时进行。施工时避免对自然生态环境造成破坏,应该自觉执行环保的有关法令法规。总之,社会经济建设、环境建设要同步规划、同步实施、同步发展,以求得经济效益、社会效益和环境效益的统一。

4.重视基础设施的条件对规划设计影响的重要性

基础设施建设对国民经济的发展有直接的影响,它的滞后发展,特别是交通运输、电力、邮电通信等与加工工业之间的比例关系的失调会使整个经济发展缺乏后劲,同样城市的基础设施若与城市的发展不相适应,也影响城市的健康发展。为此,在城市发展中,规划设计者必须充分重视基础设施与建筑规划设计并行发展的重要性。

5.环境的规划设计需要我们具有文化的观念

当作观念形态的文化反映着社会经济的发展。城市的建设首先是物质的,同时又反映了精神文明和社会的文化。我们的民族文化有几千年悠久的历史,博大而精深,渊远而流长,在城市规划和建筑的发展上占有极其重要的地位,它对人类的进步和发展具有深远的影响。今天的建筑文化,就是植根于这块深厚的土地上,又赋予它新的成分和内容。特别是现代生活方式和内容,现代科技和材料的发展和引用,外来建筑文化的渗透和影响,洋为中用,古为今用的探索,反映深层的创新思维,建立时代的新文化观念和价值观念等问题,在具体规划设计时需要得到体现。在这种观念的指导下,对历史古迹的保护和整理,创造具有中国特色的新建筑,创造出良好的建筑环境等,都是建设文明、坚持为人民服务方向的重要内容。

### 7.4.2 城市建筑环境设计

当今城市建筑环境设计主要体现在室内环境设计和室外环境设计两大范畴中,也就是人们普遍所说的"室内设计"和"环境设计"。除此以外,还包括伴随着室内外环境设计而形成的独特性领域,譬如环境色彩、环境照明、环境装饰、空间构成、环境景观、环境绿化和环境设施等。城市建筑环境设计是城市生态系统的重要组成部分。因此,环境设计是一门边缘性、综合性极强的研究学科。

1．室内设计

室内是指建筑的内部空间，也是人类室内生活的空间。室内设计与建筑的室内空间机能是相适应的，以创造更佳的机能、更舒适的内部空间环境为目的。室内设计比室内装饰更富有设计价值。室内装饰的目的在于美化建筑的内部空间。

室内设计是时代的产物，它按照人们对室内空间的功能及精神要求，在建筑内部把握空间，根据空间的使用性质和特有的环境，运用物质和技术及艺术等手段，构筑出功能合理、舒适美观，并符合人们的生理、心理要求的理想场所。

现代室内设计除了延续历史的装饰性格外，更重要的是注重室内设施的配备温度、通风、换气、电气、排水等材料和质感的使用、采光与照明、色彩的配置等现代生活所必需的设计。它包括空间形象设计(对建筑所提供的内部空间进行合理的处理)、室内装修设计(对建筑构造体的有关部分进行设计处理)、室内物理环境设计(对室内的采暖、通风、温湿度等进行设计处理)和室内艺术设计(对照明、色彩等因素及室内陈设品，如家具、艺术品、装饰织物、绿化等进行设计处理)等。

概括地说，室内设计可分为三大类，即居住环境室内设计(包括集体式住宅、公寓式住宅、别墅式住宅以及各住宅中各部位的设计)、集群性公共空间室内设计(包括学校、事务办公楼、幼儿园、机关、工厂等以及有关各部位的设计)和开放性公共空间室内设计(包括宾馆、饭店、影剧院、展览馆、体育馆、火车站、候机楼、商店、地铁站、贸易中心等以及有关各部位的设计)。

现代室内空间范围已超出一般的居住范围，而扩大为以商业、文化、教育、交通、医疗、娱乐、休闲、旅游等多种多样功能为中心的空间，甚至包括了现代交通工具的车辆、飞机、船舶等的内部空间设计。

2．室外环境设计

室外环境设计与室内设计有着"外"与"内"空间的区别。人们生活在现实环境之中，与各种不同的空间体系相联系。人类对"对象"定位是基本的要求，人类对各种不同对象的定位，不论是认识性的，还是感性的，均以建立人类与环境之间的均衡为目标。宣传的对象一般按内与外、远与近、分离与结合、连续与间断等关系而排列，因此人类的行为具有空间性的一面。人类为了实现自己的志向，必须认识空间的各种关系，从而把它统一于一个整体的"空间概念"之中。

室外环境包含了地域魅力的要素。对于人类而言，良好的室外环境，能唤起人们各种微妙的感觉。室外环境所包括的领域较广，有广场空间、街道空间、景观空间及与室内环境相适应的环境设施等。其特点首先具有机能作用，包括为人们提供安逸、安全、方便、愉快的室外环境等；其次是创造场所独特的环境气氛。城市的广场、街道、商场、餐厅等集聚的环境，加之各种商业、交通、信息标志等均具有各自不同的个性和特有的气氛。同时，古代遗迹随着时间的推移，时代的变迁，会引起人们的回忆和联想。作为室外环境主体的城市环境，包括街道、工作场所和居住地三个环境空间，通过这三个空间不同的轴向而展开设计，是城市环境设计的中心。因此，城市环境设计已成为现代环境设计的主流。

城市环境包括各种建筑物和各种环境设施。城市不仅是个人和家庭、集团独立生活的场所，也是人们互相合作、生产、流通的空间。按产业可分为综合工业城市(轻、重工业及地方工业城市)、综合大城市(集中所有机能的大城市)、商业城市(商、工业城市和观光城市)、住宅城市(包括以教育为中心及学校集中的城市)、政治经济城市(中央及地方工作的中心)。随着生产经济、城市人口构成结构等不断的变化,城市的机能也将随之复合化。

城市环境的构成要素有人类(个人、家族、企业团体等)、机能(居住、生产、环卫、流通、安全、信息交流等)、空间(单一或复合的建筑物及建筑群、公共服务设施等)。机能是变化的,空间是可以创造的。机能和空间均从属于人类这一主体,按照人类的意志而展开。这种展开的实质是生活式样、生产式样、造型式样的共同创造。

3.景观设计

景观设计实属室外环境设计范畴,为了阐述方便,加之景观设计具有特殊性,因此这时将它列入环境设计范畴之一。景观设计也可称为"小环境设计",即在城市某环境及建筑群之间的狭小地带进行设计,它包括街道广场、街心公园、住宅区、学校、工厂、机关、企业等集体单位的内部环境设计和商业街的共享环境设计等。景观设计由于区域有限,因而造成了大环境中较小的绿洲空间。根据现代化城市的发展,景观设计已成为城市的重要组成部分。景观设计对美化城市面貌和平衡城市生成环境等均起着一定的积极作用。

(1)景观是环境的重要组成部分,可分综合性景观和专类性景观两大类。景观的规划布局应体现实用性、艺术性、科学性和经济性。

"满足功能,合理分区"是景观设计规划布局的重要目标。景观具有多种功能,除美化环境和供人游赏外,还可使人们进一步接近大自然,以达到调节精神、增添活力,陶冶情操的目的。

我们应根据不同的功能和环境要求来构筑不同类型的景观。作为以公园为主体的综合性景观,应根据多种游憩活动的要求,分为休息、文化娱乐和科普教育等区域。也有附设具有纪念意义和名胜古迹的景观,其规划分布应围绕环境的主题而展开,使之更加突出环境内容,以显示此景观的特征。一般说,综合性景观的功能分布的特性和地方性、个性较弱,而专类性景观则较强。功能分布应善于结合区域条件和周围环境,使建筑、道路、植物、环境设施、水体等综合组成有效的景观。

因地制宜,注重优选景址;充分发挥原有景址的地形和周围环境及植被植物的特点,构筑景观;根据景观占地的大小和周围环境的不同,采取不同的规划布局方式。景观设计只有充分运用这个设计原则,才能获取应有的景观特征和体现景观自身的环境价值。

除了以上所述外,景观设计还应考虑"突出主题,构筑特色"。首先,要在调查景址的基础上,明确规划指导思想,进行设计方案的研讨,并且认识主题与景址的自然环境和人文环境(如纪念物,名胜古迹等)的密切关系。善于应用景址的各种环境特点,以达到突出主题的目的。主题和立意是决定规划设计形式和创造景观特色的依据。

(2)景观设计与建筑、环境设施等硬件实体有着不可分割的联系。建筑与环境设施是景观的组成要素,在功能和观赏方面都存在着程度不同的要求。虽然占地有限,但在景观布局和组景中却起了控制和点景的作用,即使在以植物选景为主的景观中也具有画龙点睛的效果。景观设计的基本原则在于"巧于因借、精在体宜",要结合地形进行必要的风景视线分析,做到"嘉者收之,俗者屏之"。景观建筑与环境设施的装饰和色彩的应用,要强调与自然融合,注重与山水、植物等自然材质的联系过渡,使景观中的各种实体融于自然,协调于景观环境,成为环境中不可缺少的有机体。

景观中的建筑造型,包括体量、空间组合、形式细部等的设计,不仅要考虑建筑自身特点,而且要考虑景观功能的综合效果。由于环境景观区域不大,因而建筑体量宜轻巧,空间应相互渗透,要服从景观的总体风格特征。

景观中除了各种有一定体量和功能要求的建筑之外,还应有各种环境设施(也称环境小品),如指示牌、引导标志、供人休息的凳椅、垃圾箱、报栏、宣传栏、公用电话亭、候车亭及防护栏杆和路障等。以上设施在形态、色彩、材料等方面均需进行精心设计,既应与环境相协调,又为环境增色添彩。

(3)景观应成为环境中的绿洲,因此绿化配置设计是不可缺少的,根据景点的需要进行绿化,各种植物是构成景观绿地的基本材料。植物品种繁多,观赏特性也各异,有观姿、观花、观果、观叶、观干等功能,要充分发挥植物的自然特性,以其形、色、香作为创造景观的素材,以孤植、列植、丛植、群植、林植作为配量的基本手法,从平面和竖向空间构筑丰富的人工植物群落景观。所配置的水体、路径、建筑、环境设施等自然环境要与人工环境相协调。注意植物与气温、土壤、日照等条件相适应。植物配置还应把握环境基调,注意绿化细部的处理,并处理好统一与变化的设计关系、空间的敞开与郁闭的关系,以及功能与景观的关系。

植物配置应按地区不同,尽可能选择乡土树种为景观的基调树种,这样不仅植物成活率高,而且既经济又具地方特色,可取得明显的效果。同时,植物配置还要充分利用现有树木,特别是古树名木,这样既利用和保护了古树名木,成为景观一景,又反映了历史的特点。植物配置还重视景观的季节变化,使一年四季具有不同的植物景观效应。

4.环境设施

近年来,在欧美等国家大规模的城市开发时代已经结束,但环境设施这类小规模的构筑不仅早已提到日程上来,并且已取得惊人的发展。一般认为,无论发达国家,还是发展中国家和地区,环境设施必须伴随城市建设而同步进行。这样,充实于人们生活的环境设施设计也就日益呈现出它的重要性。

环境设施,通俗地说是"城市的道具"或"道路的家具",是保持城市生态平衡的重要土木类工程。自古以来,无论东、西方,在进行以道路为中心的城市建设的同时,都很重视环境设施。特别是当今,科学技术的突飞猛进,有力地促进了环境设施的现代化。环境设施不仅作为城市的独特部件而存在,而且这个作为城市环境不可缺少的整体化要素显得越来越重要。

现代环境设施应作为体系化、科学化、功能化、美观化而展现于城市环境之中。这种外界环境的形成与人类的生活、文化息息相关,它不仅为社会提供了特殊功能,而且也反映了社会本身及民族的素质。

目前,由于人们认识不足或者资金欠缺等原因,有时忽视了环境设施的重要性,而仅仅把环境设施作为城市环境必要的"杂件"处理。

我国正处于经济开发和全面发展的重要时代,在正确认识环境设施重要性的同时,有必要认真考虑将环境设施列入城市规划和建设的课题之中,以求确立城市的整体形象。这是当前城市建设必不可少的工作。

5.装饰艺术

装饰艺术是一门创造环境艺术。装饰艺术要求在表现形式上不单是再现直观物具体的色、形等因素,而且要进行选择和概括表现其本质。从远古时代开始,人们就进行自身生活环境的美化,在近代产业发展的同时,装饰艺术更加受到重视。从19世纪到20世纪,在欧洲已出现了大量的图形和纹样,那些描绘非常精致的纹样(左右对称,色彩柔和)充分体现了装饰艺术的水平和价值。

6. 光环境的创造

追求空间的舒适是人类基本的欲望。而在构成舒适空间的各种要素中,光与照明对于环境的创造具有重要意义。空间通过光才得以显现,借助于光的力量,能够创造出更加理想的空间。光环境设计可分为自然采光和人工照明两种。

(1)自然采光:人类生活在自然界中,接受自然界的各种思想,其中最主要的是太阳。太阳光是一切自然光的光源,它创造出来的光空间成了人类生活空间的基础。阳光刺激了人类的视觉,从而使人类观察到了各种物体和色彩。自然光随着时间和季节的推移,发生了引人注目的变化。光环境的自然采光为人类提供了有关气候状态、三维空间定时和定向以及其他动态变化的信息。譬如,作为光源的窗,通过它可以感知天光和云彩,并为居住在室内的人们提供全面的时光概念,消除了人置身于盒壁结构中的窒息感。

(2)人工照明:使用人工照明的实质是光文化的创造。光产生影,影反映光。光与影在共同空间中创造了形。在光环境形成中产生了光影变化的丰富气氛。利用光的原理而产生光文化在创造光环境中起了积极作用。自然光的照度大,但根据天气和天空状况,自然光具有固定的光色,而人工照明则可采用冷光、暖光、强光、弱光等,使色彩发生变化和运动,从而创造出各种相适应的环境气氛。人工照明还可以创造光的导向性,促使环境气氛在转换中获得统一和谐。人工照明还能以神秘的色彩创造虚拟的空间,在多功能的环境中已屡见不鲜。光与某种材料结合更能充分反映材料质感创造出舒适的环境气氛。

随着光照明技术的发展,光环境的创造也不断增加其表现手段,"光"与"照明"对环境的影响越来越大,成为现代环境构筑不可缺少的因素。

7. 环境设计的色彩应用

色彩具有唤起人的第一视觉作用,具有强烈打动人知觉的力量。色彩给人类生理、心理等方面带来极大的影响。人类在长期实践中获得了对色彩的认识,给予色彩不同的性格化。色彩能引起人们的联想和情感直接关系到环境气氛的创造。

现代色彩环境创造的手法极为丰富。对不同的环境设计采用不同的手法,其目的是为了创造特定环境性格的环境气氛。例如,在缺少阳光或阴暗的环境中,采用暖色调以增强温度感;在光线充足的环境中,则多施以冷色调以降低明度;在人们短时间逗留的共享空间中,使用高明度、高彩度的色彩以增强热烈的气氛;在客房、办公室环境中,则采用调和色、灰色以取得安定、宁静的气氛;在高大空间中,以丰富的色彩层次,扩大视觉空间,并增强空间的稳定感。

创造舒适的、优美的环境是人类的愿望,提高人类的生活质量,创造好的环境气氛已成了现代环境设计的重要课题之一。

8. 环境的绿化

环境的绿化也称绿环境的设计。一般地说,绿环境的设计是风景、景观的创造行为,以人的生活和自然的调和为目的,以创造环境作为设计的前提。因此,从自然具有魅力这一观点出发,重视视觉要素而获得的环境氛围是重要的。绿环境的设计属于人所具有的感性的设计领域。对于空间而论,时间是重要的因素。一年有四季,有阳光、风雨、雾等气候的变化。这些自然变化促进了绿环境设计。在时间的概念中,历史传统的文化魅力,在创造环境绿化时是相当珍贵的设计源泉。

人类及动物,长期来被绿色植物所支撑而生活着。在人类生活的环境中,绿环境的设计大大促进了环境设计,增强了环境的生命力。20世纪末,人类生活环境的设计已向着更高层次发展。今后,疗养、游乐、休假的环境将不断增长。环境绿化的手法多种多样:绿的广场——广场作为城市的开放空间是重要的。从古罗马、古希腊开始,直到现代,有代表性的广场都采用了"绿"与"水"的设计。在广场周围种植大量的低矮、四季长青的树木,形成绿色广场的气氛;人行道——人行道作为城市街道的一部分,近些年来越来越受到人们的重视。发达国家在人行道上种植各种植物,设置喷水、雕塑、休息椅和其他环境设施,构筑了"绿色的道";休息角(街心花园)——在城市中心,设立公共空间并加以绿化是困难的。为了满足人们休息、读书、社交的需求,在活动中心部分或边缘较小的空间,创造一个绿色的开放空间已成了现代城市的特点;屋上庭园——在现代城市中,利用屋顶进行人工造园的活动受到了人们的重视。伴随着人口增加,屋外空间随之减少;因此,在屋顶上种植植物,设计人工绿化地带,也就是有相当高的价值。

绿化环境不仅能创造自然景观环境,而且具有净化空气,消除噪声的作用,对保持环境的生态平衡起了积极作用。

### 7.4.3 完善市政排水系统工程,控制环境质量

1. 整治和完善城市下水道系统,有计划地兴建城市污水厂

各城市应结合城市总体规划与城市环境总体规划,将不断完善城市下水道系统作为加强城市基础设施建设的重要组成部分予以规划、建设和运行维护。首先应改进目前污水—雨水合流制或部分合流的分流制系统,转向完全分流制系统。

为了逐步完善城市排水系统,城市旧雨水/污水沟渠除少数经整修后可继续使用外,大部分合流制旧沟渠应结合城市危旧房改建以及道路拓宽而改造为雨水/污水分流制下水道系统。并且应将重点放在城市低洼地带容易积水地区,更新改造或新建排水能力大的雨水管道,疏竣下游排水河道。应将雨水道的建设、改造与城市防洪排涝紧密结合,逐步实施。新区建设应在规划时即考虑配套建设雨水/污水分流制下水道系统。必须克服只重污水下水道忽视雨水道建设的倾向。进行城市污水/雨水管道系统的规划与建设时,不仅应考虑其总长度以及普及率,还应保证其密度,即单位平方千米的长度$(km/km^2)$。

根据城市当地的地形、道路、建筑物及受水体等的现状及其发展前景,在城市总体规划时就应考虑城市排水系统的规划布局,城市污水处理厂的服务面积(汇水面积)的规定、厂址的选择与规划均应包含在城市排水系统的规划之内。城市排水系统的规划应是城市总体规划的一个组成部分。

城市污水收集排除系统及城市污水处理厂的规划与建设应达到下列几项目标:①保护城市集中饮用水源地;②还清市区河道、湖泊或海域;③实行污水资源化。在城市排水系统和污水处理厂选址规划时,应重点处理好以下关系:①集中与分散相结合;②近期与远期的需要;③上、中、下游的关系;④污水处理与处理后出水资源化相结合等。以下分别对这几项关系进行讨论。

(1)集中与分散相结合

一般,集中建设大型城市污水处理厂与分散建设小型污水处理厂相比,具有基本建设投资少、运行维护费用低、易于加强管理等优点;但从实现污水资源化,将净化水作为城市一个稳定水源,在农业、工业及生活设施中加以回用的需要来看,分散处理便于接近用水户,可节

省大型管道的建设费用。分散处理也有利于排水系统和城市污水处理厂的分期实施。

（2）近期与远期的需要

适应城市建设总体规划，对近期和远期需要的排水系统和污水处理厂作出规划，并尽量将近期和远期系统分开，因为远期发展计划常会随城市发展与变化而调整。一次性地建设处理能力很大的污水处理厂，却在长期内不能达到设计水量，无疑是对投资的积压，也将影响污水处理厂的正常运行。

（3）上游、中游与下游的关系

一般，城市污水处理厂应规划在城市河流的下游；对潮汐河流，还应考虑潮汐上涨时对上游取水点的影响。但有些城市（如北京）的市区河道为人工补给控制的河道，上游来水量又很小，属市区排污河道。此种情况下，往往需要上中下游兼顾，在上游设立污水处理厂便于向市区河道补给处理后出水，有维护城市景观，调节城市气候的功能。

（4）处理后出水排放与利用的关系

污水处理的目标通常为达标排入水体（如河流、海域），但在缺水地区更应考虑污水的再生回用。如北京在水质改善与水污染防治规划中考虑了这点，处理厂的位置是根据回用的需要决定的，便于就地销纳净化出水，以缓解水资源的紧张状况。北京城市污水处理厂的选址采取了辐射形布局方式，即大中小型污水处理厂相结合、城近郊与远郊相结合。还规定了骨干工程优先，污水再生利用优先，位于河流上游优先的建设程序。

在进行城市污水处理厂布局与建设规划时，应考虑河流流域、污水处理厂系统的汇水流域、服务（排水）面积、服务人口、处理能力、处理水平、占地面积及净化水的出路等。

在城市集中饮用水源地区及建设有大型水源保护工程和人工回灌地下水工程的地区，应优先建设完善的排水系统和城市污水处理厂。城市远郊卫星城以及经济开发区和科技园等小区亦应建设各自的污水排水系统和污水处理厂。

2.城市污水厂污泥的处理、处置与利用的对策和措施

城市污水处理厂将产生大量的污泥，如不妥善处理、处置和利用，将产生二次污染，危害水域和环境。

城市污水厂污泥的利用途径有以下几种：

（1）农业利用：干燥的污泥含有机氮、速效磷（以 $P_2O_5$ 计）、速效钾（以 $K_2O$ 计）以及微量元素，是质量上好的农用肥料。可以直接施用于与污水厂相距不远的城郊农田。按有关资料，安全施用量可初步确定为 $26t_{干污泥}$/(ha·a)（或 1.76t/亩·a）（干污泥含水率以 80％ 计）。

（2）污泥堆肥或制造颗粒肥料，然后施用于农田。

（3）与生活垃圾一起进行卫生填埋，从中回收沼气能源。

（4）利用污泥作燃料，或厌氧发酵产生沼气作燃料，或用于发电。

3.城市粪便处置与处理的对策与措施

城市粪便主要来自公共厕所和楼房厕所。公共厕所或临街，位于公共活动场所附近，或不临街，供附近居民使用，一般皆为干厕。楼房厕所包含居民楼房厕所和机关企业办公楼厕所。根据测算，城市居民排粪量 90kg/(人·a)，人尿量 700 kg/(人·a)，合计 790 kg/(人·a)。城市粪便量大面广，目前有相当量的粪便随冲洗水排入城市下水道系统，组成城市污水中 BOD、SS 和 $NH_3-N$ 的重要来源；其他相当部分粪便被清运出市区，或作为肥料施用于农田，或堆置于垃圾场，受降雨冲洗与淋溶，成为污染地表水和地下水的重要污染源。

城市粪便的管理、处置与处理的对策与措施：

(1)厕所的改造与合理分布

将干厕逐步地造成成为水冲厕所,使粪尿与冲洗水排入城市下水道,最后进城市污水处理厂处理。或将现有的需要人工清挖的干厕改造成以可降解塑料袋收集粪便的干厕,或是带有沼气化粪池的干厕。为解决城市市区公共厕所数量少、不敷使用的情况,应合理布局,妥善分布,兴建一批新的公共厕所,其设计与建造要规范化、标准化和现代化,使干厕逐步被水厕替代。

(2)改造城市污水管网,以利收集、输送粪尿。

(3)充分利用城市污水处理厂的处理能力与容量,加强城市粪尿与城市污水的合并处理。

(4)对于尚无城市污水管网系统的地区、住宅与公共建筑物仍应修建化粪池或改良的沼气化粪池,沉淀物由真空吸粪车定期抽吸运走,上清液也应采取妥善方法处理,沼气可利用于附近居民住宅。

(5)加强对城市粪便的管理,环卫部门与市政工程部门应互相配合,加强管理。

### 7.4.4 城市污水治理工程及技术政策

1.城市应制订污水综合治理规划,规划中应综合考虑城市经济发展、水资源数量、污水增长量、水环境目标等因素,以及实行污染物总量控制的要求。把城市污水综合治理、输送排放系统、净化处理系统(包括自然净化)和污水再利用作为系统规划的主要内容。

2.对城市或地区内污染物的排放实行总量控制。城市或地区在分配污染物削减量时,应考虑各排污单位的工艺设备、技术条件、管理水平以及城市污水处理设施等实际情况,有计划地逐步削减各排污单位污染物排放总量。

3.城市排水管网和污水处理厂是城市基础设施的重要组成部分,城市建设总体规划,与经济建设和城市建设同步发展。新建卫生城镇,经济开发区的排水管网、污水处理厂应与城市其他基础设施同步配套建设。

4.除少数大型企业或远离城市的企业应对其废水进行单独治理外,一般工矿企业可将废水排入城市下水道,但必须满足城市下水道接纳工业废水的水质标准,以防止工业废水对下水道及污水处理厂造成危害,或过多地增加污水处理厂的负荷。对汇水区内的污染物应实行总量控制,对重金属和难生物降解的有毒有机物应从严控制。

5.城市人民政府应随着城市经济发展相应增加投资,加快城市排水管网和污水处理厂等基础设施的建设。有关部门应按照国家有关规定落实综合治理的资金渠道。

6.城市排水管网尚不完善的地区,应加快规划和建设,普及和健全城市排水管网系统,并有计划有步骤地建设城市污水处理厂;同时根据污水量和受纳水体的功能及净化能力,做好主要污染源的厂内治理。

7.进行城市污水处理厂的规划和设计时,应根据污染物排放总量控制目标、城市地理和地质环境、受纳水体功能与流量、污水排放量和污水资源化等因素选择厂址,确定建设规模、处理深度和工艺流程。污泥处理是城市污水处理厂的重要组成部分,必须与污水处理同步实施。在污泥处理中应充分考虑沼气、余热和肥效的综合利用。对已建成的污水处理厂应加强技术运行情况和出水水质的管理、监测和检查,保证出水水质符合规定的标准。大中型城市污水处理厂的规划、设计方案必须进行环境影响分析评价和投资效益分析。

8.建设城市污水处理厂,应按"远近结合、分期实施"的原则进行规划。限于我国当前财力和能源条件,某些城市近期可采用一级处理,在有条件和实际需要的地方则采用二级以上的处理工艺。

9.积极开发和研究高效、低能耗的城市污水处理技术和工艺流程,以节约投资、降低维护费和运行费。

10.在进行污水处理规划设计时,对地理特征合适的城市,尤其在中、小城镇和干旱、半干旱地区,应首先考虑采用荒地、废地、劣质地以及坑塘淀洼,建设多种形式的氧化塘污水处理系统或土地处理系统,并发展天然处理与人工处理相结合的处理系统,以提高处理效果、降低能耗,并开展综合利用。采用天然处理系统处理污水时,应采取措施防止污染地下水。

11.在条件许可的城市,可考虑采用排江、排海技术处置城市污水但在确定处置方案时,必须进行可行性研究,并编制环境影响评价报告书,经专家评审后报当地和上级有关部门审批。

12.在缺水地区应积极推行污水资源化,合理利用污水,积极研究污水循环回用和再用技术,并制订相应的水质标准,以控制水质。采用污水灌溉农田,污水水质应符合国家《农田灌溉标准》。推行科学的污水灌溉技术和合理的灌溉制度,并积极发展与污水处理塘相结合的技术、充分利用污水水肥资源的土地处理与利用系统,有效控制水质。

以上12条对城市污水防治的规划、设计、工艺技术的选用等规定的技术政策,具有技术导向性与法律约束性,并有充分的科学依据。按照此进行城市污水防治工程的建设,将有效的调控城市生态系统。

## 复 习 思 考 题

1.城市生态系统的分类原则和特点有哪些?

2.试简述城市生态系统中的人流、物流和能流。

3.简述城市生态系统建设的基本途径。

4.在土木工程及水利工程项目的建设活动对城市生态系统有哪几方面的影响?如何进行合理的调控?城市建筑及绿化环境等建设的意义何在?

5.简述城市下水道系统及城市污水处理厂建设对改善城市生态环境的重要意义。

# 第8章 环境质量评价

## 8.1 环境质量评价概述

### 8.1.1 环境质量评价概念

环境质量是指环境要素的好坏,其优劣往往根据人类的要求而定。环境质量评价则是按照一定的评价标准和方法,确定一个区域范围内环境质量状况,预测环境质量变化趋势和评价人类活动对环境影响的一门学科。

环境质量评价的目的是为制定城市环境规划、进行环境综合整治、制定区域环境污染物排放标准、环境标准和环境法规、搞好环境管理提供依据;同时也是为比较各地区所受污染的程度和变化趋势提供科学依据,它是环境管理工作的基础和重要组成部分。

环境质量评价具有一定的精度,是以评价获得的结果与环境质量真实状况的差异来衡量的。差异越小,则评价精度越高,反之则越低。一般来说,评价对象不同,目的不同,评价的范围大小不同,则要求的精度也不同。

环境质量评价是环境保护的一项先行性、基础性工作,其工作的依据为《中华人民共和国宪法》、《中华人民共和国环境保护法(试行)》、《建设项目环境保护管理办法》、《环境影响评价技术导则》等环境政策以及国家公布的各项环境质量标准和污染物排放标准。在此基础上进行环境质量评价,弄清区域中的主要环境问题,从而有针对性地制定改善和提高环境质量的规划和措施。

从学科发展的角度来看,环境质量评价是形成环境质量评价学的基础,并与环境质量评价学相互依存。只有通过大量的环境质量评价实践,才能建立和发展环境质量评价学的理论和方法。反过来,这些理论和方法又将指导和推动环境质量评价工作向更深入、更广泛的方向发展。

### 8.1.2 环境质量评价分类

根据国内外对环境质量评价的研究,可按时间、环境要素、区域空间等把环境质量评价分为几种不同的类型:

1.按评价的时间来划分

可分为回顾评价、现状评价和影响评价三种类型。

(1)环境质量回顾评价是根据一个地区历年积累的环境资料进行评价,以回顾该区域环境质量发展和演变过程。它是环境质量评价的组成部分,是环境现状评价和环境影响评价的基础。但由于实际所能提供的资料往往有限,使得评价结论的可靠性较差。环境质量回顾评价包括对污染物浓度变化规律、污染成因、污染影响的程度的评估;对环境治理效果的评估等。

(2)环境质量现状评价是依据一定的标准和方法,着眼于当前情况对一个区域内人类活动所造成的环境质量变化进行评价。查明区域环境质量的历史和现状,确定影响环境质量的主要污染物种类和数量及其在环境中迁移、扩散和转化,研究各种污染物浓度在时空上的变化规律,建立数据模式,说明人类活动所排放的污染物对生态系统,特别是对人群健康已经造成的或未来(包括对后代)将造成的危害,为区域环境污染防治提供科学依据。

(3)环境质量影响评价是对一项拟开发行动方案或规划所产生的环境影响进行识别、预测和评议,并在评价基础上提出合理减轻或消除对环境影响的对策。环境影响评价包含了很广泛的内容,既要研究建设项目再开发、建设和生产过程中对自然环境的影响,也要研究对社会和经济的影响;既要研究污染物对大气、水体、土壤等环境要素的污染途径,也要研究污染因子在环境中传输、迁移、转化规律以及对人体、生物的危害程度。环境影响评价报告书一经批准,具有环境法律效力,是环境保护决策的重要依据。根据开发建设活动的不同,环境影响评价可分为单个开发建设项目的环境影响评价、多个建设项目的环境影响评价、区域开发项目的环境影响评价、宏观活动的环境影响评价等四种类型,它们构成完整的环境影响评价体系。

2.按环境要素来划分

可分为单环境要素的质量评价、部分环境要素的联合评价、整体环境质量的综合评价三种类型。

(1)单环境要素的质量评价是对各个环境要素单个给予评价。分大气环境质量评价、地表水环境质量评价、地下水环境质量评价、土壤环境质量评价、噪声环境质量评价等。这种评价主要在说明、评定单个要素受污染的状况,可为有关部门确定具体的环境管理和治理措施提供直接的依据。

(2)部分环境要素的联合评价是对两个及两个以上的环境要素联合进行评价,如地表水与地下水联合评价,大气与土壤联合评价,地表水、地下水、土壤及作物的联合评价等。联合评价除对各单个要素进行评价外,还可揭示污染物在各环境要素间的迁移、转化规律,以及各要素环境质量的变化与影响程度的规律,有助于对关联环节综合考虑追踪和解决各有关要素的污染问题。

(3)整体环境质量的综合评价是在单个要素(往往是主要要素)评价的基础上对评价区整体环境质量进行评价,可以从整体上较全面地反映一个区域的环境质量状况,从而为在整体上进行环境规划和管理提供科学依据,尤其有利于从综合防治的角度上为进行上述工作提供依据。但这种评价工作量大,难度高,故国内开展较少。

3.按评价区域划分

可分为城市环境质量评价、水域或流域环境质量评价、海域环境质量评价、经济开发区环境质量评价、风景旅游区环境质量评价、全国环境质量评价等。

4.按评价对象的特点划分

可分为自然资源环境质量评价、污染环境质量评价、农业环境质量评价、生态环境质量评价、社会经济和生活环境质量评价、风景游览区环境质量评价和名胜古迹区环境质量评价等。

5.按评价时的参数选择来划分

可分为化学评价、物理评价、生物学评价、生态学评价、卫生学评价等。

总之,环境质量评价的类型不同,目的不同,选择的参数和标准也就不同,结论也就不一样。有时,在具体进行环境质量评价工作时,可根据需要将上述几种类型的评价有机结合起来进行。

## 8.2 环境质量现状评价

### 8.2.1 环境质量现状评价程序

各类环境质量现状评价的程序因其评价目的、要求及评价要素的不同而略有差别。图8-1给出了一般意义上的环境质量现状评价工作程序。通常城市环境质量评价要求的精度较高,而流域及海域评价的精度要求较低。广义的环境质量现状评价,认为整个评价工作在上述工作的基础上,还应包括对区域环境污染综合防治方面的研究,包括区域环境规划,综合防治系统工程,环境管理方针、政策、措施的研究,制定区域综合整治方案以及确定区域环境质量目标及控制标准等等。

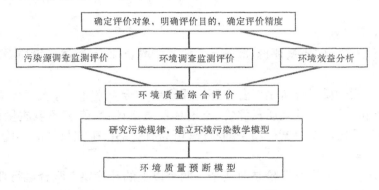

图 8-1 环境质量现状评价的工作程序

### 8.2.2 环境质量现状评价的内容

环境质量现状评价包括单个环境要素质量的评价和整个环境质量的综合评价。前者是后者的基础。区域环境质量现状评价的内容主要包括以下几个方面:

1. 环境背景值调查

环境背景值调查包括自然环境和社会环境基本特征的调查研究和各种环境背景值的调查研究。同一污染物排放于不同的自然和社会条件组合,可导致不同程度的污染。环境背景值调查包括:气象、水文、地质地貌、土壤植被、农作物种植与土地利用等自然情况;人口组成与分布、经济结构、区划功能、道路建筑以及其它社会状况的调查与研究;在没有受到污染的情况下,大气、水体、土壤、生物、作物等环境要素在其自然形成、生存与发展的过程中生成的其本身原有的化学组成等。

2. 污染源调查与评价

通过对评价区内污染源的调查与评价,确定造成区内污染的主要污染源与主要污染物以及污染物的排放方式、途径、特点和规律,建立各类污染源档案,综合评价污染源对环境的危害作用,以确定污染源治理的重点。

3. 确定监测项目、布设监测网点

根据区域环境污染特点及主要污染物的环境化学行为,确定不同环境要素的监测项目。根据区域环境的自然条件特点及工、农、商业、交通和生活居住区等不同功能区布设监测点。评价区内监测点和监测断面应采取网格法为主,网格与功能区相结合的方法进行。布点疏密及采样次数应力求合理,有代表性。

4. 建立环境质量指数系统,进行环境质量综合评价

根据环境质量评价的目的,选择评价标准,对监测数据进行统计处理,建立环境质量指数系统,计算环境质量综合指数。

5. 建立环境污染数学模型,预测环境污染趋势

以监测数据为基础,结合室内模拟实验,选取符合地区特征的环境参数,建立符合地区环境特征的计算模式,并对模型进行率定。运用模式计算,结合未来工业、农业、交通等经济发展的规模和污染源的治理水平,预测未来环境污染的变化趋势。

6. 提出区域环境污染防治对策与建议

通过环境质量评价确定影响环境的主要污染源和主要污染物、根据环境污染的特征及环境污染预测结果,提出区域环境保护的近期治理和远期规划布局及设计的综合防治方案。

### 8.2.3 环境质量现状评价的方法

随着环境质量评价方法学的发展,出现了很多环境质量现状评价方法,但由于环境质量现状评价的视角是多方位的,至今我国尚未形成统一的评价方法系列,较成熟的主要方法有环境质量指数法、概率统计法、模糊数学法、生物指标法。表8-1反映了这四类方法的主要区别和联系。

环境质量现状评价方法分类 表8-1

| 编号 | 评价方法分类 | 细　目 | 逻　辑　概　念 | 评价因子(参数)特点 | 备　注 |
|---|---|---|---|---|---|
| 1 | 环境质量指数法 | (1)一般型指数<br>(2)计权型指数<br>(3)分级型指数 | 在一定时空条件下环境质量是确定性的,可推理的 | (1)理化指标<br>(2)通过民意测验或专家咨询取得的评分值 | 这三类方法可以互相渗透,综合运用 |
| 2 | 概率统计法 | (1)频率公式法<br>(2)随机模型法 | 在一定时空条件下环境质量是随机变化的 | (1)理化指标<br>(2)通过民意测验或专家咨询取得的评分值 | |
| 3 | 模糊数学法 | (1)模糊定权法<br>(2)模糊定级法<br>(3)区域环境单元模糊聚类法 | 环境质量等级的界限是模糊的<br>环境质量变化的界限是模糊的 | (1)理化指标<br>(2)通过民意测验或专家咨询取得的评分值 | |
| 4 | 生物指标法 | (1)指示生物法<br>(2)生物指数法<br>(3)其它 | 生物与它生存的环境是统一整体;<br>生物对其生活环境质量变化非常敏感 | (1)生物的生理反应指标<br>(2)环境中生物的种、群变化 | (1)生物指标也可用概率统计和模糊数学方法进行分类和聚类<br>(2)生物指数也是一种环境指数 |

1. 单因子指数评价模型

实际工作中经常采用环境质量指数模型来定量描述区域环境质量状况和污染程度。在指数模型中,单因子环境质量指数模型反映一种污染物(如大气污染物:$CO$、$NO_2$、$SO_2$、氧化剂、颗粒物等;水体污染物:$BOD$、$COD$、悬浮固体、氨氮、溶解氧等;土壤污染物:重金属、有机有毒物质、酸性物质等)的环境质量状况,它是环境质量指数、环境质量分级和综合评价模型的基础。有人称之为模型细胞。它定义为:

$$I_i = C_i / S_i \qquad\qquad (8\text{-}1)$$

式中 $I_i$——$i$ 种污染物评价指数;

$C_i$——$i$ 种污染物环境中的浓度;

$S_i$——$i$ 种污染物的普及标准。

环境质量指数是无量纲数,它表示某种污染物在环境中的实际浓度超过环境质量标准的程度,即超标倍数。$I_i$ 的数字越大,表示 $i$ 种污染物的单项环境质量越差。$I_i = 1$ 时的环境质量处在临界状态。$I_i$ 值相对于某一个评价标准而言的。在评价标准变化时,尽管某种污染物在环境中的实际浓度并未变化,$I_i$ 值也会变化。因此,环境质量指数是一个相对值。在进行横向比较时,要注意它们是否具有相同的标准。一般有以下三种单因子评价指数模式:

(1)污染危害程度随浓度增加而增加的评价参数,评价指数 $I_i$ 可按(8-1)式计算。

例如,水域中某断面点评价参数酚的实测浓度为 0.0036 毫克/计,酚的评价标准为0.01 mg/L,则酚的评价指数为:

$$I_{酚} = 0.0036/0.01 = 0.36$$

(2)污染危害程度随浓度增加而降低的评价参数(如溶解氧),评价指数可按下式计算:

$$I_i = \frac{C_{\max} - C_i}{C_{\max} - C_0} \qquad\qquad (8\text{-}2)$$

式中 $C_{\max}$——某污染物浓度的最大值;

$C_i$——某种污染物浓度实测值;

$C_0$——该污染物评价标准。

例如,水域中某采样点评价参数溶解氧的实测浓度为 5mg/L,其相应的饱和溶解氧浓度为 8mg/L,溶解氧的评价标准为 4mg/L,则溶解氧的评价指数为:

$$I_{DO} = (8-5)/(8-4) = 0.75$$

(3) 对具有最低和最高允许限度的评价参数(如 pH 值),评价指数可按下式计算:

$$I_{pH} = \frac{C_i - \overline{C_S}}{C_S(最高或最低) - \overline{C_S}} \qquad\qquad (8\text{-}3)$$

式中 $C_S$(最高或最低)——$i$ 某种污染物的评价标准(最高值或最低值);

$\overline{C_S}$——$i$ 污染物评价标准的最高值与最低值的平均值;

$C_i$——$i$ 种污染物浓度实测值。

例如,水域中某采样点评价参数 pH 的实测值为 10,则 pH 的评价指数为:

$$I_{pH} = (10-7.5)/(8.5-7.5) = 2.5$$

2. 综合指数评价模型

任何一个具体的环境问题都不是单因子问题。当参与评价的因子大于 1 时,就要用综合质量指数来表述环境质量状况。综合质量指数通常又可分为:均值型综合质量指数、计权型综合质量指数和分级型综合质量指数。

(1) 均值型综合质量指数

均值型综合质量指数的基本出发点是各种环境因子对环境的影响是等权的。其表达式为

$$I_{均} = \frac{1}{n} \sum_{i=1}^{n} I_i \tag{8-4}$$

式中　　$I_{均}$——均值型综合质量指数；

　　　　$i$——各单因子质量指数；

　　　　$n$——参与评价的因子数。

（2）计权型综合质量指数

计权型综合环境质量指数的出发点是各种因子对环境的影响是不等权的,它们对环境的影响应该计入各因子的权系数。

$$I = \sum_{i=1}^{n} W_i I_i \tag{8-5}$$

式中　　$W_i$——对应于第 $i$ 个环境污染因子的权系数值；

　　　　$I_i$——各单因子质量指数；

　　　　$n$——参与评价的因子数。

根据权的概念,应有 $\sum_{i=1}^{n} W_i = 1$。

这类综合指数的关键是科学、合理地确定各个环境因子的权系数。目前权系数确定多数采用专家调查法。

在评价中,考虑极值或突出最大值的环境质量指数模型,实际上也是一种计权型指数模型,如在我国应用得较多的内梅罗指数 $I_{内}$ 和姚志麒指数 $I_{姚}$ 以及均方根型指数 $I_{均方根}$ 即属此种类型。

$$I_{内} = \sqrt{\frac{1}{2}\left(I_{平均值} + I_{最大值}\right)} \tag{8-6}$$

$$I_{姚} = \sqrt{I_{平均值} \times I_{最大值}} \tag{8-7}$$

$$I_{均方根} = \sqrt{\frac{1}{n} \sum_{i=1}^{n} I_i^2} \tag{8-8}$$

式中　　$I_{最大值}$——各单因子指数中最大值；

　　　　$I_{平均值}$——各单因子指数的平均值。

$I_{内}$ 和 $I_{姚}$ 这两个评价指数既考虑了各单因子的平均状态,又考虑了污染最严重的因子在评价中的作用,避免了确定加权系数时的主观影响。$I_{姚}$ 赋予平均值较大的权重,克服了过分强调最大值的缺点,国内使用较多；均方根型指数中,污染因子越严重,权重越大。很容易证明,$I_{内} > I_{均方根} > I_{姚} > I_{均}$。

（3）环境质量分级

环境质量指数并不能直接描述出环境质量的好坏,因此还应确定环境质量分级。环境质量分级是按评价参数的浓度值划分等级或评分,然后对各评分参数的计分进行综合后评判,它是进行环境质量描述的依据。由于环境质量分级一方面涉及环境质量标准,另一方面也难以用几项化学指标全面表达实际情况,因而环境质量分级目前尚无统一的方法与规定,目前的分级也只能近似地反映环境质量状况。在设计环境质量分级时,切忌不要照搬别人的做法,应视区域具体环境质量状况而定。下面介绍几种分级法。

1）积分值法　根据每个污染因子的浓度,按照给定的环境标准给定一个评分值。例如,若参与评价的因子有 $n$ 个,如果假定全部满足一级环境标准的评分为 100 分,那么每一个

因子的评分就是 $100/n$,如果假定全部介于一、二级环境标准之间的评分为 80 分,则每一个因子的评分就是 $80/n$,以此类推。

积分值法是一种直接评分法。这种方法可以直接与各级环境质量建立关系,积分值越高,环境质量越好。采用积分法时,一般选用 $5\sim10$ 个评价因子,假定为 $n$ 个。环境质量评价共分五级(可以取相应的环境质量标准),相当于 $1\sim5$ 级标准的积分值的满分为 100、80、60、40 和 20。

设每个因子的得分为 $a_i$,$(i=1,2,3,\cdots\cdots,n)$,则总的积分为:

$$M = \sum_{i=1}^{n} a_i \tag{8-9}$$

按 $M$ 值的大小,根据表 8-2 可以确定环境质量的级别。

环境质量分级(积分值法)　　　　表 8-2

| 积分值 $M$ | $M\geqslant96$ | $96>M\geqslant76$ | $76>M\geqslant60$ | $60>M\geqslant40$ | $M<40$ |
|---|---|---|---|---|---|
| 描　　述 | 理　想 | 良　好 | 污　染 | 重污染 | 严重污染 |
| 环境质量等级 | 一　级 | 二　级 | 三　级 | 四　级 | 五　级 |

积分值法可以处理多因子的环境质量评价问题,思路明晰、计算方便。但在计算积分值时所采用的简单迭加方法,不能确切地反映出各个因子相对重要性的关系。

例如,某河流断面的水质监测数据如表 8-3,根据表 8-4 水环境的单因子评分标准,得表 8-5,求得各单因子的评分值之和为 $M = \sum_{i-1}^{10} a_i = 58$。根据积分值的分级标准(表 8-2),可以将其归入重污染等级,比较突出的污染物是酚、油、铅和汞。

水质监测数据(mg/L)　　　　表 8-3

| COD | DO | 氰 | 酚 | 油 | 铅 | 汞 | 砷 | 镉 | 铬 |
|---|---|---|---|---|---|---|---|---|---|
| 5.50 | 4.25 | 0.078 | 0.023 | 0.72 | 0.13 | 0.012 | 0.03 | 0.004 | 0.05 |

水环境的单因子评分标准(mg/L)　　　　表 8-4

| 单因子评分<br>污染因子及浓度 | 10 | 8 | 6 | 4 | 2 |
|---|---|---|---|---|---|
| $COD_{cr}$ | $<3$ | $<8$ | $<10$ | $<50$ | $\geqslant50$ |
| DO | $>6$ | $>5$ | $>4$ | $>3$ | $\leqslant3$ |
| 氰 | $<0.01$ | $<0.05$ | $<0.1$ | $<0.25$ | $\geqslant0.25$ |
| 酚 | $<0.001$ | $<0.01$ | $<0.02$ | $<0.05$ | $\geqslant0.05$ |
| 油 | $<0.01$ | $<0.3$ | $<0.6$ | $<1.2$ | $\geqslant1.2$ |
| Pb | $<0.01$ | $<0.05$ | $<0.1$ | $<0.2$ | $\geqslant0.2$ |
| Hg | $<0.0005$ | $<0.0002$ | $<0.005$ | $<0.025$ | $\geqslant0.025$ |
| As | $<0.01$ | $<0.04$ | $<0.08$ | $<0.25$ | $\geqslant0.25$ |
| Cd | $<0.001$ | $<0.005$ | $<0.01$ | $<0.05$ | $\geqslant0.05$ |
| Cr | $<0.01$ | $<0.05$ | $<0.10$ | $<0.25$ | $\geqslant0.25$ |

| COD | DO | 氰 | 酚 | 油 | 铅 | 汞 | 砷 | 镉 | 铬 |
|---|---|---|---|---|---|---|---|---|---|
| 8 | 6 | 6 | 4 | 4 | 4 | 4 | 8 | 8 | 6 |

2)W 值法  积分值法可以应用于多因子的环境问题,但是没有突出主要污染因子的作用。例如,在参与水质评分的 10 个因子中,有 9 项评分为 10 分,有一项评分为 6 分,其总评分为 96,按积分值法,仍将其划入一级水体,但作为单因子评价时,应有一项列为三级。总评结果掩盖了主要因子的影响。

W 值评价方法弥补了积分值的不足,充分考虑了主要污染物的影响。如果将环境质量标准作为评价标准,那么假如凡符合一级标准者,每个因子得 10 分,符合二级、三级、四级和五级者分别得 8 分、6 分、4 分和 2 分。将得分情况写成下述数学模型:

$$W = SN_{10}^n N_8^n N_6^n N_4^n N_2^n \tag{8-10}$$

式中,$S$ 为参与评价的因子数目;$N_{10}^n N_8^n N_6^n N_4^n N_2^n$ 中的 $n$ 为分别得 10 分、8 分、6 分、4 分和 2 分的因子数。根据式 8-10 和环境质量分级表 8-6 可以确定环境质量的等级。

| 环境质量 | 理　想 | 良　好 | 污　染 | 重污染 | 严重污染 |
|---|---|---|---|---|---|
| 等　级 | $W_1$ | $W_2$ | $W_3$ | $W_4$ | $W_5$ |
| 分级标准 | 最低两项评分值之和为 18 分或 20 分者 | 最低两项评分值之和为 14 分或 16 分者 | 最低两项评分值之和为 10 分或 12 分者 | 最低两项评分值之和为 6 分或 8 分者 | 至少有两项评分值为 2 分 |

例如,根据表 8-3,应用 W 值分级法,有:

$$W = 10 N_{10}^0 N_8^3 N_6^3 N_4^4 N_2^0$$

根据 W 值分级表 8-6,其最低两项得分之和为 $4+4=8$。因此应将其归 $W_4$ 级,即重污染级。这个结论同积分值法的结论是一致的。

3)综合指数分级法  综合指数分级常用的有以下几种。

①将综合指数与环境实际情况相比较,采取直观对比法确定环境质量级别。采用这种方法需要计算出不同污染情况下的综合污染指数,这样才能更好地确定环境质量级别。

②根据污染浓度等于环境卫生标准和污染事件出现的浓度,计算出污染综合指数,以此作为划分环境质量级别的指标值。

③根据污染物浓度超过卫生标准的个数,结合综合指数大小进行分级。一般情况下,常用某一个污染物超标的综合指数作为划分清洁和污染的标准。全部污染物超标的综合指数作为划分污染和严重污染的标准。

除以上分级方法外还有系统聚类分析、模糊综合评判等方法。还有按照环境质量指数值结合实际环境状况划分质量优劣的等级。污染等级划分一般在 3~7 级之间。通常分为 5 个等级。如大气划分为清洁、轻污染、中等污染、重污染、严重污染;地表水质划分为清洁、尚清洁、轻污染、中污染、重污染、严重污染 6 个级别。

3. 国内外环境质量现状评价方法

(1)格林大气污染综合指数  1966 年美国学者格林以 $SO_2$ 和烟雾系数为参数,建立 $SO_2$ 污染指数($I_1$)和烟雾系数(COH)及污染指数($I_2$)之间的关系为:

$$SO_2 \text{ 污染指数} \qquad I_1 = a_1 S^{b_1} = 84.0 S^{0.431}$$

$$COH \text{ 污染指数} \qquad I_2 = a_2 C^{b_2} = 26.6 C^{0.576}$$

$$\text{综合污染指数} \qquad I = (I_1 + I_2)/2 = 42.0 S^{0.431} + 13.3 C^{0.576} \qquad (8\text{-}11)$$

式中        $S$——$SO_2$ 实测日平均浓度（ppm）；

            $C$——实测日平均烟雾系数（COH 单位/305m）；

    $a_1$、$a_2$、$b_1$、$b_2$——确定的指数尺度常数。

格林建议的 $SO_2$ 和烟雾系数日平均浓度标准见表 8-7。当污染综合指数小于 25 时，空气清洁而安全；当指数超过 50 时，空气有潜在污染的危险性；当指数达 50～100 之间时，空气有污染的危险性，建议发出不同警报，采取减轻污染的有关措施。这种大气污染指数适用于冬季或燃煤为主要污染源的场合。

格林建议的 SO<sub>2</sub> 和烟雾系数日平均浓度标准            表 8-7

| 污 染 物 | 期望水平 | 警戒水平 | 极限水平 |
|---|---|---|---|
| $SO_2$ | 0.06 | 0.3 | 1.5 |
| 烟雾系数 | 0.9 | 3.0 | 10.0 |
| 污染指数 | 25 | 50 | 100 |

（2）污染物标准指数（PSI）

PSI 为 Pollutant Standard Index 的简称。美国 1976 年 9 月公布 PSI 指数方法，供各州、市采用。PSI 指数考虑 $CO$、$NO_2$、$SO_2$、氧化剂、颗粒物以及 $SO_2$ 和颗粒物质浓度的乘积（协同作用）等六个参数。各污染物的分指数与浓度的关系，用分段线性函数表示。已知各污染物的实测浓度后，可按分段线性函数关系并参照表 8-8 数据，用内插法计算各分指数。也可根据表内数据绘成分段直线，由实测浓度在图上直接查得 PSI 指数。然后选择各分指数中的最高值预报大气质量。

（3）密特大气质量指数（MAQI）    这是美国密特公司在美国环境质量委员会委托下研究的一种指数，它以五项污染物为参数，采用美国大气质量二级标准对五项污染物规定的不同平均时间的九项标准作为计算依据，大气质量指数是五项分指数的综合计算结果，计算式如下：

$$MAQI = \sqrt{I_C^2 + I_S^2 + I_P^2 + I_n^2 + I_O^2} \qquad (8\text{-}12)$$

式中根号内各个 $I$ 是指各污染物的分指数，下角字母分别代表：C 为 $CO$；S 为 $SO_2$；P 为颗粒物质；N 为 $NO_2$；O 为氧化剂。

各分指数按下列诸式计算：

$$I_C = \sqrt{\left(\frac{C_{C8}}{S_{C8}}\right)^2 + \delta_1 \left(\frac{C_{C1}}{S_{C1}}\right)^2} \qquad (8\text{-}13)$$

$$I_S = \sqrt{\left(\frac{C_{Sa}}{S_{Sa}}\right) + \delta_2 \left(\frac{C_{S24}}{S_{S24}}\right)^2 + \delta_3 \left(\frac{C_8}{S_8}\right)^2} \qquad (8\text{-}14)$$

$$I_P = \sqrt{\left(\frac{C_{Pa}}{S_{Pa}}\right) + \delta_4 \left(\frac{C_{P24}}{S_{P24}}\right)^2} \qquad (8\text{-}15)$$

$$I_n = \frac{C_{Na}}{S_{Na}} \qquad (8\text{-}16)$$

| PSI | 大气污染水平 | 六个参数(污染物浓度单位 μg/m³) | | | | | | 大气质量分级 | 对健康的一般影响 | 要求采取的措施 |
|---|---|---|---|---|---|---|---|---|---|---|
| | | 颗粒物(24h) | SO₂(24h) | CO(8h) | O₃(1h) | NO₂(1h) | SO₂与颗粒物 | | | |
| 500 | 显著危害水平 | 1000 | 2620 | 57.5 | 1200 | 3750 | 490000 | 危险 | 病人和老年人提前死亡,健康人出现不良症状,影响正常活动 | 全体人群应停留在室内,关闭门窗,所有人均应尽量减少体力消耗,避免运动 |
| 400 | 紧急水平 | | | 46.0 | 1000 | 3000 | 393000 | | 健康人除出现明显症状和降低运动耐受力外,提前出现某些疾病 | 老年人和病人应留在室内,避免体力消耗,一般人群应避免户外活动 |
| 300 | 警报水平 | | | 34.0 | 800 | 2260 | 261000 | 很不健康 | 心脏病和肺病患者症状显著加剧,运动受耐力降低,健康人群众普遍出现症状 | 老年人和心脏病、肺病患者应停留在室内,并减少体力活动 |
| 200 | 警戒水平 | | | 17.0 | 400 | 1130 | 65000 | 不健康 | 易感冒的人症状有轻度加剧,健康人群出现刺激症状 | 心脏病和呼吸系统疾病患者应减少体力消耗和户外活动 |
| 100 | 大气质量标准 | 260 | 365 | 10.0 | 240 | ① | ① | 中等 | | |
| 50 | 大气质量标准的50% | 75② | 80② | 5.0 | 120 | ① | ① | 良好 | | |

注:①浓度低于警戒水平时,不报告此分数;②美国 EPA 制定的一级标准中年平均浓度。

$$I_O = \frac{C_{O1}}{S_{O1}} \tag{8-17}$$

式中分子 $C$ 代表某种污染物实测浓度,分母 $S$ 代表该种污染物的相应标准($C$ 和 $S$ 单位相同);下角字母 $C$、$S$、$P$、$N$、$O$ 代表的意义同综合计算式;下角字母 a 代表年平均,下角 24、8、3、1 分别代表所指浓度的平均时间(时间);$\delta_1$、$\delta_2$、$\delta_3$、$\delta_4$ 为系数。当 $C_i > S_i$ 时,$\delta_i$ 等于1,当 $C_i < S_i$ 时,$\delta_i$ 等于0;$C_{Sa}$ 和 $C_{Na}$ 分别代表 SO₂ 和 NO₂ 年平均浓度,$C_{Pa}$ 代表实测颗粒物质几何年平均值,其他实测浓度 $C_i$ 均指某平均时间的实测最大浓度。

值得指出的是,计算该指数必须具备比较完善的监测手段,并要掌握全年完整的监测数据,$MAQI$ 是用于评价大气质量长期变化的指数,可每月、每季或每年计算一次。每次计算都应取量近 12 个月内的大气监测结果做原始数据。

(4)姚氏大气质量指数　该指数由上海第一医学院姚志麒教授 1978 提出。他认为,当采用 $\frac{1}{n}\sum_{i}^{n}\frac{C_i}{S_i}$ 形式计算污染指数时存在下述不足。如果大气中有一种污染物出现高浓度污染,而其他污染物浓度都不高,甚至很低,这时按平均值计算出的指数值,不一定很高,因而有可能掩盖高浓度的那种污染物的污染情况。而事实上，当大气中出现任何一种污染物的严重污染时，就有可能引起相应的较大危害。因此，在计算指数时不仅要考虑 $C_i/S_i$ 的平均值，还应适当兼顾 $C_i/S_i$ 中的最大值。姚氏认为取 $C_i/S_i$ 中的最大值与 $C_i/S_i$ 的均值的几何平均值可较好地反映污染状况。即

$$I = \sqrt{\left[\max\left|\frac{C_1}{S_1}, \frac{C_2}{S_2}, \cdots, \frac{C_n}{S_n}\right|\right] \times \frac{1}{n}\sum_{i=1}^{n}\frac{C_i}{S_i}} \tag{8-18}$$

该指数形式简单，计算方便，适用于综合评价几个污染物共同影响下的大气质量。沈阳环保所得研究人员，参照美国PSI值对应的浓度和人体健康的关系，对 $I$ 值进行了大气污染分级，见表8-9。目前，它是最通用的大气环境质量现状评价的指数。

**姚氏大气质量分级**　　表8-9

| 分　级 | 清　洁 | 轻污染 | 中污染 | 重污染 | 极重污染 |
|---|---|---|---|---|---|
| $I$ | <0.6 | 0.6~1 | 1~1.9 | 1.9~2.8 | >2.8 |
| 大气污染水平 | 清　洁 | 大气质量三级 | 警戒水平 | 警告水平 | 紧急水平 |

（5）尼梅罗水质指数　美国尼梅罗（N. L. Nemerow）在《河流污染科学分析》一书中提出了该污染指数。此指数的特点是，首先考虑到水质的用途，其次是考虑到各种污染物实测值含量的平均值与相应的污染物所规定的环境标准的比，以及含量最大的污染物与所规定的环境标准的比。

尼梅罗将水的用途划分成三类：①人直接接触使用的（$PI_1$）：包括饮用、游泳、制造饮料等。②人间接接触使用的（$PI_2$）：包括养鱼、工业食品制备、农业用等。③人不接触使用的（$PI_3$）：包括工业冷却用水、公共娱乐航运等。他根据所规定的水质标准，分别拟订各种不同用途水的水质标准（表8-10）。

**水质允许标准**（N. L. 内梅罗）　　表8-10

| 用　途 | | 温度（℉） | 颜色 | 透明度 | pH | 大肠杆菌数（100mL） | 总固体（ppm） | 悬浮固体（ppm） | 总氮（ppm） | 碱度（ppm） | 硬度（ppm） | 氯（ppm） | 铁和锰（ppm） | 硫酸盐（ppm） | 溶解氧（ppm） |
|---|---|---|---|---|---|---|---|---|---|---|---|---|---|---|---|
| 直接接触 | 饮水 | － | 5 | 5 | | 5 | 500 | － | 45 | － | | 250 | 0.35 | 250 | |
| | 游泳 | 85 | － | | 6.5~8.3 | －200 | － | － | | ＋ | ＋ | ＋ | ＋－ | | － |
| | 制造饮料 | － | 10 | | | | | | | 85 | | 250 | 0.35 | | －1 |
| | 平均 | 85 | 13 | 5 | 6.6~8.3 | －103 | 500 | | 45 | ／ | ／ | ／ | | 250 | 40 |
| 间接接触 | 渔业 | 55 | － | 30 | 6.0~9.0 | －2000 | － | － | － | － | ＋ | － | － | | |
| | 农业 | － | ＋ | | 6.0~8.5 | | 500 | | 45 | | ＋ | | 10 | | |
| | 果树蔬菜 | ＋ | 5 | 5 | 6.5~6.8 | － | 500 | 10 | 10 | 250 | 250 | 250 | 0.4 | 250 | － |
| | 工业 | ／ | ／ | 18 | 6.2~8.6 | －2000 | 500 | 100 | 28 | 250 | 1 | ／ | 0.7 | 250 | 30² |
| | 平均 | | | | | | | | | | | | | | |

158

| 用途 | | 温度(℉) | 颜色 | 透明度 | pH | 大肠杆菌数(100mL) | 总固体(ppm) | 悬浮固体(ppm) | 总氮(ppm) | 碱度(ppm) | 硬度(ppm) | 氯(ppm) | 铁和锰(ppm) | 硫酸盐(ppm) | 溶解氧(ppm) |
|---|---|---|---|---|---|---|---|---|---|---|---|---|---|---|---|
| 不接触 | 铜铁冷却水 | 100 | + | + | 5.0~9.0 | + | — | | 10 | + | — | — | — | — | — |
| | 水泥 | — | — | + | 6.9 | | 600 | 500 | + | 400 | | 250 | 25.5 | 250 | — |
| | 石油 | | | | 6.0~9.5 | + | 1000 | 10 | + | — | 350 | 300 | 1.0 | + | — |
| | 纸浆 | 95 | 10 | — | 6.10 | | | 10 | | — | 100 | 200 | 11 | + | |
| | 纺织 | — | 5 | — | 1.4~10.3 | + | 100 | 5 | + | | 25 | — | 0.2 | | |
| | 化学 | — | 5 | | 6.5~8.1 | + | 338 | 5 | — | 145 | 210 | 28 | 0.2 | 85 | |
| | 航运 | | | | | | | | | | | | | | |
| | 美观的 | | | | | | | | | | | | | | |
| | 平均 | / | / | / | 6.1~9.1 | / | 510 | 9.0 | / | 274 | 17.1 | 195 | 5.6 | / | 20# |

注:(—)尚有争论;(+)没有特殊限制;(/)因为存在(+)而没有确定;(♯)假定航运和美观的,用水尚无有效标准。

对某一水体进行评价时,先按三类用途分别计算 $PI_j$ 值:

$$PI_j = \sqrt{\frac{1}{2}\left[\left(\frac{C_i}{L_{ij}}\right)^2_{平均} + \left(\frac{C_i}{L_{ij}}\right)^2_{最大}\right]} \tag{8-19}$$

式中　$PI_j$——水质指数;

　　　$C_i$——水中 $i$ 污染物的实测浓度;

　　　$L_{ij}$——水中 $i$ 污染物作 $j$ 用途时的水质指标。

然后按下式求几种用途的总指数 $PI$。

$$PI = \sum_{j=1}^{n}(W_j PI_j) \tag{8-20}$$

式中　$PI$——几种用途的水质总指数;

　　　$PI_j$——某种用途的水质指数;

　　　$W_j$——不同用途的权系数,$\sum W_j = 1.0$。

(6)罗斯水质指数　英国人罗斯(S. L. Ross)1977 对英国克莱德河流域干支流的水质进行评价时,提出了一种较简明的水质指数计算方法。罗斯选择悬浮固体、BOD、氨氮、溶解氧等 4 个参数做为评价河水水质指标。这些指标的权系数分别为:BOD 为 3,氨氮为 3,悬浮固体物为 2,溶解氧饱和百分数和浓度各为 1,总权重为 10。

在计算水质指数时,不直接用各种参数的测定值或相对污染值统计,而是事先把它们分成等级(见表 8-11),然后再按等级进行计算。其计算式为:

$$WQI = \frac{\sum 分级值}{\sum 权重值} \tag{8-21}$$

罗斯计算法要求 $WQI$ 值用整数表示,这样将水质指数共分成从 0 - 10 的 11 个等级,数字愈大,则表示水质愈好。当 $WQI$ 分别为 10、8、6、3、0 时,分别表示为无污染、轻污染、污染、严重污染、水质腐败 5 种状态的水质。

**几种主要水质参数分级表**  表 8-11

| 悬浮固体 | | BOD$_5$ | | 氨 氮 | | 溶解氧(饱和度) | | 溶解氧(浓度) | |
|---|---|---|---|---|---|---|---|---|---|
| mg/L | 分级 | mg/L | 分级 | mg/L | 分级 | % | 分级 | mg/L | 分级 |
| 0~10 | 20 | 0~2 | 30 | 0~0.2 | 30 | 90~105 | 10 | >9 | 10 |
| 10~20 | 18 | 2~4 | 27 | 0.2~0.5 | 24 | 80~90 | 8 | 8~9 | 8 |
| 20~40 | 14 | 4~6 | 24 | 0.5~1.0 | 18 | 105~120 | | 6~8 | 6 |
| 40~80 | 10 | 6~10 | 18 | 1.0~2.0 | 12 | 60~80 | 6 | 4~6 | 4 |
| 80~150 | 6 | 10~15 | 12 | 2.0~5.0 | 6 | >120 | | 1~4 | 2 |
| 150~300 | 2 | 15~25 | 6 | 5.0~10.0 | 3 | 40~60 | 4 | 0~1 | 0 |
| >300 | 0 | 25~50 | 3 | >10.0 | 0 | 10~40 | 2 | — | — |
| | | >50 | 0 | — | | 0~10 | 0 | — | — |

如某一地点水质测定结果是见表 8-12，其 WQI 为

$$WQI = \frac{\sum 分级值}{\sum 权重值} = \frac{58}{10} = 5.8 \approx 6$$

计算结果表明，此河段为污染状态。

**某河段水质测定结果**  表 8-12

| 参　　数 | 测　定　结　果 | 分级评分值 | 权　重　值 |
|---|---|---|---|
| 悬浮固体(mg/L) | 27 | 14 | 2 |
| BOD(mg/L) | 6.8 | 18 | 3 |
| Do(mg/L) | 8.9 | 8 | 1 |
| Do(饱和度%) | 78 | 6 | 1 |
| 氨氮(mg/L) | 1.3 | 12 | 3 |

（7）土壤环境质量评价

土壤是环境的重要组成要素，它和大气、水、生物等环境要素之间经常互为外在条件，相互作用、相互影响，它们之间关系极为密切。土壤包括液相、气相和固相，尤以固体物质占绝对优势。土壤中有强大的有机质和无机胶体体系，有多种多样的微生物，它们有一定的吸附、代谢、固定和降解污染物的能力。

引起土壤环境质量下降的原因，除了土壤受到污染外，还受到侵蚀、酸化、次生盐碱化、沼泽化、沙化等多种原因引起的。在评价中需阐明下列问题：土壤是否已受到污染、污染程度、主要污染物及其来源、土壤环境质量空间差异、开发利用是否合理等。

土壤环境质量评价根据污染源和评价目的要求选择评价参数，评价标准按《土壤环境质量标准》（GB15618—95）。一般选取如下基本参数：①重金属和其它有毒物质：贡、镉、铅、铜、铬、镍、砷、氟、氰等。②有机毒物：酚、石油、3，4－苯并芘、DDT、丙体 666、三氯乙醛、多氯联苯等。③酸度、全氮、全磷等。此外，对土壤污染物质积累、迁移和转化影响较大的土壤组成物质和特性也应选取，作为附加参数，以便研究土壤污染的变化规律，但不参与评价。附加参数主要包括有机质、质地、石灰反应、氧化－还原电位等。根据需要和可能，也可选取代换量、可溶盐类、不同价态重金属离子、粘土矿物等。

土壤环境质量评价模型则可以按照前面介绍的单因子指数模型和综合污染指数模型来设计。内梅罗指数和姚志麒指数应用较多。求得土壤污染指数后,须对土壤环境质量进行分级,以对土壤污染指数赋予环境质量状况的实际含义。一般采用如下分级方法:

1)根据综合质量指数 $I$ 值划分质量等级 一般 $I<1$,为未污染,$I>1$ 为已污染;$I$ 值越大,土壤污染越重。可根据 $I$ 值变幅,结合作物受害程度和污染物累积状况,再划分轻度污染、中度污染和重度污染等级。

2)根据土壤和作物中污染物累积的相关数量划分质量等级 这种分级只能表示土壤中各个污染物的不同污染程度,还不能表示土壤总的质量状况。

3)根据系统分级法划分质量等级 首先对土壤中各污染物的浓度进行分级,这种分级是根据土壤污染物含量和作物生长的相关关系以及作物中污染物的累积与超标情况来划分的,然后将土壤污染物浓度转换为污染指数,将各污染指数加权综合为土壤质量指数,据此也就得到了土壤环境质量的级别。

(8)区域环境质量综合评价

区域环境,包括大气、水体、土壤、生物、噪声以及社会环境诸要素,它们相互联系、相互影响、相互制约,构成了一个统一的整体。污染物进入某一组成要素中,也必然会影响其他要素。实际上,污染物是在整个环境中进行迁移转化,最后引起环境质量的变化。所以对各要素分别进行评价后,还应对区域环境质量作综合评价。目前城市区域环境表现出综合影响较明显。

环境质量综合评价应依据评价目的,选取一定量的能表征各种环境要素质量的评价参数,并对各参数进行合理的加权,建立一个"区域环境质量指数"计算式,用以评价这些主要环境要素构成的区域环境质量。

例如,加拿大环境部殷哈勃 1974 年提出以大气($I_a$)、水($I_w$)、土地($I_e$)和其他环境方面($I_m$)等四个质量指数,综合成"总环境质量指数"$EQI$,并认为大气、水体、土地是环境的重要组成要素且同等重要,因此均加权为 0.3,至于 $I_m$,其含义不如前三个指数广泛,故加权为 0.1。各指数之间的关系如表 8-13 所示。$EQI$ 计算式为

加拿大总环境质量指数组成表(括弧内表示参数)　　　　　　　表 8-13

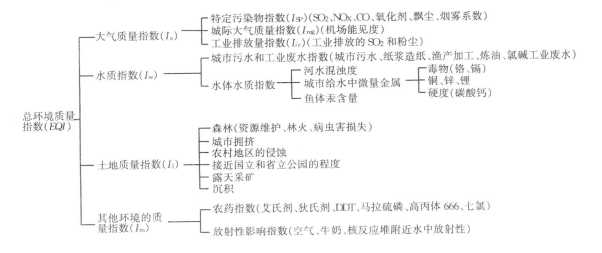

$$EQI = \sqrt{0.3I_a^2 + 0.3I_w^2 + 0.3I_e^2 + 0.1I_m^2}$$ （8-22）

根据加拿大某年的有关数据,计算全国平均的 $I_a = 0.99$、$I_w = 0.73$、$I_e = 0.54$、$I_m = 0.088$,将它们代入上式可得出加拿大全国的 $EQI = 0.74$。根据逐年资料,可以计算区域内隔年的 $EQI$,以掌握区域环境质量变化规律。

## 8.3 环境影响评价

### 8.3.1 环境影响评价概述

环境影响评价是对建设项目、区域开发计划及国家政策实施后可能对环境造成的影响进行预测和估计。它根据经济建设、城乡建设和环境建设协调发展的理论,谋求经济建设、城乡建设和环境建设的同步规划、同步实施、同步发展,以获得经济效益、社会效益和环境效益的统一。

环境影响评价不仅要研究建设项目在开发、建设和生产过程中对自然环境的影响,也要研究对社会和经济的影响;既要研究污染物对大气、水体、土壤等环境要素的污染途径,也要研究污染因子在环境中传输、迁移、转化规律以及对人体、生物的危害程度,从而制订有效防治对策,把环境影响限制到可以接受的水平,为实现社会效益、经济效益和环境效益协调发展提供决策依据。

环境影响评价的实践经历了曲折的道路。1964 年在加拿大召开的国际环境质量评价会议上,学者们首先提出了"环境影响评价"的概念;1969 年美国制定了"国家环境政策法"的概念,这是世界上第一次把环境评价以法律形式固定下来,即环境影响评价制度,标志着环境影响评价由污染防治转变为预防为主的全面综合治理。70 年代,环境影响评价仅限于资料的收集和整理、环境现状的调查,繁琐而无重点的工作常常导致工程延期、费用增加;80 年代,环境影响评价进一步改进,出现了环境风险评价、景观影响评价、健康影响评价、社会影响评价等在内的全面环境影响评价,并广泛应用计算机模拟和系统控制理论,一些环境影响评价,如特定法(ad - hoc method)、列表清单法(checklists)、矩阵法(matrices)、重叠法(overlay)、费用 - 效益分析和费用 - 效果分析(cost - benefit and cost - effectiveness analysis)、和模拟法(modeling)等也在不断地改进完善;进入 90 年代,围绕可持续发展战略的三个主要方面:生态持续性、经济持续性和社会持续性,环境影响评价更加关注跨国跨区的全球性环境问题。

我国环境影响评价自 70 年代以来,经历了由无到有,由小到大,由局部到全国,由不完善到比较完善的发展历程,在政策、管理和技术能力建设方面作了大量的探索和实践。目前,环境影响评价特别关注以下几个领域:环境标准、生态环境影响评价、环境风险评价、区域环境影响评价、社会经济影响评价、累积影响评价、公众参与、环境监测等。如:环境风险评价关心的是通过空气、水、土壤和生态食物链转移到人的风险,考虑的是环境事件,是风险评价的一部分,也是环境影响评价用以表述风险问题的一部分;公众参与则可以在整个环境影响评价执行程序进行系统磋商,克服主观性,避免不应有的失误和差错等,保证评价的透明度和可信度。总之,环境影响评价正在向规范化方向发展,评价方法学的深入研究和高新技术的应用将促进环境影响评价的发展。

### 8.3.2 环境影响评价的程序和管理

1. 环境筛选

凡新建或改扩建工程,由建设单位将建设计划向环境保护部门提出申请,由环境保护部门会同有关专家对拟议项目的环境影响进行初步筛选,以便在所涉及问题的性质、潜在规模和敏感程度的基础上确定需要进行哪种环境分析。通过环境筛选,可以帮助建设单位、项目设计单位和评价单位及时地、实际地对待环境问题;拟出适当地预防、减缓和补偿措施,以减少对项目施加的制约条件;帮助避免由于未预见到的环境问题所带来的额外费用和拖延时间。

环境筛选的结果可能会出现下述三种情形之一:

(1)环境后果严重。可能对环境造成重大的不利影响。这些影响可能是敏感的、不可逆的、多种多样的、综合的、广泛的、带有行业性的、或以往尚未有过的。这类项目要做全面的环境影响评价(称作 A 类项目)。

(2)环境影响程度有限。可能对环境会产生有限的不利影响,这些影响是较小的、不太敏感的、不是太多数量的、不是重大的、或不是太不利的,其影响要素中极少数是不可逆的,并且减缓影响的补救措施是很容易找到的、通过规定控制或补救措施是可以减缓对环境的影响。这类项目一般不要求进行全面的环境影响评价但需作专项的环境影响评价(称作 B 类项目)。

(3)环境后果不严重。对环境不产生不利影响或影响极小的建设项目。这类项目一般不需要开展环境影响评价,只办理环境保护管理备案(填报告表)手续(称作 C 类项目)。

国家环保局根据筛选原则确定评价类别,如需要进行环境影响评价,则由建设单位委托有相应评价资格证书的单位来承担。

2. 环境影响评价的分类

环境影响评价根据开发建设活动的规模和种类,可以划分成如下四种类型:

(1)单个建设项目的环境影响评价。它是根据某一建设项目的性质、规模和所在地区的自然环境、社会环境通过调查分析和预测来评价其对环境的影响程度,提出减缓措施和环境保护对策。

(2)多个建设项目的环境影响评价。它是指在同一地区或同一评价区内进行的两个以上建设项目的整体评价,所得预测结果能比较确切地反映出各单个建设项目对环境的叠加影响,防治对策具有整体性实用价值。

(3)区域开发项目的环境影响评价。它的对象是该区域内的所有开发建设行为,重点是论证区域内未来建设项目的布局,结构和时序,提出布局合理,对整个区域影响较小的优化方案,促使区域内社会、环境与开发建设之间协调发展。

(4)宏观活动的环境影响评价。把环境影响评价的对象从工程建设项目、区域开发项目扩大到对人类环境质量有重大影响的宏观活动,如国家的计划、立法、政策方案等。对于宏观活动进行环境影响评价是在最高层次上进行评价,为最高层次的开发建设决策服务的。目前我国还没有法律规定对于宏观活动的环境影响评价。

3. 环境影响评价工作等级

环境影响评价工作的等级是指需要编制环境影响评价的各专题其工作深度的划分。其划分依据为:(1)建设项目的工程特点(工程性质、工程规模、能源及资源的使用量及类型、源项等);(2)项目所在地区的环境特征(自然环境特点、环境敏感程度、环境质量现状及社会经济状况等);(3)国家或地方政府所颁布的有关法规(包括环境质量标准和污染物排放标准)。各单项环境影响评价划分为三个工作等级。一级评价最详细,二级次之,三级较简略。各单项影响评价工作等级划分的详细规定,可参阅相应导则。对于某一具体建设项目,在划分各评价项目的工作等级时,根据建设项目对环境的影响、所在地区的环境特征或当地对环境的特殊要求情况可作适当调整。

4. 环境影响评价工作程序

环境影响评价工作程序如图 8-2 所示。环境影响评价工作大体分为三个阶段:第一阶段为准备阶段,主要工作为研究有关文件,进行初步的工程分析和环境现状调查,筛选重点评价项目,确定各单项环境影响评价的工作等级,编制评价工作大纲;第二阶段为正式工作阶段,其主要工作为进一步做工程分析和环境现状调查,并进行环境影响预测和评价环境影响;第三阶段为报告书编制阶段,其主要工作为汇总、分析第二阶段工作所得到的各种资料、数据,给出结论,完成环境影响报告书的编制。

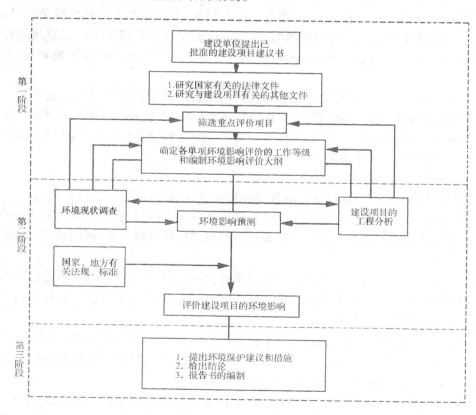

图 8-2　环境影响评价工作程序

5. 环境影响评价大纲的编制

环境影响评价大纲是环境影响评价报告书的总体设计和行动指南。评价大纲应在开展评价工作之前编制,它是具体指导环境影响评价的技术文件,也是检查报告书内容和质量的主要判据。该文件应在充分研读有关文件、进行初步的工程分析和环境现状调查后形成。

评价大纲一般包括以下内容：①总则(包括评价任务的由来,编制依据,控制污染和保护环境的目标,采用的评价标准,评价项目及其工作等级和重点等);②建设项目概况(如为扩建项目应同时介绍现有工程概况);③拟建项目地区环境简况(附位置图);④建设项目工程分析的内容与方法(根据当地环境特点、评价项目的环境影响评价工作等级与重点等因素,说明工程分析的内容、方法和重点等);⑤建设项目周围地区的环境现状调查(根据已确定的各评价项目工作等级、环境特点和影响预测的需要,尽量详细地说明调查参数、调查范围及调查的方法、时期、地点、次数等);⑥环境影响预测与评价建设项目的环境影响(包括预测方法、内容、范围、时段及有关参数的估值方法,对于环境影响综合评价,应说明拟采用的评价方法);⑦评价工作成果清单,拟提出的结论和建议的内容;⑧评价工作的组织、计划安排;⑨经费概算。

6. 建设项目所在地区环境现状调查

环境现状调查是各评价项目(或专题)共有的工作,虽然各专题所要求的调查内容不同,但其调查目的都是为了掌握环境质量现状或本底,为环境影响预测、评价和累积效应分析以及投产运行进行环境管理提供基础数据。因此,调查工作应符合下列要求：

(1)环境现状调查的一般原则

根据建设项目所在地区的环境特点,结合各单项评价的工作等级,确定各环境要素的现状调查的范围,筛选出应调查的有关参数。原则上调查范围应大于评价区域,特别是对评价区域边界以外的附近地区,若遇有重要污染源时,调查范围应适当放大。

环境现状调查应首先搜集现有资料,经过认真分析筛选,择取可用部分。若这些资料仍不能满足需要时,再进行现场调查或测试。

环境现状调查中,对与评价项目有密切关系的部分应全面、详细,尽量做到定量化;对一般自然和社会环境的调查,若不能用定量数据表达时,应做出详细说明,内容也可适当调整。

(2)环境现状调查的方法主要有：收集资料法、现场调查法和遥感法。收集资料法应用范围广、收效大、较节省人力、物力、时间。但只能获得第二手资料,且资料往往不全面,需要补充。现场调查法直接获取第一手资料,可弥补搜集资料法的不足。但工作量大、耗费人力、物力和时间较多,往往受季节、仪器设备条件的限制。遥感法可从整体上了解环境特点,特别是人们不易开展现场调查的地区的环境状况。但精度不高,不宜用于微观环境状况调查,受资料判读和分析技术的制约。通常将这三种方法进行有机结合、互相补充。

(3)环境现状调查的内容

环境现状的调查的主要内容有：①地理位置;②地貌、地质和土壤情况,水系分布和水文情况,气候与气象;③矿藏、森林、草原、水产和野生动植物、农产品、动物产品等情况;④大气、水、土壤等的环境质量现状;⑤环境功能情况(特别注意环境敏感区)及重要的政治文化设施;⑥社会经济情况;⑦人群健康状况及地方病情况;⑧其它环境污染和破坏的现状资料。

7. 建设项目环境影响预测

建设项目环境影响预测的范围、时段、内容及方法应按相应评价工作等级、工程与环境特性、当地的环境要求而定。同时应考虑预测范围内规划建设项目可能产生的环境影响。

环境影响预测通常采用的方法有数学模式法、物理模型法、类比调查法和专业判断法。各种方法的特点和应用条件见表8-14。预测时应尽量选用通用、成熟、简便并能满足准确度要求的方法。

| 方　　法 | 特　　　点 | 应　用　条　件 |
|---|---|---|
| ①数学模式法 | 计算简便、结果定量。需要一定的计算条件、输入必要的参数和数据 | 模式应用条件不满足时,要进行模式修正和验证,应首先考虑采用此法 |
| ②物理模型法 | 定量化和再现性好,能反映复杂的环境特征 | 合适的实验条件和必要的基础数据。无法采用①法而精度要求又高,应选用此法 |
| ③类比调查法 | 半定量性质 | 时间限制短,无法取得足够参数、数据,不能采用①②法时可选用此法 |
| ④专业判断法 | 定性反映环境质量 | 某些项目评价难以定量时,或上述三种方法不能采用时,可选用此法 |

建设项目的环境影响分为三个阶段(即建设阶段、生产运营阶段、服务期满或退役阶段)和两个时段(即冬、夏两季或丰、枯水期)。所以预测工作在原则上也应与此相应。但对于污染物排放种类多、数量大的大中型项目,除预测正常排放情况下的影响外,还应预测各种不利条件下的影响(包括事故排放的环境影响)。

为全面反映评价区内的环境影响,预测点的位置和数量除应覆盖现状监测点外,还应根据工程和环境特征以及环境功能要求而设定。预测范围应等于或略小于现状调查的范围。预测的内容据评价工作等级、工程与环境特征及当地环保要求而定,既要考虑建设项目对自然环境的影响,也要考虑社会和经济的影响;既要考虑污染物在环境中的污染途径,也要考虑对人体、生物及资源的危害程度。

8. 评价建设项目的环境影响

评价建设项目的环境影响是关于环境影响资料的鉴别、收集、整理的结构机制,以各种形象化的形式提出各种信息,向决策者和公众表述开发行为对环境影响的范围、程度和性质。

选择科学实用的评价方法是环境影响评价的关键。目前环境影响评价已从孤立地处理单个环境参数发展到综合参数之间的联系,从静态地考虑开发行为对环境生态的影响,发展到用动态观点来研究这些影响。

9. 环境影响报告书的编制

环境影响报告书是环境影响评价程序和内容的书面表现形式之一,在编制时应遵循下述原则:环境影响报告书应全面、客观、公正,概括地反映环境影响评价的全部工作;评价内容较多的报告书,其重点评价项目另编分项报告书;主要的技术问题另编专题报告书。

报告书文字应简洁、准确、图表要清晰;论点要明确。大(复杂)项目,应有主报告和分报告(或附件)。主报告应简明扼要,分报告把专题报告、计算依据列入。

环境影响报告书应根据环境和工程特点及评价工作等级,选择下列全部或部分内容进行编制。

(1)总则

①结合评价项目的特点阐述编制环境影响报告书的目的。②编制依据(包括:项目建议书;评价大纲及其审查意见;评价委托书、合同或任务书;建设项目可行性研究报告等)。③采用标准:包括国家标准、地方标准或拟参照的国外有关标准(参照的国外标准应按国家环保局规定的程序报有关部门批准)。④控制污染与保护环境的目标。

(2)建设项目概况

①建设项目的名称、地点及建设性质;②建设规模(扩建项目应说明原有规模)、占地面积及厂区平面布置(应附平面图);③土地利用情况和发展规划;④产品方案和主要工艺方法;⑤职工人数和生活区布局。

(3)工程分析

报告书应对建设项目的下列情况进行说明,并要作出分析:①主要原料、燃料及其来源、储运和物料平衡,水的用量与平衡,水的回用情况;②工艺过程(附工艺流程图);③排放的废水、废气、废渣、颗粒物(粉尘)、放射性废物等的种类、排放量和排放方式,以及其中所含污染物种类、性质、排放浓度;产生的噪声、振动的特性及数值等;④废弃物的回收利用、综合利用和处理、处置方案;⑤交通运输情况及厂地的开发利用。

(4)建设项目周围地区的环境现状

①地理位置(应附平面图);②地质、地形、地貌和土壤情况,河流、湖泊(水库)、海湾的水文情况,气候与气象情况;③大气、地面水、地下水和土壤的环境质量状况;④矿藏、森林、草原、水产和野生动物、野生植物、农作物等情况;⑤自然保护区、风景游览区、名胜古迹、温泉、疗养区以及重要的政治文化设施情况;⑥社会经济情况,包括:现有工矿企业和生活居住区的分布情况,人口密度,农业概况,土地利用情况,交通运输情况及其它社会经济活动情况;⑦人群健康状况和地方病情况;⑧其它环境污染、环境破坏的现状资料。

(5)环境影响预测

①预测环境影响的时段;②预测范围;③预测内容及预测方法;④预测结果及其分析和说明。

(6)评价建设项目的环境影响

①建设项目环境影响的特征;②建设项目环境影响的范围、程度和性质;③对多个厂址进行优选时,应综合评价每个厂址的环境影响并进行比较和分析。

(7)环境保护措施的评述及环境经济论证,并提出各项措施的投资估算(列表)

(8)环境影响经济损益分析

(9)环境监测制度及环境管理、环境规划的建议

(10)环境影响评价结论

10.环境影响评价管理程序

环境影响评价管理程序是保证环境影响评价工作顺利进行和实施的管理程序,是管理部门的监督手段。我国基本建设程序与环境管理程序的工作关系如图8-3所示。

11.组织实施环境评价的质量管理

环境影响评价项目一经确定,承担单位要责成有经验的项目负责人组织有关人员编写评价大纲,明确其目标和任务,同时还要编制其监测分析、参数测定、野外实验、室内模拟、模式验证、数据处理、仪器刻度校验等在内的质保大纲。承担单位的质量保证部门要对质保大纲进行审查,对其具体内容与执行情况进行检查,把好各个环节和环境影响报告书质量关。为获得满意的环境影响报告书,按照环境影响评价管理程序和工作程序而进行有组织、有计划的活动是确保环境影响评价质量的重要措施。质量保证工作应贯穿于环境影响评价的全过程。在环境影响评价工作中,请有经验的专家咨询多与其交换意见,是做好环境评价的重要条件。最后请专家审评报告是质量把关的重要环节。

12.环境影响报告书的审批

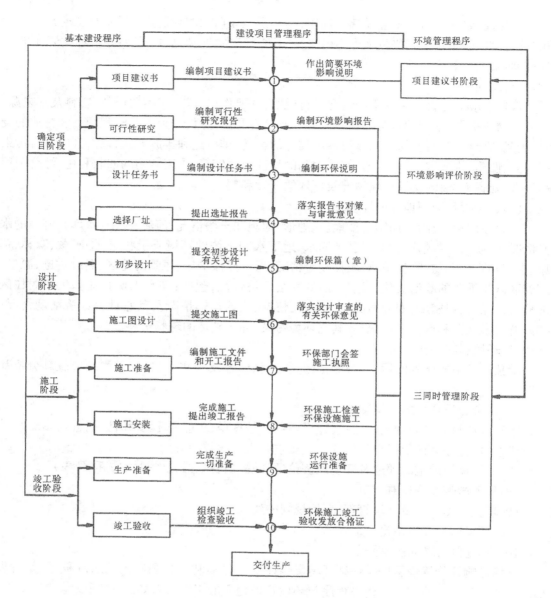

图 8-3　我国基本建设程序与环境管理程序的工作关系

环境影响报告书的审查以技术审查为基础,其审查原则为:①该项目是否符合经济效益、社会效益和环境效益相统一的原则;②该项目是否贯彻了"预防为主"、"谁污染谁治理、谁开发谁保护、谁利用谁补偿"的原则;③该项目是否符合城市环境功能区划和城市总体发展规划;④该项目的技术政策与装备政策是否符合国家规定;⑤该项目环评过程中是否贯彻了"在污染控制上从单一浓度控制逐步过渡到总量控制","在污染源治理上,从单纯的未端治理逐步过渡到对生产全过程的管理";"在城市污染治理上,要把单一污染源治理与集中治理或综合整治结合起来"。

13. 环境影响评价特别关注的几个领域

随着环境影响评价的发展,其领域不断扩大,目前我国环境影响评价领域又增加了一些重要的领域,分别介绍如下。

(1)生态环境影响评价

人类活动对生态系统产生的效应是由直接、间接影响交替下的长期积累过程,其危害在没有达到一定程度时,往往不易为人们所觉察,而一旦被觉察,已经十分严重甚至不可逆转。故很有必要进行生态影响评价,对生态系统各组成部分之间的相互制约关系和整个生态系统对外界冲击因子响应方式的复杂性造成进行客观评价。生态影响评价的目的是保证人类赖以生活、生产的生态资源的持续发展,实现环境、经济和社会三个效益的统一。其内容有:①分析拟议项目在施工期和运行期对评价区生态系统的潜在影响,预测影响的方式、范围和程度,为工程项目替代方案选择和环境管理提供生态方面的依据;②有针对性地提出便于实施的保护和管理生态资源的措施。

通过现状调查、现状评价和拟议项目影响预测评价几个步骤进行生态系统影响评价,并以此为依据做出一些减缓措施,避免或减少开发建设项目的各种行动所引起的生物物种和整个生态系统的不利影响,保持生态的多样性及可持续利用与发展。

(2)环境风险评价

世界环境史上曾发生几起震惊世界的重大环境污染事件,发生这种灾难事故的概率虽然很小,但影响的程度往往是巨大的。由此引入了环境风险评价。

国际上对于环境风险评价的正式开展,是直到70年代才逐步完善起来的。其最好的范例,是美国核管会于1975年完成的对于核电站所进行的极其系统的安全研究,在研究结果报告中系统地发展和建立了概率风险评价方法。我国也在80年代开始了对事故风险的重视与研究工作。国家环保局于1990年发第057号文,要求对重大环境污染事故隐患进行环境风险评价。但总体上而言,国内的环境风险评价工作还属起步阶段,缺乏系统的方法学研究。

环境风险评价主要有三个组成部分:①源项分析,包括危害识别或事故频率估算;②事故后果分析,包括后果估算与风险计算,估算有毒物在大气中的扩散及其浓度分布,事故造成的对人体健康(或财产)的伤害;③防范措施与应急计划。分析结果以个人风险与社会风险两种形式表示。

环境风险评价项目多涉及两个方面,一是人类活动对人们赖以生存的环境的影响;二是自然灾害如洪水和地震对拟议项目的影响。目前环境风险评价常用于事故发生后的短期后果。

(3)区域环境影响评价

随着我国经济建设的发展,出现了区域开发建设,即在一个地区在相近的时间开展一批建设项目。这时,如果分别对各建设项目进行环境影响评价,则不可能准确预测最终的环境变化,不能说明区域开发的环境影响,也就不可能采取合理的环境保护对策,难以保证环境质量保护目标的实现。因此,应把区域开发的建设项目看作一个整体,考虑所有的区域开发建设的行为,进行区域环境影响评价。

区域环境影响评价根据环境规划的类型,可分为新经济开发区环境影响评价、工业基地发展环境影响评价。它着重研究环境质量现状、确定区域环境要素的容量,预测开发活动的影响,是区域环境规划的重要组成部分。

区域环境影响评价有准备阶段、正式工作阶段、报告书编写阶段三个阶段,其基本内容包括：①区域开发项目的介绍；②开发区及周围地区的社会经济状况、自然环境、生态环境和生活质量的调查；③开发区及邻近地区环境质量调查；⑤开发区建设对区内及周围地区的环境影响预测；⑥环境保护综合对策研究；⑦公众参与；⑧社会经济的影响分析；⑨环境管理和环境监测系统的建立；⑩结论和建议。

（4）社会经济环境影响评价

社会经济环境影响评价是开发建设项目环境影响评价的重要组成部分。一些开发建设项目对外界社会经济环境常常带来一些极为显著的影响，包括有利方面和不利方面。而社会经济环境影响评价就是通过分析项目对社会经济环境产生的各种影响，提出防止或减少项目在获取效益时可能出现的各种不利社会经济环境影响的途径或补偿措施，进行社会效益、经济效益和环境效益的综合分析，使开发建设项目的论证更加充分可靠，项目的设计和实施更加完善。

社会经济环境影响评价因子就是在社会经济环境影响评价范围内受拟建项目影响的那些社会经济环境要素，它们能从总体上反映目标人口因其社会经济环境受拟建项目影响的情况。其中社会影响评价因子有目标人口、科技文化、医疗卫生、公共设施、社会安全、社会福利等；经济影响评价因子有经济基础、需求水平、收入分配、就业与失业等；此外还有美学和历史学环境影响因子。

社会经济环境影响评价内容就是根据社会经济环境影响现状调查分析，给出拟建项目的社会经济环境影响评价因子，并分析影响程度和类别，进而给出各类影响可能产生的主要环境问题及其效果。

社会经济环境影响评价的方法有专业判断法、调查评价法、费用－效益分析法、费用－效果分析法、环境经济学方法等，在此不做具体介绍。

（5）累积影响评价

累积影响就是当一种活动的影响与过去、现在以及将来不可预见的活动的影响叠加时，因累积效应对环境所造成的影响。累积影响评价关注的是由多种活动对不同环境组成部分的累积影响。在全球尺度上，人们注意到由于累积效应而生产的酸雨问题、臭氧层被破坏、全球气候变化和生物多样性减少等重大环境问题。累积影响评价对于处理生态事件和效应最为适宜，包括累积性的灾难、累积性系统效应、累积性的鱼类和野生动物种群效应、累积性再生等最困难的生态状况。

累积影响评价有常规评价、适宜性评价、承载能力研究三种已使用的方法。评价步骤一般由以下几步构成：①确定各项之间的关系；②进行单项影响评价；③计算相互作用系数；④计算未修正的累积效应；⑤修正项目间重复计算的效应；⑥叠加现在项目的影响。

但是，累积影响评价在实际工作中是相当困难的，有许多问题需进一步研究。这些问题主要表现在监测、模拟和管理三个方面。监测将来可能进行的项目影响，识别项目间相似或不相似，相关或不相关等各种特征，这些工作往往超越了评价者的现有能力；模拟方面：在确认和预潜在的累积影响评价时受到目前科学技术水平的局限；管理方面：涉及到累积效应的管理、立法和裁决，在实践中难以操作。

总之，累积影响评价是一个新的研究领域，有许多理论和实际问题需要研究解决。

（6）公众参与

公众参与是项目方或环评工作组同公众之间的一种双向交流，其目的是使项目能被公众充分认可并提高目的环境和经济效益。人们现已普遍认为公众参与可使项目发挥更好的环境和经效益,它能更全面地确认环境资源以弥补在环境初评中可能存在的遗漏和疏忽,并对一些难以用货币形式表达的资源作出评估。

公众参与的沟通方式有:①通过大众传媒发布信息,随即提供机会让公众发表意见;②建立信息中心,回答公众提出的问题,接受记录公众提出的建议等;③会议讨论,给各社会团体提供有效的交流途径;④社会调查,通过访谈、通信、问卷或电话等调查方式收集信息。

达到公众参与目标的最有效方法有:让公众了解项目;确定所有的环境资源和重大环境问题;确定非货币形式表达的各种环境资源的价值;确定环保措施的可行性;提出公众对项目的看法和意见。

总之,中国目前的公众参与可以用以下三句话概括:"中国有公众参与"、"中国的公众参与形式符合中国国情"、"中国的公众参与不够"。通过公众参与,提高环境影响评价的质量,并保证评价和决策的透明度和可信度。

### 8.3.3 环境影响评价的方法

环境影响评价方法是指在环境影响评价的实际工作中,按照评价工作的规律,为解决某种特殊矛盾而创造和发展的一类方法。它不是简单地搬用其它专业的方法,而是逐渐从一成不变的零零碎碎的状态发展到反映人类活动与环境状况的方法。

环境影响评价方法必须满足:①保证所有需要考虑的受影响的环境因素都能被识别;②对将要受人类活动影响的环境状态作出测验,经便充分认识人类行为将会产生的后果;③解释并传播环境影响的信息,以求得社会各个层次不同角度的认识与理解;④提出减轻不利影响的措施或对策不能仅满足于治理措施,应尽可能提出积极的、具有建设性的提高环境质量的措施;⑤在符合国家环境政策法的前提下,向决策部门或公众提供总结形式的报告或资料。由此看出,环境影响评价方法具有综合性、可比性、可辨性、动态性、客观性等共同特点。

一般认为,环境影响评价方法具有识别、预测及提出对策三种职能。识别方法可弄清受人类活动影响的有哪些环境要素;预测方法从不同的角度可分为物理化学的、生物的、美学的、经济的、综合的预测;提出对策是为了协调人类活动与环境的关系。

#### 1. 列表清单法

列表清单法将研究中所选择的环境参数及开发方案列在一种表格里。它可以鉴别出开发行为可能会对哪一种环境因子产生影响,并表示出影响的相对大小,但它对环境参数不能进行定量计算。

列表清单法是在进行交通运输等建设方案的影响评价时提出的一种方法。它把建设过程划分为三个阶段,即规划设计、施工和运行阶段,并把拟议行动可能造成的影响,如噪声、空气质量、水质、土壤侵蚀、生态、社会、政治、经济及美学等与上述各阶段列于一个统一的表格中。根据表格可以鉴别出各不同阶段方案可能产生的环境影响,包括有利的和不利的方面。该方法还制定出一个 0~10 的评价等级,以说明影响的大小,且能显示出最大的可能影响。

#### 2. 矩阵法

矩阵法通过综合考虑环境影响的"幅度"和"计数",在一定程度上可反映出一项社会经济活动对环境影响的总体效果。

环境影响评价应用矩阵法时要确定两项内容:一是环境影响的幅度,另一项是环境影响的重要性。影响幅度就是指环境影响的大小，这种幅度可以用 $1-10$ 的数字表示。在分析每一个环境因子的影响时，可能已经取得了这种影响的绝对数量，也可以转化为 $1-10$ 的数，影响幅度越大，数值越高。例如有 5 个经济开发方案，它们引起地面水的溶解氧将下降 $20\%$、$40\%$、$60\%$、$80\%$ 和 $100\%$，则影响的幅度可以取为 $2$、$4$、$6$、$8$ 和 $10$。一个活动对环境的影响可能是有利的，也可以是不利的，可以分别冠以正号或负号。矩阵法要确定的另一项内容是每一个影响的重要性，即权系数。权系数的大小同样可以在 $1\sim10$ 之间作出选择。

在每一个活动的每一项环境影响都确定了影响幅度和重要性之后，就可以构成一个环境影响矩阵（表 8-15）。

环境影响矩阵的结构　　　　　　　　　　　表 8-15

| 环境影响 | 社 会 活 动 | | | |
|---|---|---|---|---|
| | 1 | 2 | 3 | 4 |
| 1 | $M_{11}(W_{11})$ | $M_{12}(W_{12})$ | … | $M_{1n}(W_{1n})$ |
| 2 | $M_{21}(W_{21})$ | $M_{22}(W_{22})$ | … | $M_{2n}(W_{2n})$ |
| ⋮ | | | | |
| $m$ | $M_{m1}(W_{m1})$ | $M_{m1}(W_{m2})$ | | $M_{mn}(W_{mn})$ |

环境影响矩阵包括 $n$ 列（代表 $n$ 个社会活动）和 $m$ 行（代表 $m$ 项环境影响）。以 $M_{ij}$ 表示第 $i$ 个环境因素受到第 $j$ 个活动的影响的幅度，$W_{ij}$ 表示相应的重要性。

第 $i$ 个环境因素受到各种活动的总影响为：

$$I_i = \sum_{j=1}^{n} W_{ij}M_{ij} \quad i = 1, \cdots, m \tag{8-23}$$

第 $j$ 种活动对各环境因素的总影响为：

$$I_i = \sum_{i=1}^{m} W_{ij}M_{ij} \quad j = 1, \cdots, n \tag{8-24}$$

所有活动对所有环境因素的综合影响为：

$$I = \sum_{i=1}^{m}\sum_{j=1}^{n} W_{ij}M_{ij} \tag{8-25}$$

例如，表 8-16 是某项工程对各种环境及社会问题的影响矩阵及其计算结果，由此可以看出，该项工程的各项活动对环境及社会的总影响为 $+251$，意味着在总体上这项工程是有利的；排水和水文条件以及控制土地侵蚀的活动存在不利的影响；同时，这项工程的实施会对运输有不利影响。

3. 网络法

网络法往往表示成树枝状，因此又称为关系树或影响树（图 8-4），它可以鉴别和累积直接的和间接的影响。利用影响树可以表示一项社会活动的原发性影响和继发性影响。一种社会活动可能会产生一种或几种环境影响。例如一项公路建设工程会引起土壤流失，从而使河流的泥砂增加，淤塞航道，导致洪水的危害，以及会阻塞鱼类的回游通道等。

网络法以简要的形式给出了由于某项活动直接产生和诱发影响的全貌，因此是个有用的工具。然而，这种方法只是一种定性的概括，它只能给出总体的影响程度。

影响树要求估计出事件的各个分支的单个事件的发生概率，求出每个分支上各事件的概率的积，然后再求出活动的总影响。

| 环境因子 | 居民拆迁 | 排水和水文条件改变 | 铺筑路面 | 噪声和振动 | 都市化 | 挖填土方 | 控制侵蚀 | 美化风景 | 交通 | 因素总影响 |
|---|---|---|---|---|---|---|---|---|---|---|
| 地形 | 8(3) | -2(7) | 3(3) | 1(1) | 9(3) | -8(7) | -3(7) | -3(10) | 1(3) | -60 |
| 水的补给 | 1(1) | 1(3) | 4(3) | | | 5(3) | 6(1) | 1(10) | | 47 |
| 气候 | 1(1) | | | | 1(1) | 0 | | | | 2 |
| 洪水 | -3(7) | -5(7) | 4(3) | | | 7(3) | 8(1) | 2(10) | | 5 |
| 应力-应变(地震) | 2(3) | -1(7) | | | 1(1) | 8(3) | 2(1) | | | 26 |
| 空地 | 8(10) | | 6(10) | 2(3) | -10(7) | | | 1(10) | 1(3) | 89 |
| 住宅 | 6(10) | | | | 9(10) | | | | | 150 |
| 卫生与安全 | 2(10) | 1(3) | 3(3) | | 1(3) | 5(3) | 2(1) | | -1(7) | 45 |
| 人口密度 | 1(3) | | | 4(1) | 4(3) | | | | | 34 |
| 建筑 | 1(3) | 1(3) | 1(3) | | 3(3) | 4(3) | 1(1) | | 1(3) | 34 |
| 运输 | 1(3) | | -9(7) | | 7(3) | | | | -10(7) | -109 |
| 活动总影响 | 180 | -47 | 42 | 11 | 94 | 31 | -2 | 10 | -68 | 251 |

现以图 8-5 为例来说明影响树的计算方法。图 8-5 中有两个基本的社会活动 A 和 B。活动 A 有两种原发影响，3 种第二层影响和 3 种第三层影响；活动 B 有两种原发性影响，4 种第二层影响和四种第三层影响，事件影响链构成 10 个分支。

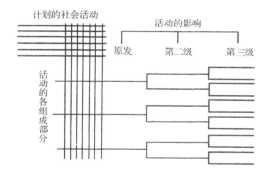

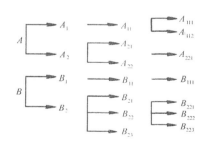

图 8-4　网络的基本框架　　　　　　　　　图 8-5　影响树

假设：$P_i$＝分支 $i$ 上的事件发生概率，$i=1,2,\cdots,10$。

对每种影响 $X$ 定义

$M(X)$＝( ＋ 或 － )影响 $X$ 的幅度；

$W(X)$＝影响 $X$ 的权重系数。

$M(X)$ 和 $W(X)$ 都有一定的值域(如 $1-10$ 或 $0-1$)。

影响树给定各分支的影响评分定义为 $\sum M(X)W(X)$，则可以求出某分支上所有影响 $X$ 的和。例如对第一个分支：

$$I_1 = \sum M(X)W(X) = M(A_1)W(A_1) + M(A_{11})W(A_{11}) + \cdots + M(A_{111})W(A_{111})$$

由于各种环境影响的发生存在着某种不确定性，所以要按发生概率来求各分支的权系数，以修正各分支的评分。所有分支的权重评分之和(即所有可能发生的事件的集合)就可以导出"期望的环境影响评分"，即

$$\text{期望的环境影响} = \sum_{i=1}^{n} I_i P_i \tag{8-26}$$

式中    $n$ ——影响分支的数目；

$I_i$ ——第 $i$ 个分支的影响值；

$P_i$ ——第 $i$ 个分支的发生概率。

下图表示在商业区修建高速公路的影响树。经过专家调查确定各个分枝发生的概率、影响的大小和重要性列于表 8-17。

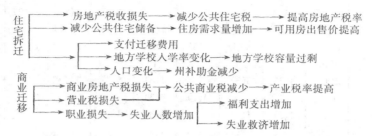

### 在莱市修建高速公路工程的影响频率、幅度和重要性    表 8-17

| 影    响 | 发生概率 | 幅    度① | 重要性 |
|---|---|---|---|
| 住宅拆迁 | 1.0 | −2 | 4 |
| 住宅房地产税损失 | 1.0 | −1.5 | 5 |
| 公共住宅税减少 | 1.0 | −0.5 | 10 |
| 房地产税率提高 | 0.3 | −1 | 3 |
| 公共房屋储备减少 | 1.0 | −0.25 | 2 |
| 住房需求量增加 | 0.4 | +3 | 3 |
| 可用房出租价提高 | 0.2 | −1.2 | 1 |
| 人口迁移 | 1.0 | −1 | 7.5 |
| 支付迁移费用 | 1.0 | −0.7 | 0.5 |
| 地方学校入学率变化 | 0.8 | +2.2 | 1 |
| 地方学校容量过剩 | 0.8 | +1.5 | 3.5 |
| 人口变化 | 0.95 | +0.2 | 1.5 |
| 州补助减少 | 0.5 | −1.1 | 9 |
| 商业迁移 | 1.0 | −4 | 5 |
| 商业房地产税损失 | 1.0 | −4.8 | 6 |
| 公共商业税减少 | 0.2 | −1.5 | 10 |
| 营业税损失 | 0.2 | −2.5 | 10 |
| 职业损失 | 0.9 | −3 | 6 |
| 失业人数增加 | 0.9 | −0.5 | 7 |
| 福利支出增加 | 0.1 | −0.8 | 0.7 |
| 社会救济增加 | 0.2 | −0.1 | 0.2 |

注：习惯上的"十"号表示有利影响，以"—"号表示不利影响。

在住宅迁移—住宅房地产税收损失—公共住宅税减少—房地产税率提高这条支链上各种影响的发生概率为：$(1.0)(1.0)(1.0)(0.3) = 0.3$；影响总分（即大小）为：$(-2)(4) + (-1.5) \times 5 + (-0.5)(10) + (-1)(3) = -23.5$；影响加权评分值为：$(0.3)(-23.5) = -7.05$。

同样，在商业迁移—职业损失—失业人数增加—失业救济增加这条支链上各种影响的发生概率为:$(1.0)(0.9)(0.9)(0.2)=0.162$;影响总分为:$(-4)(5)+(-3)(6)+(-0.5)$ $(7)+(0.0\dots?.?\;@1)(0.2)=-41.52$;影响的加仅评分为$(0.162)(-41.52)=-6.73$。 $(0\dots\dots?$

同样可以计算出所有 9 条支链的影响加权评分值,将所有加权评分值相加,可以得到期望的环境影响值为 -54.93。这表明在商业区建设高速公路的环境影响将是不利的。

在应用网络法时必须注意:首先要能够有效地用概率估计出各种影响发生的可能性;其次要说明,计算得到的环境影响不是绝对值,而是相对值,可以用不同方案的比较。为了取得有意义的环境影响期望值,影响网络必须给出所有可能出现的,有显著意义的原因—条件—结果序列,如果遗漏了某些环节,评价的结果就可能是不全面的。

### 4. 重叠法

该方法由美国宾夕法尼亚大学的麦克哈格于 1969 年提出的,他用几张透明板重叠在一起的方法,来确定预测、评价和传达某一地区适合开发的程度。这种方法被用来进行公路选线和沿海地区进行开发选择评价。他首先将所研究的地区划分为几个地理单元。然后在每一个地理单位内再分成三个系统。即经济系统、社会系统及自然系统,然后对每一个单位给由 0~5 的等级影响评价值。这种方法是采用简化矩阵的办法进行计算的。

### 5. 巴特尔环境影响评价系统

该方法由美国巴特尔哥伦布研究所提出来的一种评价系统,主要用于评价水资源开发、水质管理、公路建筑以及原子能发电站等的环境影响。它将所考虑的项目分成四个方面:生态学的、物理化学的、美学的及人类社会兴趣方面的,并采用了"环境质量指数"的概念,根据环境质量指数值来确定供选择的方案。

### 6. 平泉泰环境系统模型

日本平泉泰于 1974 年提出用沿岸海域三阶段环境系统模型,来对周围防滩综合开发规划的环境影响后果进行分析。他提出三种负荷模型:①预测负荷模型,对给周围防滩带来的环境负荷进行预测;②根据环境模型预测由于污染负荷引起的环境变化,以及环境污染对生态系的影响;③根据费用(指污染产生的经济损失及治理污染等的费用)模型,评价因环境变化产生的社会费用问题。作者对联合企业的污染水质(包括 COD、油以及氮化物等)及船舶的可能排油负荷进行了预测;还预测了环境污染对生态系统及人体健康的影响;最后还对工业开发对人体健康、渔业的危害等作了社会费用的分析。

### 7. 费用—效益分析法

评价过程大致可分为四步:①确定经济要素、社会要素与环境要素之间的关系,或者确定人类开发行为对环境的重要影响;②将这种关系或影响加以定量化,如大气中某些污染物质的浓度增加使人群发病率增加多少等;③对这些量的变化加以估计,尽可能用货币价值来表示;④进行经济分析。

### 8. 费用—效果分析法

费用效果分析法是在不能对效益进行计算时,采用的一种恰当地权衡效益和资源费用的一种方法。在某些情况下,如根据新经济开发区的规划方案进行环境影响评价,若完全从经济上评价改善环境质量的效益是相当困难的。因此,在制定开发政策时必须以费用效果分析做基础,确定环境质量目标。例如,开发区域环境的美学价值、生活质量价值、人体健康价值、总量控制目标等,通过使各种目标的费用最小找到一个经济有效的方案。因为任何效果都是表示特定活动预期目标的实现程度,所以,费用效果分析法可以通过对活动的效果进行比较实现。如:①在费用相同的条件下,比较它们效果的大小;②在效果相同的条件下,比较它们费用的多少;③有效性比较,即比较它们的费用对效果或效果对费用的比率。

环境影响评价的方法可以归纳很多。其它关于各环境要素对环境产生确定性影响的模拟预测方法,可见前述有关章节。

### 8.3.4 实例研究

社会经济环境影响评价是开发建设项目环境影响评价的重要组成部分。一些开发建设项目对外界社会经济环境常常带来一些极为显著的影响。社会经济环境影响评价就是评价开发建设活动可能产生的社会经济环境影响,以避免和减轻不利影响而提出防治或补偿措施,为开发区的建设实施有效的环境管理提供基本的依据。

某经济技术开发区规划总面积约为 $30km^2$,开发区内有 2 个乡。开发建设期住户 6000余户,目标人口 23400 人,营运期目标人口 247800 人(包括建设期目标人口)。开发区地处城市与农村的交接部,目前区内主要从事农业生产和乡镇企业生产活动。评价范围为开发区规划面积及其周边环境。

根据开发区总体规划,开发区将来建设以工业生产为主,并集贸易、科研、医疗、商业服务、居住生活为一体的综合性经济技术开发区。

1. 影响因子识别与筛选

该经济开发区在以建设为主阶段,主要的社会经济影响活动为征地拆迁,并表现为不利影响,而主要的影响因子为人口迁移、住房、公共设施、就业、自然景观。在以营运为主阶段,主要社会经济影响活动为生产营运活动,且表现为有利影响,主要的影响因子为公共设施、经济基础、需求水平、收入分配、就业等因子(见表 8-18)。在实际开展评价时,要有针对性对主要的社会经济影响活动和影响因子进行重点评价。

社会经济环境影响因子识别 表 8-18

| 活动影响因子 | | 以建设为主阶段 | | | 以营运为主阶段 | | |
|---|---|---|---|---|---|---|---|
| | | 征地拆迁 | 开发建设 | 营 运 | 征地拆迁 | 开发建设 | 营 运 |
| 社 会 | 人口迁移 | −3s | −2s | 0 | −1s | 0 | 0 |
| | 住 房 | −3s | −1s | +1r | −1s | 0 | +2r |
| | 科研单位 | −1r | −1r | +1r | −1r | 0 | +2r |
| | 学 校 | −1r | −2r | +1r | −1r | −1r | +2r |
| | 医 院 | −1r | −2r | +1r | −1r | −1r | +3r |
| | 公共设施 | −3r | −1r | −1r | −1r | 0 | +3r |
| | 社会福利 | −2r | −1r | −1r | −1r | +1r | +2r |
| 经 济 | 经济基础 | −2r | −1r | +2r | −1r | −1r | +3r |
| | 需求水平 | −2r | +1r | +2r | −1r | +2r | +3r |
| | 收入及分配 | −1r | +1r | +2r | −1r | +2r | +3r |
| | 就 业 | −2r | +1r | +2r | −1r | +2r | +3r |
| 美 学 | 自然景观 | −2s | −1s | 0 | −1s | 0 | 0 |
| | 人工景观 | −1r | 0 | +1r | 0 | +1r | +2r |

注:"+"有利影响,"−"不利影响,"r"可逆影响,"s"为不可逆影响;3、2、1、0 表示强、中、弱、无影响。

2．社会经济环境现状评价

(1)社会环境现状评价

1)人口迁移　开发区内现有居民 6000 余户,总人口 23400 人。其中涉及拆迁户数为 4000 余户,人口约 15600 人。由于拆迁及占用农田,现实受开发区建设影响人数为 23400 人。

2)住房　开发区内居民现住房绝大多数为砖瓦平房,少数为泥草房,所涉及到的拆迁住房为 4000 余户。

3)科研单位　开发区内现有省级科研单位一个,主要从事蔬菜及其农产品的研究。

4)学校　开发区内现有各类学校 12 所,其中各类职业及专科学校 7 所,中学 2 所。小学 3 所。无大专院校及重点学校。

5)医院　开发区内现有乡镇卫生院 2 个和几个私人医疗所,医疗卫生现状条件较差。

6)公共设施

(A)交通运输　开发区内现有道路 10 条,总长度 28km,其中 3 条为过境公路,路况较好。区内目前有 5 条公交线路,交通运输条件较好,但仍满足不了开发建设的需要。

(B)给水排水　区内目前只有净水厂等少数单位铺设了上下水管道。大多数企业单位采用深井取水,居民采用压井取生活用水。区内现有一条市政排水管道,大多数单位和居民采用明沟排放污水和雨水。从总体上看,区内目前给排水条件较差。

(C)供热供气　区内少数单位由开发区临近的热电厂供热供气,多数单位及居民通过燃煤自行解决供热供气问题,区内供热供气现状较差。

(D)电力通讯　区内现有一次变电所一个,二次变电所 3 个,能够满足现有企事业单位和当地居民的用电需要。区内目前的通讯线路可满足 110 门程控电话的通讯的需要。

(2)经济环境现状评价

1)经济基础　区内 2 个乡都涉及到征地拆迁。目前,这两个乡主要从事农业、林业、牧业、付业、渔业以及乡镇企业等项生产活动。区内工农业生产现状及人均收人情况见表 8-19。开发建设活动总征地面积约为 992 公倾,这些土地资源现在主要用于种植蔬菜、粮食和其它经济作物以及从事乡镇企业等项生产活动,具有农业生产占用率高、种植指数高以及单位土地产出率低等特点。

开发区内工农业生产现状及人均收入统计表(1992 年) 表 8-19

| 项目<br>乡镇 | 工业产值<br>(万元) | 农业产值<br>(万元) | 林业产值<br>(万元) | 牧业产值<br>(万元) | 副业产值<br>(万元) | 渔业产值<br>(万元) | 总产值<br>(万元) | 人均收入<br>(元/人) |
|---|---|---|---|---|---|---|---|---|
| A 乡 | 22962.0 | 452.2 | | 410.0 | | 7.3 | 23831.5 | 1000 |
| B 乡 | 39765.0 | 276.9 | 0.94 | 96.7 | 65.3 | 5.1 | 40209.9 | 1200 |
| 总计 | 62727.0 | 729.1 | 0.94 | 506.7 | 65.3 | 12.4 | 64041.4 | |

2)需求水平　对目标人口 23400 人进行了抽样调查,抽样调查为 100 人,样本的选取主要是依据不同的收入阶层和从事不同的职业的人,他们之中包括现实的受损人以及潜在的受益人和受损人。我们在这里把对开发区需求水平分作三个等级。

高:所选取的样本中有 65 人认为尽管在开发区建设初期他们可能受损,但他们认为所受到的损失可以得到补偿,并可以从开发区建设中获得潜在效益(如分配住房、就业等)。这部分人对开发建设具有强烈的需求愿望,愿意积极参与并支持开发建设。所以大约65%的目标人口对开发建设具有高水平的需求,总人数约15210人,这些人绝大部分是住房条件较差、收入水平较低且主要从事农业生产劳动的农民。

中:样本中有23人认为在征地拆迁中他们将受到损失,并认为通过安置和得到赔偿费只是对受到损失在一定程度的补偿。他们对开发建设的潜在效益具有一定兴趣,对参与开发活动的愿望有限,而且态度不积极,他们既不表示积极赞成,也不表示反对建设活动。所以,大约23%的目标人口对开发建设具有中等水平的需要,总人数约为5380人,这些人住房条件一般,收入水平中等。主要从事乡镇企业或个体的农民。

低:样本中有12人认为在征地拆迁中他们将受到较大的损失,并认为政府对他们的补偿弥补不了他们所受到的损失。他们对开发建设活动抱有成见,不愿参与开发建设活动。即大约有12%的目标人口对开发建设具有低水平的需求,总人数约2808人,这部分人一般住房条件较好,收入水平高,具有个人企业或从事个体劳动。

3)收入及分配　根据现状调查目标人口1992年的人均收入为1100元,其中对开发区具有较高需求水平的目标人口人均收入850元/(a·人),具有中等需求水平的目标人口人均收入1200元/(a·人),具有低需求水平目标人口人均收入2267元/(a·人)。

4)就业　1992年目标人口中就业人员9186人,占总人口的40%左右。其中乡办企业职工人数1697人,村办企业或在村里从事蔬菜和其它经济作物生产活动的从业人员为4659人,从事个体经营活动的从业人员为2830人。

(3)美学环境现状

1)自然景观　区内开发范围没有较高价值的自然景观,从地貌景观看,地形复杂程度较低,地势低洼且平坦,无高层建筑,视野开阔。

2)人工景观　开发区所占用土地大部分为农田,人工景观主要表现为农业生态景观。

3. 社会经济环境影响评价

(1)社会环境影响评价

1)人口迁移　根据开发区总体规划,在拆迁的4000余户中,其中约有2600户(占总拆迁户的65%)在以建设为主阶段的征地拆迁过程中完成,约1000户(占总拆迁户数的25%)也在此阶段开发建设过程中进行。其余近400户(占总拆迁户数的10%)在以运营为主阶段征地拆迁过程中进行。由于涉及到的拆迁户数众多,总迁移人口15600人左右,这也是本次环境影响评价中最大的社会经济环境问题。在征地和开发建设过程中,表现为现实的、直接的、不可逆的、短期的和不利的影响。

2)住房　在征地拆迁和开发建设过程中,由于涉及到的迁移户数众多,难以及时得到妥善安置,所以,可能会带来短期的和严重的不利影响。根据开发区规划对每户拆迁居民安置二室一厅楼房,对于绝大多数居民来说住房条件要好于他们原来的住房水平,由此而带来长期的有利影响。

3)医院　由于开发区现状医疗条件较差,同时开发建设过程中可能出现伤残风险以及征地拆迁过程中可能引发出一些疾病。因此,在此阶段将会带来一定程度的不利影响。

开发区内在建大型综合医院一个,并正在筹建开发区医院。因此,开发区未来的医疗条件将会得到极大的改善。

4)公共设施　开发区原有公共设施条件较差,加之开发区建设活动使公共设施负荷量增加,所以,在建设期对公共设施将产生较严重的不利影响。根据开发区建设的需要,在开发区将修建如下设施。

一级公路 9 条(红线宽度 28m),二级公路 24 条(红线宽度 18m),三级公路 46 条(红线宽度 12m)。

3 条 $\phi1200$ 供水管道,2 条 $\phi800$ 供水管道,6 条 $\phi600$ 供水管道,1 条 $\phi1800$ 下水管道,2 条 $\phi1200$ 下水管道。

21 台 50t/h 锅炉供热。分别采用 2 条 $\phi500$ 中压煤气管供应煤气。

一次变电所 1 处,总装机容量为 24 万 kVA;二次变电所 4 处,每处容量 6.3 万 kVA。2 条 66kV 送电线路,2 条 200kV 送电线路。

设置电信分局 2 处,装机容量为 2 万门。

随着开发建设,区内公用设施将会得到较大的改善,则开发建设活动将会对开发区公共设施带来较大的有利影响。

(2)经济环境影响评价

1)经济基础 开发区建设坚持以发展工业、吸收外资、创办出口和技术先进型企业为主的方针,同时带动第三产业的发展,把开发区建成与国际经济接轨的、功能齐全、结构合理、设施完善、综合优势明显的现代化经济区,规划 2000 年开发区社会总产值达 80 亿元。在近 8 年时间里,开发区产值将在原基础上增加 13 倍。由此看出,开发区建设将会对区域经济带来长期的重大的有利影响。

2)需求水平 开发区的建设在区域经济发展中发挥龙头的作用,开发区将成为区域对外开放和通向国际市场的窗口和桥梁。所以,从区域社会经济总体发展来看,对开发区的建设具有较高的需求水平。

开发区建设的直接潜在受益人近 25 万人,其中近一半人是由于就业而增加的效益,另一半人是由于收入水平提高而从开发区建设中获益。预计间接受益人将会超过百万甚至更多,因此开发区建设对需求将会带来重大的长期的有利影响。

3)收入及分配 开发区现状人均收入 1100 元左右,收入分配状况见现状评价。根据预测,2000 年人均收入水平将达到 10000 元左右,由此看出开发区人均收入水平将有大幅度提高。而且,届时的收入形式也将主要为职工工资额,收入分配将会更加趋向接近,从总体上看贫富悬殊差距将会缩小。

4)就业 根据预测开发区建设到 2000 年将新增就业人口 12.5 万人。对现实的受损人,即拆迁户和涉及到开发区征地的那部分农民,每户至少解决一人就业问题。因此,开发区建设,特别是在运营期将会对社会就业问题带来长期的、重大的有利影响。

(3)美学环境影响评价

从总体上看,随着开发区建设的进行,开发区将从农业生态景观变成城市生态和现代化建筑景观。

(4)社会经济环境影响费用—效益分析

开发区建设的社会经济费用主要表现为在征地拆迁过程中所付出的代价以及开发区建设的投入。开发区建设的社会经济效益主要包括产值的增加、就业、收入增加等多方面的效益。

当以开发区 2000 年实现产值 80 亿元作为经济发展目标,以 1992 年作为基年,选取社会贴现率为 14.9%时,费用—效益分析结果见表 8-20。

| 类别＼项目 | 静态分析 | | | | 动态分析 | | | |
|---|---|---|---|---|---|---|---|---|
| | 费用（万元） | 效益（万元） | 净效益（万元） | 效费比 | 费用（万元） | 效益（万元） | 净效益（万元） | 效费比 |
| 征地 | 59520 | | | | 59520 | | | |
| 居民拆迁补偿 | 8000 | | | | 8000 | | | |
| 居民住房补偿 | 32000 | | | | 32000 | | | |
| 基建设施 | 180000 | | | | 180000 | | | |
| 农村社会损失 | 258991 | | | | 109534 | | | |
| 新增投资 | 745066 | | | | 425859 | | | |
| 原始资本存量 | 51000 | | | | 151000 | | | |
| 社会总产值 | | 2381000 | | | | 1362500 | | |
| 城乡收入差别 | | 6000 | | | | 3695 | | |
| 新增就业收入 | | 418530 | | | | 216468 | | |
| 总计 | 1434577 | 2805530 | 1370953 | 1.96 | 965913 | 1582663 | 616750 | 1.64 |

从表中看到在仅 8 年的时间里,开发区就可以取得较大的净效益,效益—费用比大于 1,由此可判断开发区建设的效益是十分显著的。

(5)自然生态环境费用—效果分析

为了防止或减轻开发建设活动对开发区自然生态环境的影响,采取了有针对性的保护措施。环保措施的费用及其效果分析见表 8-21。

| 环境要素＼项目 | 费用分析 | | 效果分析 | | | |
|---|---|---|---|---|---|---|
| | 环保措施 | 费用(万元) | 效果指标 | 无环保措施环境效果 | 环保设施效果 | 有环保措施环境效果 |
| 大气环境 | 除尘器 | 375 | TSP | −2r | +1r | −1r |
| | 烟囱 | | $SO_2$ | −1r | 0 | −1r |
| | 其它 | 170 | $NO_x$ | −1r | 0 | −1r |
| | 合计 | 545 | 综合效果 | −2r | +1r | −1r |
| 地面水环境 | 污水处理厂 | 5850 | COD | −3r | +2r | −1r |
| | | | SS | −3r | +2r | −1r |
| | 合计 | 5850 | 综合效果 | −3r | +2r | −1r |
| 地下水环境 | 监测、地质试验 | 45 | 水质 | −1r | +1r | 0 |
| | 污染治理 | 22 | 水位 | −2s | +1r | −1s |
| | 合计 | 67 | 综合效果 | −2s | +1r | −1s |
| 生态环境 | 生态代价 | 451 | 绿地 | −3s | +1r | −2s |
| | 绿化 | 169 | 自然景观 | −3s | +1r | −2s |
| | 生物群落 | | 物种 | −3s | 0 | −3s |
| | 合计 | 620 | 综合效果 | −3s | +1r | −3s |
| 噪声 | 隔声消声屏障 | 400 | 厂界噪声 | −2r | +1r | −1r |
| | 监测 | 10 | 交通噪声 | −2r | +1r | −1r |
| | 合计 | 410 | 综合效果 | −2r | +1r | −1r |
| 固体废弃物 | 处理处置 | 200 | 综合效果 | −2r | +1r | −1r |

注:"+"有利影响,"−"不利影响,"r"可逆影响;"s"为不可逆影响;3、2、1、0 表示强、中、弱、无影响。

由表中可以看出,在开发区建设过程中如不采取环保措施,各类环境要素都将受到中等程度以上的不利影响,特别是地面水环境和生态环境将受到严重的不利影响。当采取各项措施后,开发区建设活动除对生态环境产生中等程度不利影响外,对其它环境要素产生较弱的不利影响。

4.社会经济环境影响保护措施

(1)政策措施

为了保证开发区社会经济的发展,当地政府相继颁布了《关于鼓励外商投资的规定》、《关于加快开发区建设的若干规定》等十几个有关的政策文件,并通过扩大开发区管理权,简化开发区投资审批手续等政策来加快开发区建设步伐。

(2)征地拆迁补偿措施

开发区总征地面积992公顷,以每公顷土地平均60万元计,征地总费用为59520万元。

开发区内总拆迁户数约为4000户,他们中绝大多数是开发建设活动中的现实受损人。为了对拆迁居民进行合理补偿,开发区设置了征地拆迁办公室专门负责征地拆迁和补偿等项工作。对拆迁居民给予一次性补偿,平均每户补偿10万元左右,其中安置补偿费8万元及其它补偿费2万元,同时在开发区新盖的居民楼中优先向拆迁者提供。

(3)失业补偿措施

由于开发建设活动占用的土地主要是农田和乡镇企业用地,失业者大部分为菜农和乡镇企业的劳动者。为了解决他们的失业问题,开发区负责至少在开发区给每户居民解决一个劳动者的就业问题。由于农转工,当地居民愿望接受这个方案。

(4)其它措施

对于开发区建设活动所带来的如对公共设施的压力,医疗卫生、居住条件等方面的社会经济问题在开发区总体规划中都提供了相应的解决措施。

5. 社会经济环境影响监测计划

(1)监测计划人员配备

在开发区有关部门设置兼职监测人员。在计划部门设置负责监测计划实施的专职或兼职人员,由这些人员来制定和实施监测计划。

(2)监测计划内容

1)环境影响评价结果监测 对社会经济环境影响评价结果或结论进行监测,检测预测结果和实际结果的吻合程度,是否出现了两种结果偏差较大或者出现了没有预料到的结果。

2)保护措施监测 监测社会经济环境影响保护措施是否按计划实施以及在实施过程中所出现的问题。

3)发展规划监测 监测开发区总体发展规划是否按计划实施以及在实施过程中所出现的问题。

(3)监测计划信息反馈

对监测结果要向主管部门以及环评单位和环境管理部门反馈。如果由于评价结果误差、发展规划问题或新出现的问题对社会经济发展带来较大的不利影响,则要采取一定的补偿措施来加以解决。

(4)监测计划时间安排

对所有监测内容每年至少要定期监测一次。而对一些特殊的监测计划指标要适当增加监测次数或根据实际情况需要进行不定期监测。

6. 社会经济环境影响评价结论

(1)开发区现状属于市郊农业区域,具有人口密度小,土地生产率水平低以及固定资产价值低等特点,由此决定了要在区域开发建设的社会经济代价小,开发费用低。

(2)开发建设活动最主要的社会经济环境影响是征地拆迁过程中所产生的人口迁移和就业方面的问题。对于现实的受损人能够从政府所提供的补偿或潜在的效益中获益来补偿他们所受到的损失,目标人口中近90%的人支持或赞成开发区建设。

(3)在开发区建设活动中所产生的对社会经济和自然生态环境的不利影响,完全能够从环保措施和开发区潜在效益中得到补偿。

(4)随着开发区的建设和发展,社会经济环境将得到明显改善,社会经济效益也是相当显著的,社会总产值从1992年的6.4亿元上升到2000年的80亿元,开发区到2000年将新增就业人口近25万人。同时,区内公共设施条件也将随着开发区的建设和发展逐步得到完善。

## 复习思考题

1. 什么是环境质量现状评价? 为什么要进行现状评价?

2. 环境质量现状评价含哪些主要内容?

3. 环境质量现状评价的方法有哪些? 各有何优缺点?

4. 什么是环境影响评价?

5. 环境影响评价的程序如何?

6. 环境影响评价特别关注的领域有哪些?

7. 试比较环境质量现状评价和环境影响评价的异同。

# 参 考 文 献

1 关伯仁主编.环境科学基础教程.北京:中国环境科学出版社,北京:1995

2 王羽亭等编.环境学导论.清华大学出版社,北京,1985

3 世界环境与发展委员会著.我们共同的未来(王之佳等译).吉林人民出版社,长春,1997

4 芭芭拉·沃德等著.只有一个地球(《国外公害丛书》编委会译).吉林人民出版社,长春,1997

5 国家环境保护局等.国家环境保护"九五"计划和2010年远景目标.中国环境科学出版社,北京,1996

6 [美]丹尼斯·米都斯等著.增长的极限—罗马俱乐部关于人类困境的报告(例宝恒译).吉林人民出版社,长春,1997

7 《中国21世纪议程—中国21世纪人口、环境与发展白皮书》.中国环境科学出版社,北京,1994

8 姚炎祥主编.环境保护辩证法概论.中国环境科学出版社,北京,1993

9 张忠祥等著.城市可持续发展与水污染防治对策.中国建筑工业出版社,北京,1998

10 张坤民主笔.可持续发展论.中国环境科学出版社,北京,1997

11 [日]饭岛伸子著.环境社会学.社会科学文献出版社,北京,1999

12 窦贻俭等编著.环境科学原理.南京大学出版社,南京,1998

13 付国伟等主编.水污染控制系统规划.清华大学出版社,北京,1985

14 蒋展鹏等编.环境工程学.高等教育出版社,北京,1992

15 沈耀良等编著.废水生物处理新技术.中国环境科学出版社,北京,1999

16 R.S.拉马尔奥著.废水处理概论(中译本).中国建筑工业出版社,北京,1982

17 T.H.Y.Tebbutt, Principles of Water Quality Control(3<sup>th</sup> edition), Pergamon Press, 1983

18 G.W.Reid, Appropriate Methods of Treating Water and Wastewater in Developing Countries, Ann Arbor Science, 1982

19 刘天齐等主编.环境保护概论.北京:人民教育出版社,1982

20 徐家骝编著.空气污染若干问题研究.北京:中国环境科学出版社,1994

21 J.M.莫兰等著.环境科学导论.北京:海洋出版社,1987

22 芈振明等编.固体废物的处理与处置(修订版).高等教育出版社,北京,1993

23 沈耀良.城市垃圾填埋场渗滤液处理技术的研究.哈尔滨建筑大学博士学位论文,哈尔滨建筑大学图书馆,1998.10

24 聂永丰等.中国固体废弃物管理与减量化.环境保护,1998,(2):6-9

25 臧文超.我国城市生活垃圾现状与管理问题.环境保护,1998,(8):41-43

26 Wei J.B., et al., Solid waste disposal in China—situation, problems and suggestions, Waste Manage. And Res., 1997, 15(6):573-583

27 周炳炎.国内外有害废弃物焚烧技术现状和发展趋势.上海环境科学,1992,11(10):19-23

28 陈家耀.城市生活垃圾处理工艺.环境保护,1998,(5):17-19

29 王宝贞主编.水污染控制工程.高等教育出版社,北京,1990

30 董保澍编著.固体废物的处理与利用(第二版).冶金工业出版社,北京,1999

31 [美]O.S.伦弗罗编.用固体废料生产建筑材料(中译本).中国建筑工业出版社,北京,1986

32 刘培桐等编著.环境科学导论.中国环境科学出版社,北京,1991

33 刘卫东编著.土地资源学.百家出版社,上海,1994

34 何芳编著．土地利用规划．百家出版社,上海,1994

35 刘胤汉．自然资源学概论．陕西人民教育出版社,西安,1988

36 黄光宇等．生态规划方法在城市规划中的应用—以广州科学城为例.城市规划,1999,(6):48-51

37 西蒙兹著．大地景观—环境规划指南(中译本)．中国建筑工业出版社,北京,1990

38 麦克哈格著．设计结合自然．中国建筑工业出版社,北京,1992

39 《工程地质手册》编写委员会．工程地质手册(第三版)．中国建筑工业出版社,北京,1993

40 《建筑地基基础设计规范》GBJ 7-89.中国建筑工业出版社,北京,1989

41 吴正编著．风沙地貌学．科学出版社,北京,1987

42 G. B. Gridds. J. A. Gilchrist. Geologic hazards, resources, and environmental planning. Wadsworth Publishing Company, 1983

43 W. M. Marsh. Landscape planning: environmental applications. John Wiley & Sons, Inc. 1991

44 W. C. Kowalski. Engineering geology in the service of ecological engineering. Bulletin of the International association of Engineering Geology, 1996, No53, 67-71

45 J. G. Fabos. Land-use planning: from global to local challenge. A Dowden &Culver book, 1985

46 J. M. Levy. Contemporary urban planning. Prentice Hall, 1991

47 于志熙编著．城市生态保护．林业出版社,北京,1992

48 曲格平．中国的环境管理．中国科学出版社,北京,1989

49 刘培桐主编．环境学概论(第二版)．高等教育出版社,北京,1995

50 叶文虎、栾胜基编著．环境质量评价学．高等教育出版社,北京,1994

51 刘常海、张明顺等编著．环境管理．中国环境科学出版社,北京,1999

52 赵毅编、环境质量评价．中国电力出版社,北京,1997

53 杨贤智、李景锟编著．环境管理学．高等教育出版社,北京,1990

54 郦桂芬编著．环境质量评价．中国环境科学出版社,北京,1989

55 蔡贻谟等合编．环境影响评价手册．中国环境科学出版社,北京,1987

56 王华东等编著．环境影响评价．高等教育出版社,北京,1989

57 陆雍森编著．环境评价．同济大学出版社,上海,1990

58 张开航等编著．环境管理与环境系统分析．山东大学出版社,济南,1990

59 国家环保局．环境影响评价技术导则．中国环境科学出版社,北京,1994

60 国家环保局监督管理司．环境影响评价培训教材,1996

61 Jain R K., Urban L V., Balbach H E. Environmental Assessment, McGraw Hill, Inc. 1993

62 Contini S., Servida A. Environmental Impact Assessment, Kluwer Academic Publishers, Inc. 1992